激光熔覆多性能强化涂层工艺与分析

Analysis and Process of Multi-performance
Reinforced Coating by Laser Cladding

李云峰
穆东明
刘 鑫 著

U0387453

化学工业出版社
·北京·

内容简介

本书基于作者多年研究成果，系统概述了齿形件表面强化技术研究背景和现状，而后围绕近年来激光熔覆技术的最新研究动态，分别详细阐述了激光熔覆复合涂层的设计与试验方法，激光熔覆工艺参数选择与优化，激光熔覆颗粒增强复合涂层、激光熔覆稀土增强复合涂层及脉冲激光熔覆复合涂层的组织与性能研究，主动轮齿面激光熔覆复合涂层多性能强化技术研究，重点分析了颗粒增强相、稀土、脉冲激光在复合涂层微观组织、熔池流态、耐磨损、耐冲击、耐腐蚀性能等方面的演变规律和深层次机理。

本书对从事表面工程与制造相关领域的研究人员和工程技术人员具有重要的理论指导价值和工程参考价值。

图书在版编目（CIP）数据

激光熔覆多性能强化涂层工艺与分析/李云峰，穆东明，刘鑫著 . —北京：化学工业出版社，2024.6
ISBN 978-7-122-45491-1

Ⅰ.①激…　Ⅱ.①李…②穆…③刘…　Ⅲ.①激光熔覆-涂层-研究　Ⅳ.①TG174.445

中国国家版本馆 CIP 数据核字（2024）第 080512 号

责任编辑：韩霄翠　　　　　　　　装帧设计：王晓宇
责任校对：王鹏飞

出版发行：化学工业出版社
　　　　　（北京市东城区青年湖南街 13 号　邮政编码 100011）
印　　装：北京科印技术咨询服务有限公司数码印刷分部
710mm×1000mm　1/16　印张 16¾　字数 283 千字
2024 年 8 月北京第 1 版第 1 次印刷

购书咨询：010-64518888　　　　　　售后服务：010-64518899
网　　址：http://www.cip.com.cn
凡购买本书，如有缺损质量问题，本社销售中心负责调换。

定　　价：128.00 元　　　　　　　版权所有　违者必究

前言

目前，大型履带式工程车辆广泛应用于建筑、采矿、石油等工程领域。由于工作环境恶劣，驱动履带行走的主动轮齿面在伴有高冲击载荷的摩擦力作用下，短期内出现严重磨损现象，现有的齿面感应淬火工艺已无法满足工作需要。激光熔覆技术为齿面强化提供了新思路。激光熔覆技术是材料表面工程与增材制造、增材再制造领域的关键技术之一。激光熔覆技术利用激光作为热源，在一个移动的金属基体表面沉积一层具有一定厚度的金属功能涂层。在这个过程中，各种不同的金属粉末材料被激光熔化并沉积在金属基体表面，形成高耐磨性、耐蚀性、耐高温氧化及具有良好导电性能的优质涂层。激光熔覆技术既可用于零部件表面性能（如耐磨性、耐蚀性、耐高温氧化性）的提升，又可用于金属材料的高效率、高质量、低成本的增材制造与再制造，已广泛应用于能源、化工、汽车、船舶、航空航天等高端装备关键部件的制造与改性。

本书以主动轮为研究对象，以强化主动轮齿面耐磨耐冲击性能为目标，完成了激光熔覆涂层材料选择和基础工艺优化、耐磨颗粒选配、稀土元素调控、脉冲激光熔覆影响因素分析、复合涂层设计与制备以及齿面激光熔覆工艺等研究工作，在实际应用中具有较大的经济意义和实用价值，对其他复杂零件表面强化处理具有参考价值。

本书共分 7 章：第 1 章为绪论，概述了齿形件传统表面改性研究现状，总结了金属耐磨耐冲击涂层制备技术研究现状，综述了近几年激光熔覆技术的研究现状，并提出了主动轮齿面激光熔覆多性能强化涂层制备存在的关键问题；第 2 章为激光熔覆复合涂层的设计与试验方法，论述了激光熔覆耐磨耐冲击复合涂层结构的初步设计与材料选择，介绍了相关试验、测试方法与设备；第 3 章为激光熔覆工艺参数选择与优化，研究了载粉气流量对激光熔覆涂层形貌的影响，设计并进行了单道激光熔覆正交优化试验，完成了多道搭接激光熔覆工艺优化与分析；第 4 章为激光熔覆颗粒增强复合涂层，分别探讨了微米和纳米 WC 颗粒对涂层宏观与微观形貌的影响，研究了微米和纳米 WC 颗粒对熔池流动状态与凝固组织的影响机理，分析了微米和纳米 WC 颗粒对涂层性能的影响；第 5 章为激光熔覆稀土增强复合涂层，分别探讨了纯钇和氧化钇对涂层宏观与微观形貌的影响，研究了纯钇和氧化钇对熔池流动状态与凝固组织的影响机理，分析了纯钇和氧化钇对涂层性能的影响；第 6 章为脉冲激光熔覆复合涂层，研究了脉冲激光频率对涂层宏观形貌与微观组织的影响，分析了脉冲激光频率对涂层性能的影响；第 7 章为主动轮齿面激光熔覆复合涂层，完成了主动轮齿面激光熔覆复合涂层结构与成分设计，进行了激光熔覆复合涂层的宏观形貌与微观组织分析，研究了主动轮齿面激光熔覆复合涂层性能及相关机理，完成了主动轮齿面激光熔覆耐磨耐冲击涂层制备。

本书是作者结合近几年的研究成果编写而成，由李云峰、穆东明、刘鑫著，各章的执笔人为：第 1、4、5 章李云峰（16 万字）；第 3、6 章穆东明（6.4 万字）；第 2、7 章刘鑫（5.9 万字）。衷心感谢姜广君对本书提供的指导和帮助，感谢本科生杨宏涛为本书第 1 章内容排版的贡献，感谢硕士研究生刘成为本书第 2、3 章内容校对所做的出色工作，感谢硕士研究生邱亚杰对本书第 4、5 章内容排版的贡献，感谢硕士研究生王嘉圣对本书第 6、7 章内容校对的贡献，感谢化学工业出版社编辑为本书高质量出版提供的帮助。本书中的彩色模拟图、表征图，读者可通过化学工业出版社有限公司官网（www.cip.com.cn）下载。

本书可供机械工程、材料成型领域激光熔覆、激光增材制造等方向的科研人员使用，也可作为高等院校相关专业研究生的科研参考书。

衷心感谢内蒙古工业大学智能装备研究院、内蒙古自然科学基金项目（2023QN05013）和内蒙古自治区直属高校基本科研业务费项目（JY20220262）对本书内容研究提供资助。

鉴于水平有限，书中难免有疏漏之处，敬请读者指正。

著者

2024 年 3 月 20 日

目录

第1章
绪论

1.1 引言

　　履带式车辆是使用履带作为行驶系的"汽车"，是一种在工程和军事上被广泛采用的机械设备。图 1.1(a) 给出了某履带式车辆的底盘，其传动机构［图 1.1(b)］主要由主动轮齿圈［图 1.1(c)］、支重轮、导向轮、拖带轮及履带等机构组成。主动轮齿圈通过与履带销啮合，将减速器传来的动力传给履带而

(a) 履带式车辆底盘

(b) 履带底盘传动系统示意图

(c) 主动轮齿圈

(d) 齿面磨损形貌

图 1.1　履带式车辆基本结构

使车辆运动。采用上述结构在行驶过程中对地面的单位压力低，下陷小。在复杂地形与路况条件下，履带对地面具有更强的附着力与行驶通过能力[1]。因此，大型履带式车辆广泛应用于建筑、采矿、石油等工况复杂的工程领域。

目前国内某履带式车辆传动系统主动轮齿圈采用 ZG42CrMoA 材料铸造加工而成。经调质处理后，对轮齿工作部位采用感应淬火进行局部表面强化处理。由于履带式车辆多在野外恶劣环境条件下工作，车辆在行驶过程中履带会将地面的砂石或泥浆带入齿圈齿面与履带销的啮合部位，在齿面与履带销的冲击与滑动摩擦作用下（见图 1.2），其中的砂石泥浆会对齿面与销轴造成严重的磨粒磨损。除此之外，齿圈表面在潮湿、盐碱和酸性等工作环境下，铸钢齿面会发生严重的腐蚀。在上述失效形式的共同作用下，最终导致主动轮齿圈齿面短周期内出现严重破坏 [图 1.1(d)]。

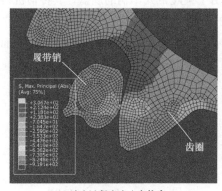
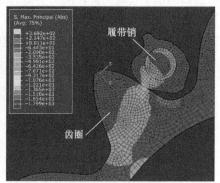

(a) 冲击过程应力分布状态　　　　　　　　(b) 摩擦过程应力分布状态

图 1.2　齿圈工作过程齿部受力有限元数值分析

上述分析表明，在齿圈工作过程中，齿面受到伴有高冲击载荷的摩擦作用而产生严重磨损并最终失效[2]。另外，履带式车辆经常在砂石路面等恶劣环境条件下行驶，从而进一步加剧了磨损过程。这些工况降低了齿圈的使用寿命，严重影响了履带式车辆运行的安全可靠性。因此，如何采用一种先进的表面改性工艺来提高齿圈的综合性能有着重大的实际意义。

1.2　齿形件传统表面改性技术

为了增强齿面的耐磨性能，提高齿形件的使用寿命，目前普遍采用的传统表面强化处理方法，主要包括感应加热淬火、渗碳、渗氮表面强化处理、激光淬火等技术。

（1）感应加热淬火处理

感应加热淬火处理是利用电磁感应的原理，使零件在交变磁场中切割磁力线，在表面产生感应电流，又根据交流电的集肤效应，以涡流形式将零件表面快速加热，而后急冷的淬火方法[3]。采用不同的电流频率会改变感应电流的透入深度，从而得到厚度与硬度不同的淬火层[4]。该技术主要用于齿轮[5-8]、凸轮轴[9-13]、曲轴[14-17]等零部件的淬火处理。目前国内齿圈齿面的感应淬火硬化层层厚为4～6mm，硬化层硬度（HRC）为54～62。对于传动系统中的齿轮，多数加工方法是直接将齿轮的每个齿完全淬透（图1.3），此方法容易使齿轮在工作过程中出现延齿根断裂的情况。为解决以上问题，国内部分齿轮生产厂商设计了针对齿面感应淬火的装置，如图1.4所示，采用此装置可以在齿面形成一定厚度的硬化层，且不影响心部的性能。

图1.3 齿圈感应淬火处理

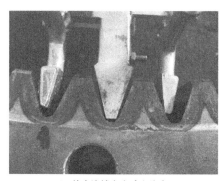

(a) 单齿连续多次感应淬火 (b) 全齿一体感应淬火

图1.4 齿轮感应淬火装置

（2）渗碳、渗氮表面强化处理

渗碳处理是一种目前较为普遍的表面强化技术，多用于含碳量小于

0.25％的低碳钢或低合金钢，通过高温（900～950℃）使活性碳原子逐渐渗入钢材表面形成高碳层，而材料心部碳含量未发生变化。随后对高碳层进行淬火处理，形成厚度为 0.8～2mm 的高硬度淬火层。该方法在提高钢材表面硬度与耐磨性的同时，保持了低碳钢内部的韧性与塑性[18]。

由于齿轮或齿圈多采用低碳钢或低合金钢材料，因此渗碳淬火是齿类零件常用的表面强化方法（图 1.5）。经渗碳与淬火工艺，使齿类零件的表面层具有高的硬度和耐磨性[19,20]，同时提高工件强度并保持良好的冲击韧性[21]，从而延长齿类零件的使用寿命。但渗碳淬火工艺受加热温度影响易形成网状与块状碳化物（图 1.6）[22]，从而对被处理部件的力学性能产生不利影响。

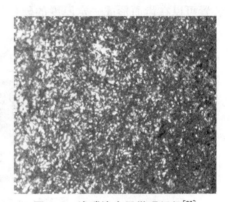

图 1.5　齿类零件渗碳淬火　　　　图 1.6　渗碳淬火层微观组织[22]

与上述渗碳处理原理相似，渗氮处理是一种将氮原子渗入金属材料表面的表面热处理方法[23]。凡含有 Cr、Mo、V、Ti、Al 等元素的低、中碳合金结构钢、工具钢、不锈钢、球墨铸铁等均可进行渗氮表面强化处理。因此，大部分齿轮、齿圈等零部件都可以采用渗氮处理方式进行齿面强化［图 1.7（a）］，从而获得较高的表面硬度、耐磨性与疲劳强度[24-26]。

与渗碳工艺相比，渗氮所需温度相对较低，因而齿型件仅发生较小变形，但由于所形成渗氮层厚度较薄［图 1.7(b)］，因此无法使齿型件在高速重载条件下持续工作，仅能满足轻、中等载荷工况的耐磨、耐疲劳要求。

（3）激光淬火处理

激光淬火是利用激光将材料表面加热到相变点以上，随着材料自身冷却，奥氏体转变为马氏体，从而使材料表面硬化的淬火技术[27]。激光淬火的功率密度高，冷却速度快，不需要水或油等冷却介质，是清洁、快速的淬火工艺。

 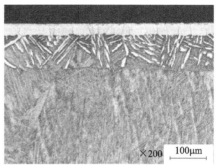

(a) 渗氮处理齿圈   (b) 渗氮层微观形貌

图 1.7 齿圈渗氮处理

与感应淬火相比,激光淬火淬硬层均匀,厚度可控,硬度高,变形小,易于实现自动化。图 1.8 为内齿圈齿面激光表面淬火过程,采用激光技术进行齿圈齿面淬火处理不受齿圈形状与尺寸的限制,同时处理后无需进行磨齿等进一步精加工过程[28,29]。

此外,国内学者通过理论研究与计算对齿轮激光淬火过程中不同扫描方式、偏置量、扫描速度、入射角以及辅助冷却方式等工艺进行优化分析,从而获得了沿齿面均匀分布的硬化层[30-32]。通过对激光淬火与传统淬火后齿面在显微硬度、耐磨性、变形量、微观组织等方面进行对比分析,详细阐述了激光淬火与传统淬火硬化层在形成机理方面的差异[33-35]。图 1.9 为石岩教授等[34] 对 40CrNiMoA 钢齿轮进行激光淬火处理后的硬化层横截面形貌,可以看出各齿面所形成的硬化层厚度均匀,且齿轮其他部位未发生受热相变。通过激光淬火技术使齿轮齿面耐磨性和疲劳寿命得到显著提高。由于激光淬火未改变齿轮内部组织与力学性能,因此齿轮具有良好的综合力学性能。

 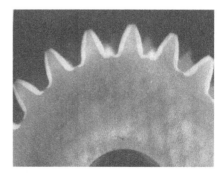

图 1.8　内齿圈齿面激光表面淬火处理   **图 1.9　齿轮激光淬火处理后的**
硬化层横截面[34]

对上述研究现状进行分析，可以发现传统表面强化技术能在一定程度上提高齿型件齿面耐磨性能，并且具有低成本、高效率的优点。但仍存在如下问题与不足：

① 感应与激光淬火方法虽然可以在一定程度上改善齿类部件齿面硬度与耐磨性能，但本质上是通过材料相变提升齿面性能，因此会直接受限于零部件材料本身属性的影响，无法从根本上使耐磨性大幅提升。

② 渗碳淬火层存在的块状或网状碳化物会在外力作用下形成较大的应力集中，进而导致裂纹产生。而渗氮处理的齿面硬化层厚度较低，极易发生疲劳剥落。因此，渗碳与渗氮处理后的部件在高速重载条件下易发生断裂与磨损，从而很难满足履带式车辆主动轮齿圈的工作需求。

1.3 金属耐磨耐冲击涂层制备技术

为了提升金属材料表面的耐磨与耐冲击性能，国内外研究人员采用表面沉积技术、热喷涂技术及堆焊技术等方法制备了涂层。根据工件的使用环境确定其表面涂层所需具备的性能，然后选择合适的涂层成分体系，使零部件的表面耐磨与耐冲击性能得到改善。

（1）表面沉积技术

① 电沉积技术。电沉积技术是金属或合金从其化合物水溶液、非水溶液或熔盐中向待处理金属表面进行电化学沉积的过程，可以形成耐磨性较好的复合薄层[36]，如图 1.10(a) 所示。

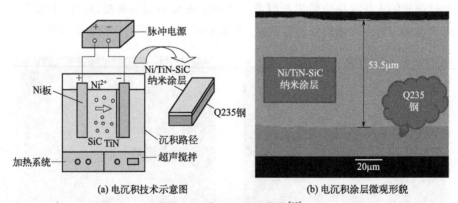

(a) 电沉积技术示意图　　(b) 电沉积涂层微观形貌

图 1.10　电沉积涂层技术[37]

部分学者[37,38]通过脉冲电流电沉积（PCE）技术制备了含 TiN 与 SiC

的 Ni 基涂层以及 Ni-Al-ZrO$_2$（Y$_2$O$_3$）涂层。在载荷 5N 与速度 0.1m/s 的条件下对上述涂层进行磨损实验。结果表明，含 TiN 与 SiC 的纳米涂层较未镀层基体具有更好的耐磨性。Ni-Al 金属间化合物和 ZrO$_2$（Y$_2$O$_3$）的结合使该涂层在室温（RT）至 500℃ 的温度下均具有出色的耐磨性。图 1.10（b）为含 TiN 与 SiC 的 Ni 基涂层。由图可见，电沉积所形成的涂层厚度较小。

X H Wang 等[39] 通过电刷镀制备纳米 Al$_2$O$_3$ 增强 Ni 基复合涂层。研究表明，涂层硬度随纳米 Al$_2$O$_3$ 颗粒浓度增加先升高后降低，而涂层磨痕深度与摩擦系数则先降低后升高。当纳米 Al$_2$O$_3$ 颗粒浓度为 20g/L 时，涂层在 10N 与 0.05m/s 的条件下具有最佳的耐磨性能。

② 气相沉积技术。气相沉积技术包括物理气相沉积技术与化学气相沉积技术。物理气相沉积技术主要是通过溅射、蒸发等物理方法获得沉积物粒子并在基材表面形成膜层。化学气相沉积技术则是利用含有薄膜元素的一种或几种气相化合物或单质在衬底表面上进行化学反应获得沉积物的粒子，形成膜层。通过气相沉积技术制备的耐磨超硬薄膜具有较高的硬度与耐磨性，可明显改善易磨损零件的耐磨与耐冲击性[36]。

J F Su 等[40,41] 采用气相沉积技术制备了以 CrN、TiAlN、AlCrN 和 AlTiN 等材料的涂层，并进行磨损试验与落球冲击试验。实验证明，AlTiN 涂层耐磨粒磨损性能不及 AlCrN 涂层。而 CrN 涂层表现出最差的耐磨性与耐冲击性。Y Y Chang 等[42] 在 Zr 和 TiAl 合金表面通过电弧离子镀制备了 ZrN、TiAlN 涂层和多层 TiAlN/ZrN 涂层。图 1.11 为多层 TiAlN/ZrN 涂层，涂层沉积质量良好，但厚度仅有约 1.5μm。对上述涂层进行载荷为 9.8N、频率为 5Hz 的冲击实验，结果表明，多层 TiAlN/ZrN 涂层具有最佳的耐冲击性能。

图 1.11 电弧离子镀多层 TiAlN/ZrN 涂层[42]

G Cassar 等[43] 采用等离子扩散与物理气相沉积双处理技术在 Ti-6Al-4V 合金表面制备了 TiN、CrAlN 和 WC/C 单层涂层。结果表明，采用等离子扩散与物理气相沉积双处理的涂层具有更好的耐冲击性能。然而，TiN 涂层相对 CrAlN 和 WC/C 涂层具有较差的耐冲击性能。

根据上述各涂层沉积技术研究现状可以看出，采用上述技术所制备的涂层具有较高的硬度，在耐磨损与耐冲击性能方面较未制备涂层的基材有所提高。但仍存在一些不足：

① 上述沉积技术所形成的涂层在较低冲击载荷条件下具有较好的耐冲击性能，但对高冲击载荷条件下的涂层耐冲击性未进行详细研究。

② 上述沉积层厚度均比较薄（在几纳米至几微米不等）且具有极高的脆性，若将其应用于受高冲击载荷的主动轮齿圈齿面上将会快速出现严重的沉积层剥落现象，从而降低主动轮齿圈的使用寿命。

（2）热喷涂技术

① 火焰喷涂技术。火焰喷涂技术作为一种新的表面防护和表面强化工艺，在金属表面工程领域中已被广泛采用[44]。图 1.12 为火焰喷涂技术原理图，在高速气流的推动下将被火焰加热的金属或非金属微小熔融颗粒喷射到基体上，熔融颗粒发生塑性变形形成片状叠加沉积涂层。其优点在于加工效率高，且成本较低[45]。

在金属耐磨耐冲击涂层方面，研究者主要关注 Mo[45]、WC[46]、ZrO_2-TiO_2[47,48] 和 Al_2O_3[49] 等添加物对喷涂层耐磨性能的影响。除上述研究成果外，Zhang[50] 等利用超声速火焰喷涂技术制备了包括多重非晶层和 Ni 基晶体层的夹层状涂层，采用落球式冲击试验机对涂层的耐冲击性能进行了研究，冲击试验后形貌如图 1.13 所示。由图可以看出，涂层中存在较多的孔隙、孔洞等缺陷，严重制约了涂层耐冲击性能的提高。

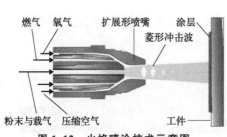

图 1.12　火焰喷涂技术示意图

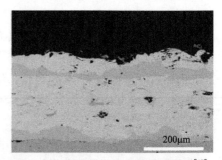

图 1.13　复合涂层冲击试验后形貌[47]

② 等离子喷涂技术。等离子喷涂技术是采用等离子电弧热源将陶瓷及金属合金材料加热到熔融或半熔融状态，经高速气流喷射在工件表面形成涂层的方法[44]。等离子喷涂原理如图 1.14 所示。相比于火焰喷涂技术，等离子喷涂技术具有如下优点：喷涂温度高，适用于高熔点材料的加工，同时在

加工过程中采用惰性气体，使喷涂材料不易被氧化。

目前利用该技术研究了 Al_2O_3[51,52]、WC[53]、TiN[54] 与稀土氧化物[51,55] 等添加物对金属喷涂层耐磨性能的影响。除此之外，部分学者采用梯度涂层结构进行等离子喷涂试验，所得到的喷涂层在结合强度与耐冲击性能方面获得了提升[48,49]。图 1.15 为程西云等[51] 采用等离子喷涂制备的 6 层梯度结构涂层在冲击试验后的形貌。可以看出，涂层出现明显层间分离现象，从而对提高涂层耐冲击性能产生不良影响。

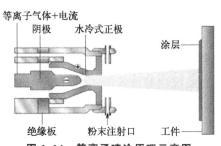

图 1.14　等离子喷涂原理示意图

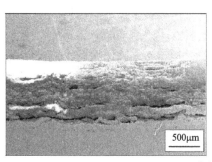

图 1.15　氧化铝陶瓷涂层冲击试验后形貌[51]

（3）堆焊技术

堆焊技术是用焊接的方法在零件表面将焊材熔化，然后使其冷却形成具有耐磨、耐蚀、耐热等特殊性能的涂层[56]。常用的堆焊材料包括实心焊丝、药芯焊丝、焊条、板状电极、带状电极等。堆焊技术工艺灵活，与基体有牢固的冶金结合，使用范围广。目前已有钴基[57]、镍基[58]、铁基[59-61] 等金属堆焊层的冶金行为与耐磨耐腐蚀等相关性能研究。堆焊技术已广泛应用于各种加工领域。

综上所述，采用以上三种技术制备的涂层在一定程度上提高了基材的耐磨与耐冲击性，但仍存在如下问题：

① 由于火焰喷涂、等离子喷涂等热喷涂技术多数情况下使粉末受热发生物理变化而非化学变化，粉末以半凝固状态堆积形成喷涂层，与基体之间的结合强度较低，并会在涂层中形成较多气孔、夹杂等缺陷。

② 采用火焰喷涂、等离子喷涂技术虽然能改善涂层的耐磨与耐冲击性，但涂层在冲击载荷下易形成裂纹与层离，从而无法实现涂层耐冲击性能的显著提升。

③ 由于堆焊技术所用材料主要是依据相关标准加工而成的焊丝或焊条，因而具有固定的化学元素配比，很难通过添加新的金属或非金属元素改变焊

材性能。此外，堆焊焊材硬度与耐磨性不高且难以添加 WC、TiC 等硬质颗粒相，从而无法大幅提升零部件的耐磨性能。

1.4 激光熔覆技术

1.4.1 激光熔覆常用方法

激光熔覆技术是利用激光作为热源，在一个移动的金属基体表面沉积一层具有一定厚度的金属功能涂层。在这个过程中，金属粉末材料被激光熔化并沉积在金属基体表面，形成高耐磨性、耐蚀性、耐高温氧化及具有良好导电性能的优质涂层[62]。由于激光束能量密度高，热输入量少，因此对基材的热影响作用明显低于堆焊、热喷涂及表面沉积等技术[63]。此外，由于激光熔覆具有极快的加热和冷却速度，热循环过程短暂，熔覆层中的晶粒不易长大，从而可以形成均匀致密的内部微观组织，且不易形成气孔与裂纹等缺陷。同时，在宏观上还可以有效减小工件的变形程度[64-66]。此外，根据基体材料与粉末材料不同，通过激光能量的精准控制可以获得适宜的稀释率与涂层厚度[67]，从而保证熔覆层与基材形成良好的冶金结合[68]。

除此之外，激光熔覆粉末材料的可选种类繁多，粉末粒度及含量变化范围广，可实现熔覆材料成分的控制与优化。激光熔覆技术根据材料添加方式分为以下几种方法：预置粉末式、同轴送粉式与送丝式。目前，预置粉末法与同轴送粉法已得到广泛应用。

（1）预置粉末式激光熔覆方法

预置粉末式激光熔覆方法（图 1.16）是在基材表面上先预置一层熔覆粉末，然后利用激光束扫描熔覆粉末预置层，能量由预置熔覆粉末向基材内部传递，使预置层与基材表面同时熔化并快速凝固形成合金熔覆层。

预置式激光熔覆方法有诸多缺点，激光的反射、熔覆材料飞溅使激光能量大量损失，激光利用率比较低。同时，熔覆层烧损严重，基体表面加热慢，且加热程度较低。在一定激光功率条件下，扫描速度高时会出现烧不透现象，而且熔覆层易形成气孔、变形、开裂与夹渣等缺陷。此外，熔覆层稀释率不易控制，工艺过程复杂不易实现[3]。W C Lei 等[69] 采用预置激光熔覆技术在 6063Al 表面制备 Ni60 合金熔覆层。结果表明，Ni60 熔覆层的枝晶结构较粗大，局部偏析，并伴有大量的气孔与裂纹（图 1.17）。

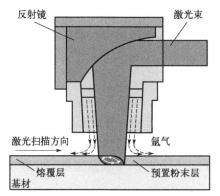

图 1.16　预置粉末式激光熔覆示意图

图 1.17　预置激光熔覆涂层横截面形貌[69]

（2）同轴送粉式激光熔覆方法

同轴送粉式激光熔覆方法（图 1.18）是将送粉器内粉末在惰性气体的吹送与保护下，经送粉管和同轴送粉头定量地送入工件表面激光辐照区，粉末与基材同时熔化，并随基材移动和粉末的连续送入形成熔覆层。

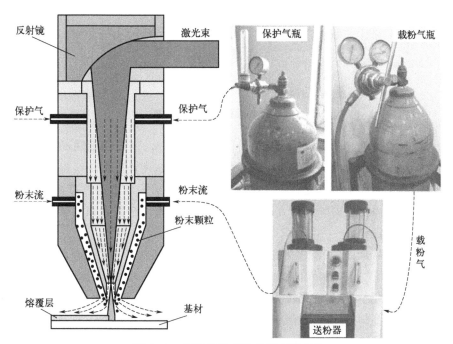

图 1.18　同轴送粉式激光熔覆示意图

其工艺过程简单，熔覆层成形性好、加工速度快、烧损轻。同时，熔覆材料与基材能达到冶金结合、熔覆层组织细小、强度高。此外，将双缸或三缸送粉器与同轴送粉头配合使用，可以方便快捷地更换粉末材料，从而可以根据工件不同熔覆处理部位的性能要求快速调整粉末种类，因此该方法在工程应用方面具有显著优势。

在实际应用过程中，同轴送粉激光头与数控（computer numerical control，CNC）或多自由度机械手相结合，可以实现大尺寸复杂形状工件表面的激光熔覆处理。因此，长春理工大学的石岩等[70] 采用同轴送粉方法，利用四轴联动数控激光加工机床在具有复杂曲面形状的凸轮表面制备了耐磨熔覆层，如图 1.19(a) 所示。

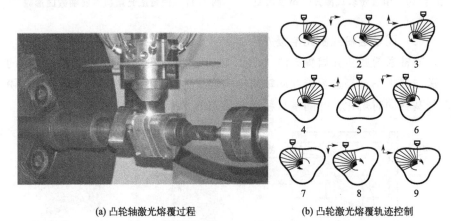

(a) 凸轮轴激光熔覆过程   (b) 凸轮激光熔覆轨迹控制

图 1.19　凸轮轴熔覆过程示意图[70]

将凸轮的 1/3 段均匀分为 10 段 [图 1.19(b)]，通过四轴联动控制凸轮轴的转速与旋转方向以及熔覆头上下左右的移动速度，以保证线速度以及熔覆头到凸轮轮廓距离不变，从而确保凸轮表面各部位熔覆层厚度的均匀性。该研究充分体现了同轴送粉方法与自动化加工设备结合技术在复杂构件表面改性方面的优势。

此外，由于工业机器人在机械加工领域的快速兴起，同轴送粉激光熔覆方法与工业机器人的有机结合成为柔性制造的一大进步。基于此，陈影等[71] 针对复杂曲面零件提出一种利用机器人进行激光熔覆的路径规划方法 [图 1.20(a)]。

采用三维扫描仪获取熔覆曲面点云数据，应用点云切片法得到熔覆路径上的点集。通过对曲面点集进行拟合得到加工点的法矢量，并按该方向偏置一定距离得到熔覆头运动轨迹点，最终实现复杂曲面激光熔覆层的制备 [图 1.20(b)]。

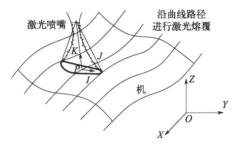

(a) 复杂曲面激光熔覆路径规划　　　　　(b) 复杂曲面激光熔覆宏观形貌

图 1.20　复杂曲面激光熔覆方法[71]

为了使机器人在大型复杂零部件激光熔覆过程中具有更加精确的运动路径，且始终不与零部件发生碰撞，马国帅[72] 利用 Matlab/SimMechanics 推导并验证了五次多项式过渡的机械臂轨迹规划函数，分析了机械臂的工作空间。分别采用多种群遗传算法和多层编码遗传算法得到最优无碰撞机械臂路径。针对熔覆过程中喷头和零件之间的干涉问题，讨论了通过调整喷头姿态消除干涉的方法。

基于上述研究可以发现，预置粉末式激光熔覆方法仅能应用于具有平直表面的零部件，且所制备涂层多缺陷裂纹，因此不能广泛应用于实际加工领域。然而，通过将同轴送粉式激光熔覆方法与数控机床或工业机器人等自动化加工系统相结合，在复杂形状零部件表面上实现了激光熔覆涂层的制备，因而在大型复杂结构件表面改性领域具有较高的工程适用性。但目前还未发现针对大型主动轮齿圈齿面进行激光熔覆处理的相关报道，仅在小型齿轮齿面进行了激光熔覆涂层的研究。

其中，杨毅[73]、宋光明等[74] 在 45 钢标准直齿轮齿面上激光熔覆 Ni 基自熔性合金粉末。研究表明，在相同线能量和线送粉量条件下，熔覆层开裂现象与齿轮模数有关，模数越大，熔覆层开裂倾向越明显。同时，陈列、陶然等[75,76] 通过数值计算分析了斜齿轮轴齿面激光熔覆层的开裂倾向。由于齿根部位温度梯度较大，使该处的熔覆层呈拉应力集中状态，极易产生裂纹，经工艺参数优化得到如图 1.21 所示的无裂纹激光熔覆层。此外，鲍志军[77] 对小模数斜齿轮进行了激光再制造研究，制备出平整光滑且无裂纹的齿面熔覆层。

（3）大型齿圈齿面激光熔覆技术

如前所述，同轴送粉激光熔覆技术在大型复杂结构件表面改性方面具有显著优势。该技术具有可选材料多、粉末粒度及含量变化大等特点，尤其是具有选区分层制备多功能涂层的独特优点。采用此技术制备的复合涂层具有

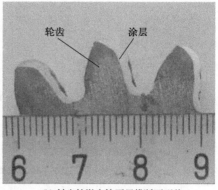

(a) 斜齿轮激光熔覆层形貌　　　　　　　　(b) 斜齿轮激光熔覆层横断面形貌

图 1.21　斜齿轮激光熔覆后宏观形貌[75]

较低的稀释率，并能与基体形成良好的冶金结合。涂层组织均匀致密，内部气孔、裂纹等缺陷较少。目前，该技术已广泛应用于航空航天、石油化工与机械制造等领域。因此，将同轴送粉激光熔覆技术应用于履带式车辆主动轮齿圈齿面的表面强化处理（图 1.22）。根据齿面失效形式，采用相应的熔覆层结构与材料在大型齿圈齿面激光熔覆高厚度耐磨耐冲击涂层，提高其工作可靠性与使用寿命，技术可行、意义重大。

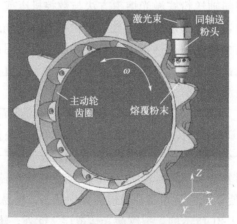

图 1.22　齿圈齿面激光熔覆示意图

1.4.2　激光熔覆技术进展

（1）激光熔覆耐磨涂层研究现状

① 激光熔覆合金粉末体系。目前，激光熔覆技术所用粉末材料主要以

自熔性合金粉末为主，主要包括铁基、钴基和镍基合金粉末，且均含有 B 和 Si 元素，具有自脱氧和造渣能力。

铁基合金粉末适用于易变形、要求局部耐磨的零部件，所用合金粉末主要以不锈钢类和高铬铸铁类为主，分别适用于碳钢和铸铁基材。采用该种粉末制备的熔覆层具备细晶强化、固溶强化、弥散强化以及马氏体强化等强化机制，使被处理件表面的耐磨性明显提高。同时，这类合金粉末成本较低，有利于激光加工企业进行零部件的批量处理，但在相同工艺条件下自熔性与抗氧化性相比钴基、镍基粉末较差，所形成的熔覆层可能含有较多的气孔与夹杂[62]。

钴基合金粉末具有良好的耐热震、耐磨、耐高温性、耐蚀性能，适用于耐磨、耐蚀与耐热疲劳的部件。内部元素主要是 Co、Cr、W、Fe、Ni 和 C。钴基合金热稳定性好，在激光熔化过程中不易发生蒸发升华与变质。熔化后表现出良好的润湿性，能在基材表面均匀铺展，从而获得表面平整且内部均匀致密的熔覆层[62]。

镍基合金粉末具有良好的润湿性、韧性、耐冲击性、耐磨损性、抗氧化性、高温自润滑性和耐蚀性，适用于局部要求耐磨、耐热腐蚀及热疲劳的构件，熔覆过程所需的激光功率密度略高于铁基合金。该类粉末是自熔性合金粉末中应用最广泛的一种。此外，其粉末熔点较低，并具有较宽的固液相温度区间，对多种金属基材和 WC 颗粒等有强润湿能力。通过激光熔覆技术制备的涂层会形成大量具有一定韧性的 γ-Ni 相，使涂层具有一定耐冲击性能[62]。

虽然镍基与钴基合金粉末均具有良好的物理化学性能，但钴基合金粉末在熔覆过程中会形成较多富 W 与富 Cr 碳化物，增加钴基熔覆层的脆性，导致其耐冲击性能较镍基合金粉末略显不足[62]。同时，钴基合金的价格显著高于镍基合金。若采用钴基合金粉末会大幅增加零部件批量熔覆处理的成本，所制备的熔覆层也不能显著提高基材耐冲击性能。因此，镍基合金粉末更适合用作耐磨、耐冲击涂层材料。

② 陶瓷增强颗粒对激光熔覆涂层耐磨性影响。激光熔覆技术可以有效改善材料表面的耐磨性能，但激光熔覆纯自熔性合金粉末形成的涂层耐磨性能提升有限[78-80]，因此多考虑在自熔性粉末中添加碳化物陶瓷颗粒来进一步提升涂层耐磨性能。国内外已对添加碳化硼（B_4C）[81,82]、碳化硅（SiC）[83,84]、碳化钛（TiC）[85,86]、碳化钨（WC）[87,88] 等非金属或金属碳化物陶瓷颗粒的复合涂层耐磨性能进行了大量研究。结果表明，碳化物陶瓷颗粒的存在能有效缓解涂层所受到的磨损破坏，从而有效提高涂层耐磨性能。

图 1.23 为 P Farahmand 等[88] 对添加 WC 颗粒涂层进行微观组织与耐磨性能研究后得到的涂层微观与磨损形貌。

由图 1.23(a) 可见，涂层中析出许多白色颗粒相，经分析证实是富 W 元素碳化物。由磨损后形貌 [图 1.23(b)] 可看出，WC 颗粒能有效抵抗配磨件的磨削作用。

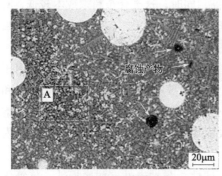
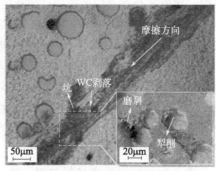

(a) WC熔覆层微观形貌　　　　　　　　(b) WC熔覆层表面磨损形貌

图 1.23　WC 熔覆层微观与磨损形貌[88]

通过上述研究结果可以看出，碳化物在微观尺度条件下颗粒尺寸相对较大，平均粉末直径在几微米到上百微米不等。这样尺寸的颗粒会显著增强激光熔覆层的耐磨性。但对于涂层的相关力学性能，尤其是耐冲击性能，可能存在不利影响。

随着纳米技术的逐渐发展与推广，纳米尺度陶瓷颗粒逐渐被应用于激光熔覆技术领域。纳米陶瓷颗粒在塑性、强度及韧度等方面相比于微米级碳化物颗粒具有显著的优势[89]。目前，国内外已针对纳米 $TiC^{[90,91]}$、纳米 $TiB_2^{[92]}$、纳米 $SiC^{[93,94]}$、纳米 $TiO_2^{[95]}$、纳米 $WC^{[96-98]}$ 和纳米 $Al_2O_3^{[99,100]}$ 等纳米陶瓷粉末在不同金属基激光熔覆涂层中的作用进行了详细研究，分析了纳米颗粒对涂层微观组织的细晶强化作用，并深入探讨了上述纳米陶瓷粉末对金属基涂层的耐磨损、耐腐蚀、抗氧化及耐热震等性能的影响机制，证明在金属粉末中添加纳米陶瓷粉末可以有效强化激光熔覆层的耐磨性能，并可使熔覆层组织得到显著细化。其中，M Doubenskaia 等[98] 利用激光熔覆技术制备了添加普通和纳米结构陶瓷增强化合物（WC-Co，WC-Co-BN）的金属基复合涂层（如图 1.24 所示），对涂层的显微结构、成分和元素分布进行分析。研究表明，涂层微观组织得到明显细化，在普通干摩擦环境下耐磨性能较好。

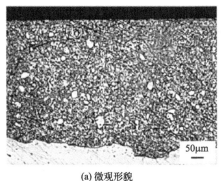

(a) 微观形貌　　　　　　　　　　　　　　(b) 磨痕形貌

图 1.24　纳米陶瓷增强复合涂层[98]

但由于碳化物颗粒在激光熔覆所形成的熔池内易发生熔解反应，使所形成的涂层硬度大幅提高，增加涂层开裂倾向，降低碳化物对涂层耐磨性的增强作用[101,102]。张艳梅等[103]在 45 钢表面激光熔覆微纳米 WC 颗粒增强镍基涂层时发现，当 WC 质量分数超过 30% 后，涂层脆性显著升高。

由图 1.25(a) 可见，涂层内部产生大量气孔与微裂纹，这将对涂层性能产生不良影响。同时，随着 WC 含量的继续增加，使涂层表层与内部产生大量裂纹 [图 1.25(b)]。因此，有效缓解含碳化物颗粒涂层的开裂倾向，减少乃至消除涂层裂纹是一个重要问题。

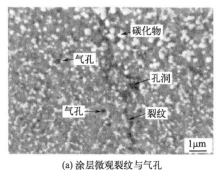
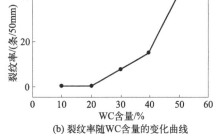

(a) 涂层微观裂纹与气孔　　　　　　　　(b) 裂纹率随WC含量的变化曲线

图 1.25　纳米 WC 增强镍基涂层微观形貌与裂纹率[103]

③ 稀土及其氧化物对激光熔覆涂层性能影响。稀土是化学周期表中镧系元素和钪、钇共十七种金属元素的总称。自然界中有 250 种稀土矿，其用途及可利用性在不断增长[104]。国内外针对稀土的研究与使用由来已久，已广泛应用于军事工业、冶金工业、石油化工、玻璃陶瓷加工以及永磁材料加工等领域。随着激光熔覆技术的发展，针对稀土在激光熔覆涂层中的作用已

进行了大量研究。稀土元素（REE）及其氧化物（REO）在涂层微观组织中主要起到净化晶界[105,106]、细化晶粒[107,108] 与抑制柱状晶生长[109,110] 等作用。同时，可以使涂层显微硬度[111,112]、韧性[113,114]、耐腐蚀性[115] 及耐磨性[116,117] 等相关力学性能得到提升。L Jun 等[107] 在 Ti6Al4V 基底上激光熔覆了含 Y 和未含 Y 元素的钛基复合涂层，如图 1.26 所示。研究表明，通过添加 Y 可以加速初生相的球化与细化。同时，激光产生的高温会使 Y 元素转变为 Y_2O_3，从而进一步细化组织。

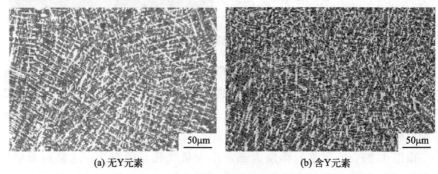

(a) 无Y元素   (b) 含Y元素

图 1.26　涂层微观组织形貌[107]

　　T G Zhang 等[117] 研究了 Y_2O_3 对钛基涂层开裂倾向、微观组织及耐磨性的影响，如图 1.27 所示。随着氧化钇添加量（质量分数）的增加，涂层裂纹明显减少，涂层组织被显著细化。对涂层进行磨损试验，结果显示，含3％氧化钇的涂层具有最佳的耐磨性能。上述文献分析表明，通过添加稀土可以有效细化涂层组织，增加涂层韧性，从而缓解涂层开裂倾向，减少裂纹的产生。

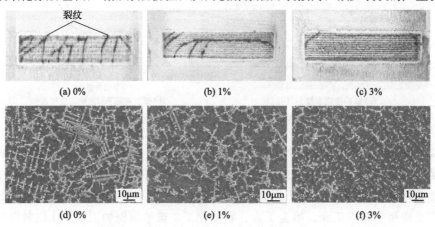

(a) 0%   (b) 1%   (c) 3%

(d) 0%   (e) 1%   (f) 3%

图 1.27　含氧化钇钛基涂层宏观与微观形貌[117]

可以发现，在激光熔覆领域所采用的稀土主要以镧（La）、铈（Ce）以及钇（Y）为主，而镧和铈属于轻稀土，具有较强的金属活性，在室温下极易氧化。钇属于重稀土，金属活性不及镧和铈，在室温下仅发生表面氧化，形成氧化膜，保护内部不被进一步氧化[104]。基于上述特点，如添加镧和铈元素，其极强的金属活性极容易在配置粉末或粉末输送过程中迅速氧化，形成氧化物，从而无法探究纯镧和纯铈元素对涂层组织与性能的影响。

此外，氧化钇熔点（2410℃）大于氧化铈（熔点1950℃）与氧化镧（熔点2315℃），纯钇熔点（1522℃）大于纯铈（熔点798℃）与纯镧（熔点921℃）[104]。因此，氧化钇与纯钇在熔池中更难熔化，从而增加其作为异质形核核心的趋向性，对涂层组织改善具有更优异的效果。依据上述原则，选择氧化钇与纯钇作为激光熔覆涂层添加物更为有益。

前文详细阐述了不同粉末体系及陶瓷和稀土添加物对激光熔覆涂层的影响，通过添加陶瓷颗粒能够提升涂层耐磨性能，添加稀土能有效细化涂层组织并缓解涂层开裂倾向。但针对涂层耐冲击性能的研究较少。因此。陶瓷颗粒与稀土对涂层耐冲击性能的影响机理还有待进一步讨论。

（2）激光熔覆耐冲击涂层研究现状

目前针对激光熔覆涂层耐冲击性能的研究相对较少，其主要集中于以下几个方面。

① 单摆冲击划痕磨损试验。图1.28(a)为单摆冲击划痕磨损试验机示意图，通过电机驱动角度盘的中轴旋转，使摆杆沿左右两个方向往复摆动，导致划头对载物台上的激光熔覆层进行周期性刻划，所得波动数据录入采集器，通过信号处理与转换可以得到切向力和法向力随时间的变化曲线，从而实现复合涂层磨损性能的精确评价。

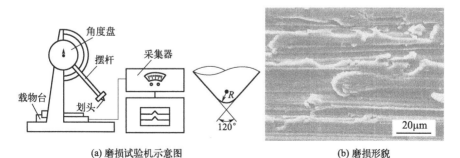

(a) 磨损试验机示意图　　　　　　　　(b) 磨损形貌

图1.28　单摆冲击划痕磨损实验[118]

中国科学院金属研究所的张松教授等[118] 采用单摆划痕装置测试激光熔覆原位合成 TiC/Ti 复合涂层的冲击磨粒磨损性能。结果表明，TiC/Ti 复合涂层的抗冲击磨粒磨损性能较 Ti-6Al-4V 基材提高 200%。由图 1.28(b) 磨损形貌可以看出，磨损表面存在塑性变形与犁沟。

② 动载冲击磨损试验。太原理工大学王军[119] 与装甲兵工程学院董世运等[120] 采用动载冲击磨损试验机对激光熔覆涂层进行冲击磨粒磨损试验，如图 1.29(a) 所示。周期性上下运动的落锤使涂层试样与下部高速旋转的配磨轮相接触，同时料仓持续不断地向涂层试样与配磨轮接触面间输送磨料，使涂层形成如图 1.29(b) 所示的表面形貌。结合涂层组织分析得到了金属涂层在冲击与磨粒共同作用下的磨损机制。

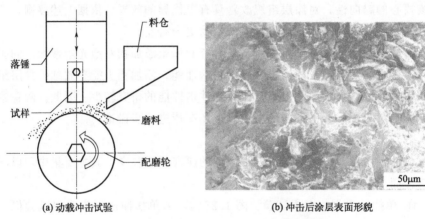

(a) 动载冲击试验　　　　　　　(b) 冲击后涂层表面形貌

图 1.29　激光熔覆涂层冲击磨粒磨损[119]

③ 下落式冲击试验。郑州大学石世宏等[121] 采用如图 1.30(a) 所示的自制冲击试验机对激光熔覆金属合金涂层试样进行了多冲试验，通过上夹具的冲击块对涂层进行周期性冲击作用，涂层逐渐出现如图 1.30(b) 所示的表面冲击裂纹，沿涂层至基体方向还出现均匀的形变硬化现象。

④ 夏比摆锤冲击试验。印度拉贾·拉曼拉先进技术中心的 G Puppala[122] 与韩国海事海洋大学的 D S Shim 等[123] 学者采用夏比摆锤冲击试验研究涂层的断裂韧性与冲击韧性及其相互影响。其中 G Puppala 等[122] 学者在基材上预先加工一梯形槽，通过激光熔覆技术在槽内填充镍基合金，随后加工成标准冲击试样，冲击试样与冲击后形貌如图 1.31 所示，冲击后试样开槽底部出现开裂现象。

D S Shim 等[123] 学者则在激光熔覆层上部开出 V 形夏比冲口，冲击载荷作用于基材下部,同时试样上部的沉积层厚度与下部基材厚度相等,如图 1.32(a) 所示。图 1.32(b) 的沉积层断口区域呈明显沿晶断裂特征。

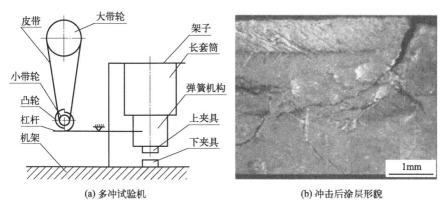

(a) 多冲试验机   (b) 冲击后涂层形貌

图 1.30　激光熔覆涂层多冲实验[121]

(a) 冲击试样

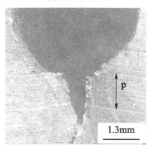

(b) 试样冲击后形貌

图 1.31　梯形槽冲击试验[122]

综上所述,国内外针对激光熔覆耐冲击涂层的研究主要集中在多冲载荷作用方面,涂层受多次冲击载荷作用,一般会出现疲劳裂纹,涂层剥落与层间分离。少数学者研究了涂层抗冲击磨粒磨损性能,磨损失效严重。但对于激光熔覆耐磨、耐冲击双性能涂层的研究未见报道,因此在粉末成分、配比方式、涂层制备方式以及涂层结构方面仍需要开展详细研究,以改善涂层硬度与韧性的协调关系,提高耐磨性能的同时保证涂层具有良好的耐冲击性能。

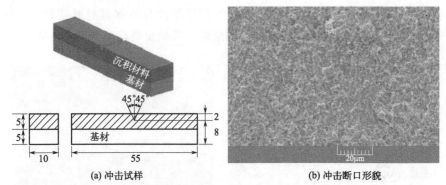

(a) 冲击试样　　　　　　　　　　(b) 冲击断口形貌

图 1.32　激光熔覆层夏比摆锤冲击试验试样与冲击断口形貌[123]

此外，上述文献多数针对低厚度（<2mm）激光熔覆层进行基础理论研究。由于激光熔覆技术已广泛应用于工程机械领域，而该领域中的机械设备（如轧辊、截齿、涡轮机叶片以及本书中的履带式主动轮等零部件）所处的工作环境常伴有高载荷的冲击与摩擦，其零部件会很快发生严重损坏，从而降低使用寿命。若采用低厚度的涂层对上述零件进行表面强化，在较高载荷作用下极易发生严重的剥落与磨损，不能有效提升零件使用寿命。此外，采用激光熔覆方法可以实现对受损零件的修复再制造，但当零件出现较大面积与深度的受损区时，就需要采用大面积高厚度的熔覆层进行填补。因此，需要进行高厚度（≥2mm）、高耐磨性以及高耐冲击性的激光熔覆层研究。

（3）高厚度多层激光熔覆涂层研究现状

为制备高厚度激光熔覆涂层，一般采用多熔道搭接与多层沉积方式。由于多道多层激光熔覆会对涂层产生循环加热并使涂层发生多次回火，因此涂层内部会产生较大热应力。同时，随着厚度的升高，熔覆层会发生较大变形，从而显著增大其内部残余应力，并与热应力共同作用增加涂层裂纹概率。为了解决高厚度涂层开裂问题，部分学者已进行了一些研究。其中，牛方勇[124] 通过单道多层激光熔覆制备了高厚度 Al_2O_3 陶瓷涂层，但出现较为严重的开裂现象，在样件的两侧及中部均分布着多条横向与纵向裂纹（图 1.33）。作者通过工艺参数（扫描速度与层间提升量）以及不同含量氧化物（TiO_2 和 ZrO_2）的优化实验仍未能完全消除裂纹。

李秋歌等[125] 对已损坏的涡轮叶片进行激光再制造时发现，直接进行激光增材制造的 K465 高温合金会在热影响区产生裂纹并向上部扩展 ［图 1.34(a)］，经工艺参数优化与基材同步预热处理后，形成了无裂纹的多层 K465 高温合金 ［图 1.34(b)］。

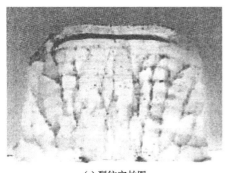
(a) 裂纹实拍图

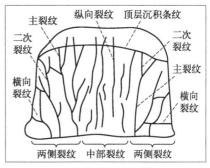
(b) 裂纹扩展示意图

图 1.33　激光熔覆高厚度 Al$_2$O$_3$ 陶瓷涂层形貌与裂纹分布[124]

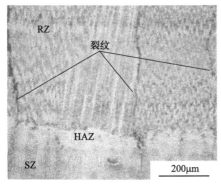
(a) 未同步预热基体增材合金形貌

(b) 同步预热基体增材合金形貌

图 1.34　激光增材 K465 镍基高温合金形貌[125]

　　由于大多数金属材料不具备较强的耐高温性能,因此持续高温加热会使基材与上部涂层发生相变、第二相析出以及组织形态转变,从而对其力学性能产生不良影响。由此提出一种新型材料设计方法——梯度功能材料 (functionally gradient materials,FGM)[126]。这种材料是由两种或多种材料复合且成分和结构呈连续梯度变化的一种新型复合材料[126]。采用梯度功能材料能显著提高两种材料的结合强度,并能消除连接界面交叉点以及应力自由端点的应力奇异性。同时,材料成分与结构的梯度分布可以减小残余应力,从而缓解裂纹驱动力。王建东[127] 在 Ti6Al4V 基体表面通过激光熔覆制备 TiC/Ti6Al4V 复合材料时,未采用梯度材料设计的多层沉积层会产生由界面向顶部扩展的裂纹,如图 1.35 所示。通过自下而上逐层增加 TiC 的方式,可得到无裂纹的多层梯度 TiC/Ti6Al4V 复合材料。

图 1.35　激光熔覆制备 TiC/Ti6Al4V 复合材料[127]

此外，X Wang 等[128] 在 40Cr 齿轮表面激光熔覆制备了纳米 TiC/12CrNi2 梯度功能涂层，如图 1.36 所示，涂层无裂纹、气孔等缺陷。纳米 TiC 含量沿基材向涂层顶部方向逐渐增加，显微硬度由底部的 612HV 逐渐增加到顶部的 1088HV。

在重载无润滑条件下，梯度涂层的摩擦系数较 40Cr 基材降低 50%，磨损量降低 40%，表明 40Cr 齿轮表面耐磨性被显著提高。

长春理工大学的石岩教授等[129] 为改善 20CrMnTi 合金钢的耐磨性，采用激光熔覆方法制备了无缺陷裂纹的 WC/Co 基梯度复合涂层，如图 1.37 所示。其中，WC 颗粒含量（质量分数）由 0 增加至 10%。通过摩擦磨损对比试验可知，梯度复合涂层耐磨性能较渗碳淬火 20CrMnTi 与 20CrMnTi 基

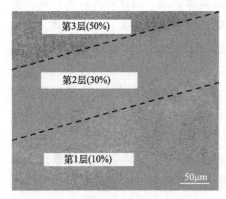

**图 1.36　纳米 TiC/12CrNi2 梯度
功能涂层[128]**

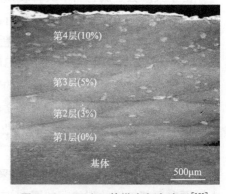

图 1.37　WC/Co 基梯度复合涂层[129]

材分别提高 159% 和 364%。虽然梯度涂层技术能很好地解决涂层开裂问题与耐磨性能，但其内部逐渐增加的硬质颗粒可能不利于涂层耐冲击性能。

1.5 主动轮齿圈齿面激光熔覆多性能强化涂层制备存在的关键问题

国内外学者在激光熔覆耐磨损涂层方面做了大量研究，针对陶瓷颗粒与稀土对涂层组织与耐磨性的作用进行了深入分析。此外，在解决高厚度激光熔覆涂层开裂问题方面做了大量工作，但对激光熔覆涂层耐冲击性能研究相对较少。同时，目前还未见针对大型齿圈齿面的激光熔覆相关研究。因此，面向主动轮齿圈齿面的激光熔覆技术可以归纳出如下几个需进一步解决的关键问题：

（1）高厚度激光熔覆耐磨耐冲击涂层结构与成分设计

前述关于高厚度激光熔覆层的研究现状主要针对涂层裂纹控制、微观组织及耐磨性能。但未见涂层耐磨性与耐冲击性同步提升的相关研究。由于激光熔覆工艺参数优化、多层涂层结构设计以及涂层内部成分选择都是影响涂层耐磨性与耐冲击性的重要因素，因此需要进行详细的讨论与分析，研究涂层结构与成分对耐磨性与耐冲击性的影响。

（2）碳化物陶瓷颗粒的添加与熔解对熔池流动状态的影响机理

为改善大型齿圈齿面的耐磨性能，在熔覆涂层中添加碳化物增强相是有效手段。前述文献已就碳化物陶瓷颗粒对激光熔覆涂层微观组织、耐磨性能及耐蚀性能的影响做了大量研究，并且提出碳化物在激光熔覆所形成的熔池中会发生部分熔解，但未对这一现象进行深入表征与分析。由于碳化物在熔解过程中必然会与熔池中的主要金属元素发生化学反应，而化学反应必然会引起能量的变化，可能会使熔池温度与熔池流动状态发生改变，从而影响熔池凝固后涂层的组织形态与力学性能。因此，通过相关检测分析技术对含碳化物熔池进行测试，探究碳化物对熔池流动状态的影响机理是一个有待进一步解决的重要问题。

（3）稀土元素及其氧化物对熔池流动状态的影响机理

大量文献研究已表明，稀土及其氧化物能显著改善激光熔覆涂层的组织与性能。由于稀土元素具有较强的化学活性，因此会在熔池中与氧气或金属元素发生化学反应，反应过程可能会引起熔池温度的变化，进而影响涂层组织与性能。目前针对这一问题的研究还未见报道。因此，对含稀土或稀土氧化物的熔池状态分析是一个重要研究内容。

（4）碳化物颗粒与稀土对激光熔覆复合涂层耐冲击性能的影响机理

耐冲击性能是本书的重要研究内容。目前，碳化物及稀土对激光熔覆层性能影响的研究主要集中在耐磨性能方面，而对熔覆层耐冲击性能的影响却鲜有研究。不同尺寸的碳化物颗粒均能改善涂层耐磨性能，但对涂层耐冲击性能的影响还未明确。添加稀土及其氧化物能细化晶粒并增强涂层韧性，但两者对涂层耐冲击性能的作用有何差异还未被揭示。因此，需要对不同尺度与含量的碳化物颗粒以及稀土和稀土氧化物对涂层耐冲击性能的影响机理进行深入研究。

（5）复合涂层微观组织和硬质析出相的调控机理

由于多道多层激光熔覆过程中激光产生的热累积会对涂层产生较为严重的热影响，会使涂层形成粗大的晶粒组织和数量较多的大尺寸硬质析出相，加剧涂层应力集中程度和贫 Cr 现象，从而对涂层耐冲击性与耐腐蚀性产生不利影响。因此，细化涂层组织与消除硬质析出物对提升涂层性能尤为重要。目前，对于析出物的产生与消除机理还未见详细研究。因此，通过相关技术手段对熔池凝固过程进行精准调控，实现涂层晶粒细化并抑制硬质相析出，从而揭示复合涂层微观组织和硬质析出相的调控机理，最终实现进一步提升涂层耐冲击和耐腐蚀性能的目的。

参考文献

[1] 交通大辞典委员会. 交通大辞典 [M]. 上海：上海交通大学出版社，2005：110-111.

[2] 宣天鹏. 表面镀覆层失效分析与检测技术 [M]. 北京：机械工业出版社，2012：90-91.

[3] 沈庆通，梁文林. 现代感应热处理技术 [M]. 北京：机械工业出版社，2015：82-84.

[4] 姜江，彭其凤. 表面淬火技术 [M]. 北京：化学工业出版社，2006：102-103.

[5] 王于林，倪金峰，王孝军. 采用新型 PQA 淬火剂控制齿轮感应淬火的质量 [J]. 金属热处理 (3)：19-21.

[6] 史若男，张瑞亮，王铁，等. 感应淬火齿轮接触疲劳强度试验研究 [J]. 机械传动，2014，38 (11)：18-21.

[7] 李垚，赵少甫，刘志强，等. 大模数弧齿锥齿轮感应淬火试验研究 [J]. 金属热处理，2018，43 (03)：206-209.

[8]　高炳章. 大直径小模数齿轮感应淬火工艺研究 [J]. 大型铸锻件，1990，（1）：19-29.

[9]　负军朝，申世坤，张宗利. 凸轮轴中频感应淬火工艺改进 [J]. 金属加工（热加工），2019，811（04）：73-74.

[10]　赵显恕. 凸轮轴感应加热淬火设备和工艺 [J]. 金属热处理，1998，（11）：26-27.

[11]　范金龙. 船用柴油机凸轮轴感应淬火及磨削工艺有限元分析与研究 [D]. 镇江：江苏科技大学.

[12]　王伟雄，胡晓平，朱会文. 船用凸轮轴的连续中频感应淬火 [J]. 热处理，2001，（03）：12-14.

[13]　王辉，王晓辉，王茂川，等. 感应淬火对曲轴扭转疲劳性能的影响 [J]. 精密成形工程，2019，11（01）：109-113.

[14]　马静芬，沈骥. 曲轴感应淬火开裂应对措施研究 [J]. 金属加工（热加工），2012，（S2）：133-135.

[15]　宋民生. 曲轴齿轮感应淬火后齿根开裂原因分析 [J]. 热处理，2014，（4）：69-71.

[16]　张立平，张学强，李永真. 发动机曲轴感应淬火工艺 [J]. 金属加工（热加工），2015，（01）：20-22.

[17]　莫道琛. 提高曲轴感应加热淬火的工艺水平 [J]. 金属热处理，1981，（06）：56-63.

[18]　内藤武志，陈祝同，刘惠臣. 渗碳淬火实用技术 [M]. 北京：机械工业出版社，1985：108-109.

[19]　尚可超，杨帅，廖云鑫. 渗碳淬火工艺对齿轨轮残余应力和变形影响的仿真研究 [J]. 煤矿机械，2020，41（01）：85-87.

[20]　丁盛，顾伟伟，杨威. 某行星齿轮的渗碳淬火工艺优化 [J]. 热加工工艺，2020，（04）：144-146.

[21]　刘赣华，钱锦年，邹洋，等. 淬火冷却介质流速对弧齿锥齿轮渗碳淬火热处理的影响 [J]. 材料热处理学报，2018，39（02）：152-160.

[22]　邹鹏，张忠和，张博，等. 高级渗碳淬火钢网状碳化物敏感性的研究 [J]. 热处理技术与装备，2017，38（04）：25-28.

[23]　王学武. 金属表面处理技术 [M]. 北京：机械工业出版社，2008：98-99.

[24]　王伟，唐良芬，倪佳俊，等. 42CrMo 齿轮渗氮处理 R-S-N 弯曲疲劳性能研究 [J]. 金属加工（热加工），2018（11）：54-57.

[25]　郑亚旭，王福明，王延露，等. 20CrMnTi 齿轮钢表面渗氮后的氧化处理工艺 [J]. 材料热处理学报，2016，37（09）：190-195.

[26]　郭起跃. 内齿轮气体渗氮处理 [J]. 金属热处理，2014，39（09）：79-81.

[27] 杨满. 热处理工艺参数手册 [M]. 北京：机械工业出版社，2013：107-108.

[28] 上海市热处理协会. 实用热处理手册（精）[M]. 2 版. 上海：上海科学技术出版社，2014：214-215.

[29] 杨泽华，马战勋，刘丽敏. 激光淬火技术在大模数齿圈齿面表面强化上的应用 [J]. 金属加工（热加工），2018，(6)：35-37.

[30] 石娟，戴忠森，邓琦林，等. 大模数齿轮激光淬火的有效硬化层深 [J]. 机械传动，2006，30 (3)：84-86.

[31] 石娟，吴钢，范雪燕，等. 激光淬火齿轮的疲劳寿命和耐磨性试验研究 [J]. 上海海事大学学报，2004，25 (1)：92-96.

[32] 王玉玲，惠英龙，姚翠翠，等. 齿轮激光淬火研究进展 [J]. 表面技术，2014，(5)：109-117.

[33] 李占国，张宏，石岩，等. 齿轮激光热处理工艺研究 [J]. 兵工学报，2003，(2)：226-229.

[34] 石岩，张宏，杨英，等. 齿轮宽带激光淬火工艺研究 [J]. 中国机械工程，2003，(06)：79-81+6.

[35] 惠英龙. 重载汽车 20CrMnMo 齿轮激光淬火热处理工艺 [J]. 中国表面工程，2014，27 (6)：89-95.

[36] 姚寿山，李戈扬，胡文彬. 表面科学与技术 [M]. 北京：机械工业出版社，2005：130-131.

[37] X F Feng, L Qiang, M C Yang, et al. Preparation and wear properties of Ni/TiN-SiC nanocoatings obtained by pulse current electrodeposition [J]. Ceramics International，2020，46 (6)：7961-7969.

[38] Y C Qi, L Hang, L J Liang, et al. Synthesis of Ni-Al-ZrO_2 (Y_2O_3) composite coatings with excellent wear resistance through mechanical alloying combined with pulse electrodeposition [J]. Ceramics International，2019，45 (17)：23798-23803.

[39] X H Wang, B Lu, Z F Hu, et al. Effects of n-Al_2O_3 Particles Content on Structure and Performance of Electro-Brush Plating Ni-Co Alloy Composite Coatings [J]. Rare Metal Materials and Engineering，2016，45 (1)：36-41.

[40] J F Su, X Nie, T Mulholland. Combinative influence of impact and pressing forces on coating failure behaviour [J]. Surface and Coatings Technology，2010，205 (5)：1520-1526.

[41] J. L. Mo, M. H. Zhu, A. Leyland, A. Matthews. Impact wear and abrasion resistance of CrN, AlCrN and AlTiN PVD coatings [J]. Surface and Coatings Technology，2012，11：170-177.

[42] Y Y Chang, C J Wu. Mechanical properties and impact resistance of multilayered

TiAlN/ZrN coatings [J]. Surface and Coatings Technology，2012，03：62-66.

[43] G. Cassar，S. Banfield，et al. Impact wear resistance of plasma diffusion treated and duplex treated/PVD-coated Ti-6Al-4V alloy [J]. Surface and Coatings Technology，2012，10：2645-2654.

[44] 杨瑞成，蒋成禹，初福民. 材料科学与工程导论 [M]. 哈尔滨：哈尔滨工业大学出版社，2002：95-96.

[45] G Bruno，C Fanara，F Guglielmetti，et al. Characterization and residual stress analysis of wear resistant Mo thermal spray-coated steel gear wheels [J]. Surface and Coatings Technology，2006，200 (14-15)：4266-4276.

[46] T U Ampaipong，C Dumkum，K Tuchinda，et al. Surface and subsurface characteristics of Nicrbsi coating with different WC amount prepared by flame spray method [J]. Journal of Thermal Spray Technology，2019，03 (28)：580-590.

[47] H L Yao. Comparative study of HA/TiO_2 and HA/ZrO_2 composite coatings deposited by high-velocity suspension flame spray (HVSFS) [J]. Surface and Coatings Technology，2018. (351)：177-187.

[48] G Bolelli，V Cannillo，R Gadow，et al. Properties of high velocity suspension flame sprayed (HVSFS) TiO_2 coatings [J]. Surface & Coatings Technology，2009，203 (12)：1722-1732.

[49] G Bolelli，J Rauch，V Cannillo，et al. Microstructural and tribological investigation of high-velocity suspension flame sprayed (HVSFS) Al_2O_3 coatings [J]. Journal of Thermal Spray Technology，2009，18 (1)：35-49.

[50] C Zhang，H Zhou，L Liu. Laminar Fe-based amorphous composite coatings with enhanced bonding strength and impact resistance [J]. Acta Materialia，2014，72：239-251.

[51] 程西云，肖舒，何俊. 梯度结构对氧化铝陶瓷涂层结合强度及抗冲击性能影响的试验研究 [J]. 机械工程学报，2014，050 (010)：87-92.

[52] N Vasiraja，P Nagaraj. Characterization of SS/Al_2O_3 functionally graded material coating by plasma spray technique on aluminum plate [J]. Materials Research Express，2019. 06 (6)：01-12.

[53] G H Jian，L Bo，L Cheng，et al. Effect of WC-Co content on the microstructure and properties of NiCrBSi composite coatings fabricated by supersonic plasma spraying [J]. Journal of Alloys and Compounds，2019. (789)：966-975.

[54] C Z Hua，W F Shuang. Microstructure and properties of TiN/Fe-based amorphous composite coatings fabricated by reactive plasma spraying [J]. Journal of Alloys and Compounds，2019，(785)：206-213.

[55] Z F Fei，Z Z Guo. Effect of heat treatment and synergistic rare-earth modified Ni-

CrAlY on bonding strength of nanostructured YSZ coatings [J]. Applied Surface Science, 2019, (480): 636-645.

[56] 单际国, 董祖珏, 徐滨士. 我国堆焊技术的发展及其在基础工业中的应用现状 [J]. 中国表面工程, 2002, 15 (4): 19-22.

[57] M M Ferozhkhan, K G Kumar, R Ravibharath. Metallurgical study of stellite 6 cladding on 309-16L stainless steel [J]. Arabian Journal for Science and Engineering, 2017, 42 (5): 2067-2074.

[58] M A Vera, T Méndez, H García, et al. Wear resistance of TiN or AlTiN nanostructured Ni-based hardfacing by PTA under pin on disc test [J]. Wear, 2019, (426-427): 1584-1593.

[59] H X Ru. Mechanical properties of the hypereutectoid Fe-Cr-C hardfacing coatings with different nano-Y_2O_3 additives and the mechanism analysis [J]. Materials Science and Engineering: A, 2016 (655): 346-354.

[60] J Wang, T Liu, Y Zhou, et al. Effect of nitrogen alloying on the microstructure and abrasive impact wear resistance of Fe-Cr-C-Ti-Nb hardfacing alloy [J]. Surface and Coatings Technology, 2017, (309): 1072-1080.

[61] 赵梓淳, 苏允海, 黄宏军. 铬碳化合物对 Fe-Cr-C 堆焊层组织耐磨性影响的研究 [J]. 热加工工艺, 2015, (15): 60-62.

[62] D Lepski, F Brückner. Laser Cladding [M]. Springer Netherlands, 2009: 97-98.

[63] 关振中. 激光加工工艺手册 [M]. 北京: 中国质检出版社, 1998: 100-101.

[64] Y J Xie, M C Wang, D W Huang. Comparative study of microstructural characteristics of electrospark and Nd: YAG laser epitaxially growing coatings [J]. Applied Surface Science, 2007, 253 (14): 6149-6156.

[65] 赵卫卫, 林鑫, 刘奋成, 等. 热处理对激光立体成形 Inconel 718 高温合金组织和力学性能的影响 [J]. 中国激光, 2009, 36 (12): 3220-3225.

[66] J Chen, L Xue. Process-induced microstructural characteristics of laser consolidated IN-738 superalloy [J]. Materials Science and Engineering: A, 2010, 527 (27-28): 7318-7328.

[67] 徐滨士, 朱绍华. 表面工程的理论与技术 [M]. 北京: 国防工业出版社, 2010: 104-105.

[68] Y Yang, H Wu. Improving the wear resistance of AZ91D magnesium alloys by laser cladding with Al-Si powders [J]. Materials Letters, 2009, 63 (1): 19-21.

[69] W C Lei, G Yuan, et al. Effect of Rare-earth on Friction and Wear Properties of Laser Cladding Ni-Based Coatings on 6063Al [J]. Journal of Alloys and Compounds, 2017, 727: 278-285.

[70] 石岩, 李云峰, 刘佳, 袁振玉. 高压油泵凸轮轴激光增材制造梯度耐磨层研究 [J]. 机械工程学报, 2017, 53 (6): 80-87.

[71] 陈影, 孙文磊, 等. 激光熔覆曲面零件再制造的机器人路径规划 [J]. 中国激光, 2017, 44 (5): 78-88.

[72] 马国帅. 大型复杂零部件激光熔覆机械臂路径规划研究 [D]. 北京: 中国矿业大学, 2019.

[73] 杨毅, 曾庆生. 齿轮失效及激光熔覆修复技术的研究 [J]. 机械工程师. 2014, 07: 14-16.

[74] 沈燕娣, 宋光明, 吴钢, 等. 齿轮模数对激光熔覆层开裂倾向的影响 [J]. 上海海事大学学报. 2006, 03 (27): 39-41.

[75] 陈列, 陶然, 刘顿, 等. 斜齿面激光熔覆的开裂倾向分析及控制研究 [J]. 中国激光, 2014, (11): 75-81.

[76] 陈列, 谢沛霖. 齿面激光熔覆中的防边缘塌陷工艺研究 [J]. 激光技术, 2007, 31 (5): 518-521.

[77] 鲍志军. 小模数齿轮激光熔覆修复工艺试验研究 [D]. 上海: 上海海事大学, 2007.

[78] Z K Fu, H H Ding, W J Wang, et al. Investigation on microstructure and wear characteristic of laser cladding Fe-based alloy on wheel/rail materials [J]. Wear, 2015, 02: 592-599.

[79] H M guo, Q Wang, W W jian, et al. Investigation on wear and damage performance of laser cladding Co-based alloy on single wheel or rail material [J]. Wear, 2015, 03 (002): 154-159.

[80] 潘晓铭, 张琳琳, 张大伟, 等. 激光熔覆 Ni-Co 基合金复合涂层的组织与耐磨性 [J]. 热加工工艺, 2015, 04 (44): 155-160.

[81] 李美艳, 韩彬, 王勇, 等. B_4C 和 Ti 含量对激光熔覆 Fe-Cr-Ni-Si 系合金涂层结构及性能影响 [J]. 中国激光, 2013, (12): 92-96.

[82] L L Bai, J Li, J L Chen, et al. Effect of the content of B_4C on microstructural evolution and wear behaviors of the laser-clad coatings fabricated on Ti6Al4V [J]. Optics & Laser Technology, 2016, 76: 33-45.

[83] N Li, Y Xiong, H Xiong, et al. Microstructure, formation mechanism and property characterization of Ti + SiC laser cladded coatings on Ti6Al4V alloy [J]. Materials Characterization, 2019, 148: 43-51.

[84] Q Li, G M Song, Y Z Zhang, et al. Microstructure and dry sliding wear behavior of laser clad Ni-based alloy coating with the addition of SiC [J]. Wear, 2003, 254 (3-4): 222-229.

[85] X He, R G Song, D J Kong. Effects of TiC on the microstructure and properties

of TiC/TiAl composite coating prepared by laser cladding [J]. Optics & Laser Technology, 2019, 112: 339-348.

[86] H B feng, M D yan, F Ma, et al. Microstructures and wear properties of TiC coating produced by laser cladding on Ti-6Al-4V with TiC and carbon nanotube mixed powders [J]. Ferroelectrics, 2019, 547 (1): 217-225.

[87] M Erfanmanesh, H A Pour, H M Semnani, et al. An empirical-statistical model for laser cladding of WC-12Co powder on AISI 321 stainless steel [J]. Optics & Laser Technology, 2017, 97: 180-186.

[88] P Farahmand, R Kovacevic. Corrosion and wear behavior of laser cladded Ni-WC coatings [J]. Surface and Coatings Technology, 2015, 276: 121-135.

[89] R A Andrievski, A M Glezer. Size effects in properties of namomaterials [J]. Scripta Materialia, 2001, 44: 1621-1624.

[90] D Jiang, C Hong, M Zhong, et al. Fabrication of nano-TiCp reinforced Inconel 625 composite coatings by partial dissolution of micro-TiCp through laser cladding energy input control [J]. Surface and Coatings Technology, 2014, 249: 125-131.

[91] W Jiang, P Molian. Nanocrystalline TiC powder alloying and glazing of H13 steel using a CO_2 laser for improved life of die-casting dies [J]. Surface and Coatings Technology, 2001, 135 (2-3): 139-149.

[92] Z B Cheng, G Jun, et al. Microstructure and mechanical properties of Inconel 625/nano-TiB2 composite fabricated by LAAM [J]. Materials & Design, 2016 (111): 70-79.

[93] J J Sha, Z Fen, et al. Microstructure and mechanical properties of ZrB_2-based ceramic composites with nano-sized SiC particles synthesized by in-situ reaction [J]. Materials Science and Engineering: A, 2017 (693): 145-150.

[94] 段晓溪, 高士友, 顾勇飞, 等. 激光熔覆 316L＋SiC 的强化机制和摩擦磨损性能研究 [J]. 中国激光, 2015, 43 (1): 103-104.

[95] M Manoj, S Masanta, et al. Microstructure and properties of TiB_2-TiC-Al_2O_3 coating prepared by laser assisted SHS and subsequent cladding with micro-/nano-TiO_2 as precursor constituent [J]. Materials & Design, 2016 (90): 307-317.

[96] P H Gao, B Y Chen, W Wang, et al. Simultaneous increase of friction coefficient and wear resistance through HVOF sprayed WC- (nano WC-Co) [J]. Surface and Coatings Technology, 2019, 363: 379-389.

[97] W Li, P Xu, Y Wang, et al. Laser synthesis and microstructure of micro-and nano-structured WC reinforced Co-based cladding layers on titanium alloy [J]. Journal of Alloys and Compounds, 2018, 749: 10-22.

[98] M Doubenskaia, A K Gilmutdinov, K Y Nagulin. Laser cladding of metal matrix

composites reinforced by cermet inclusions for dry friction applications at ambient and elevated temperature [J]. Surface & Coatings Technology, 2015, 276 (3): 696-703.

[99] X Duan, S Gao, Q Dong, et al. Reinforcement mechanism and wear resistance of Al_2O_3/Fe-Cr-Mo steel composite coating produced by laser cladding [J]. Surface and Coatings Technology, 2016, 291: 230-238.

[100] X X Luo, Z J Yao, P Z Zhang, et al. Al_2O_3 nanoparticles reinforced Fe-Al laser cladding coatings with enhanced mechanical properties [J]. Journal of Alloys and Compounds, 2018, 755: 41-54.

[101] 吴新伟, 曾晓雁, 朱蓓蒂, 等. 镍基 WC 金属陶瓷激光熔覆涂层的熔化烧损规律 [J]. 金属学报, 1997, (12): 1282-1288.

[102] S Zhou, X Dai, H Zheng. Microstructure and wear resistance of Fe-based WC coating by multi-track overlapping laser induction hybrid rapid cladding [J]. Optics and Laser Technology, 2012, 44 (1): 190-197.

[103] 张艳梅, 华海, 帅歌国, 等. 激光熔覆微纳米 WC 颗粒增强镍基金属陶瓷涂层的裂纹研究 [J]. 热加工工艺, 2014, 043 (024): 154-157.

[104] Z Chen. Global rare earth resources and scenarios of future rare earth industry [J]. Journal of Rare Earths, 2011, 29 (1): 1-6.

[105] L M X, H Y Zhu, Y X Min. Effect of nano-Y_2O_3 on microstructure of laser cladding cobalt-based alloy coatings [J]. Applied Surface Science, 2006, 252 (8): 2882-2887.

[106] K. L Wang, Q B Zhang, et al. Microstructural characteristics of laser clad coatings with rare earth metal elements [J]. Journal of Materials Processing Technology, 2003, 139: 448-452.

[107] L Jun, W H Ping, L M Ping, et al. Effect of yttrium on microstructure and mechanical properties of laser clad coatings reinforced by in situ synthesized TiB and TiC [J]. Journal of Rare Earths, 2011, 29 (5): 85-91.

[108] C Wang, H Li. Influence of yttrium on microstructure and properties of Ni-Al alloy coatings prepared by laser cladding//Proceedings of the 8th Pacific Rim International Congress on Advanced Materials and Processing [C]. John Wiley & Sons, Inc. 2013: 116-117.

[109] M Zhang, X H Wang, et al. Effect of rare earth oxide on microstructure and high temperature oxidation properties of laser cladding coatings on 5CrNiMo die steel substrate [J]. Optics & Laser Technology, 2019, 119: 105597.

[110] 李桂荣, 王宏明, 赵玉涛, 等. 稀土钇对 7055 铝合金熔炼和凝固过程的作用机制 [J]. 稀有金属材料与工程, 2010, 39 (001): 80-84.

[111] H Zhang，Y Zou．Microstructure and properties of Fe-based composite coating by laser cladding Fe-Ti-V-Cr-C-CeO powder ［J］．Optics & Laser Technology，2015，65（12）：119-125.

[112] W C Lei，Y Gao，R Wang，et al．Microstructure of laser-clad Ni60 cladding layers added with different amounts of rare-earth oxides on 6063 Al alloys ［J］．Journal of Alloys and Compounds，2018，740：1099-1107.

[113] T Jing，D Z Dong，Y C Yu，et al．Effect of nano-Y_2O_3 addition on microstructure and room temperature tensile properties of Ti-48Al-2Cr-2Nb alloy ［J］．Vacuum，2019，170：108779.

[114] Y J Hui，L X Shu，Y Y Chen，et al．Effects of nano-Y_2O_3 addition on the microstructure evolution and tensile properties of a near-α titanium alloy ［J］．Materials Science and Engineering：A，2019，761：137977.

[115] H Wang，H Wang，Q Zhao，et al．Investigation on hot corrosion behaviour of Aluminum Rare Earth coating in mixed sulphate at 1050℃ ［J］．Corrosion Science，2018，135：99-106.

[116] Z G yao，W C lei，G Yuan，et al．Effect of Rare Earth on the Microstructure and Tribological Properties of Laser Cladding Ni-Based Coatings on 6063Al alloys ［J］．Tribology，2015，35（3）：335-341.

[117] T G Zhang，H F Zhuang，et al．Influence of Y_2O_3 on the microstructure and tribological properties of Ti-based wear-resistant laser-clad layers on TC4 alloy ［J］．Ceramics International，2020，46（9）：13711-13723.

[118] 张松，张春华，等．TiC/Ti 复合材料激光熔覆层的冲击磨粒磨损性能 ［J］．金属学报，2004，38（10）：1100-1104.

[119] 王军，武晓雷．激光熔覆涂层中 TiCp 界面结构与支冲击磨损性能 ［J］．材料科学与工艺，1999，7（4）：21-24.

[120] 张晓东．D577 合金激光熔覆层组织及冲击磨料磨损性能 ［C］．中国机械工程学会表面工程分会．第八届全国表面工程学术会议暨第三届青年表面工程学术论坛论文集（二）．中国机械工程学会表面工程分会：中国腐蚀与防护学会涂料涂装及表面保护技术专业委员会，2010：153-157.

[121] 傅戈雁，石世宏，张赟，等．多冲碰撞载荷下激光涂层的裂纹损伤及机理分析 ［J］．中国机械工程，2006，（21）：2296-2299+2304.

[122] P Ganesh，M Aniruddha，et al．Evaluation of fracture toughness and impact toughness of laser rapid manufactured Inconel-625 structures and their co-relation ［J］．Materials & Design，2014，59：509-515.

[123] D S Shim，G Y Baek，S B Lee，et al．Influence of heat treatment on wear behavior and impact toughness of AISI M4 coated by laser melting deposition ［J］．Sur-

face and Coatings Technology，2017，328：219-230.

[124] 牛方勇. 激光熔化沉积成形 Al₂O₃ 陶瓷开裂机理及抑制方法 [D]. 大连：大连理工大学，2017.

[125] 李秋歌，林鑫，王杏华，等. 激光增材修复 K465 高温合金裂纹控制研究 [J]. 稀有金属材料与工程，2017，46（04）：955-960.

[126] 陈光，崔崇. 新材料概论 [M]. 北京：科学出版社，2003：89-90.

[127] 王建东. 激光熔化沉积 TiC/Ti6Al4V 复合材料的组织性能调控 [D]. 哈尔滨：哈尔滨工业大学，2018.

[128] X Wang，Z Zhang，Y Men，et al. Fabrication of nano-TiC functional gradient wear-resistant composite coating on 40Cr gear steel using laser cladding under starved lubrication conditions [J]. Optics & Laser Technology，2020，126：106136.

[129] Y Shi，Y F li，J Liu，et al. Investigation on the parameter optimization and performance of laser cladding a gradient composite coating by a mixed powder of Co50 and Ni/WC on 20CrMnTi low carbon alloy steel [J]. Optics & Laser Technology，2018，99：256-270.

第2章
激光熔覆复合涂层的设计与试验方法

2.1 引言

由于齿面在高冲击载荷的摩擦作用下会出现严重磨损,因此齿面激光熔覆复合涂层需具有较高耐磨性,但高耐磨性必然会带来高脆性,使涂层在高冲击载荷下迅速产生裂纹并脱落。此外,由于履带式车辆常在盐碱等环境中工作,主动轮齿面易被腐蚀破坏,这就要求复合涂层还应具有良好的耐腐蚀性。基于上述分析,对激光熔覆复合涂层结构进行初步设计,力求实现耐磨性、耐冲击性及耐腐蚀性的同步提升。同时,根据设计方案,选择能满足设计需求的粉末材料与试验检测设备,从而为解决"高厚度激光熔覆耐磨耐冲击涂层结构与成分设计"这一问题提供帮助,为大型齿圈齿面激光熔覆耐磨耐冲击复合涂层的制备指明方向。

2.2 基体材料

基体材料选用 ZG42CrMoA 钢,试样尺寸为 120mm×45mm×15mm,其化学成分和物理性能见表 2.1 和表 2.2。在激光熔覆试验开始前,将基材表面磨平并用丙酮清洗。

表 2.1 ZG42CrMoA 钢的化学成分

元素	C	Cr	Si	Mo	Mn	S	P	Fe
质量分数/%	0.38~0.45	0.9~1.2	0.17~0.37	0.15~0.25	0.5~0.8	≤0.025	≤0.025	余量

表 2.2 ZG42CrMoA 钢的物理性能

硬度 (HB)	拉伸强度/ MPa	屈服极限/ MPa	伸长率/ %	断面收缩率/ %	冲击功/ J
≤217	≥1080	≥930	≥12	≥45	≥63

2.3　复合涂层结构的初步设计与材料选择

2.3.1　复合涂层结构的初步设计

　　图 2.1 为激光熔覆耐磨耐冲击涂层结构设计图。由于 ZG42CrMoA 铸钢基材存在大量冶金缺陷（图 2.2），导致激光熔覆层与基材的结合界面产生大量气孔与夹杂，进而降低两者的结合强度，导致熔覆层极易剥落。为解决上述问题，采用高韧性与强润湿性的粉末材料，在基材上制备具有较大稀释率的界面连接层，大稀释率带来的较大熔深能有效熔化基材表层，使基材熔融区域内的夹杂和气孔被有效排除，进而使整个激光熔覆层与基材间形成无缺陷的冶金结合。同时，界面连接层应具备较低的厚度，以此获得较浅的熔池，从而有利于夹杂的快速上浮排出。

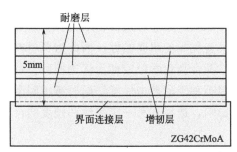

图 2.1　激光熔覆耐磨耐冲击涂层结构设计图

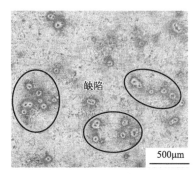

图 2.2　ZG42CrMoA 基材铸造缺陷

　　由于主动轮齿圈齿面受到高冲击载荷作用，因此需要提高齿面复合涂层的耐冲击性能。为此，在涂层内设计增韧层。增韧层所具有的优异韧性会对外部载荷产生缓冲效应，从而提高复合涂层的耐冲击性能。所设计的增韧层与界面连接层采用相同的材料、厚度与稀释率等设计标准。

　　此外，齿面与履带销还会发生剧烈磨损现象，同时在盐碱等腐蚀性环境中易发生严重的表面腐蚀。因此，需在保证耐冲击性能前提下提高耐磨层耐磨损性能，并且耐磨层还需具备良好的耐腐蚀性能。为了避免下部增韧层的材料大量熔入上部耐磨层，应采用尽量低的稀释率制备耐磨层。由于耐磨层在高冲击载荷条件下会被剧烈磨损，因此需要具备一定的厚度。

　　最外侧的耐磨层在长时间的冲击与磨损过程中也会逐渐脱落。在其下部的增韧层被快速磨损剥落后，内部的耐磨层将继续发挥耐磨损的作用，因而能有效延长复合涂层抗磨损的时间。因此，采用增韧层与耐磨层交替排布的设计原则，可以实现耐磨性能与耐冲击性能的双重提升。

2.3.2 界面连接层与增韧层粉末材料选择

为消除 ZG42CrMoA 基材存在的冶金缺陷，实现基材与耐磨耐冲击涂层的无缺陷冶金结合，根据前述涂层设计原则，选择具有高韧性、高润湿铺展性及造渣除杂能力的 Ni201 粉末作为界面连接层与增韧层材料，硬度（HRC）为 30～35，粉末颗粒直径为 45～109μm，化学成分见表 2.3。

表 2.3　Ni201 粉末的化学成分

元素	C	Cr	Si	W	Fe	Mn	Co	Mo	Nb	Ni
质量分数/%	0.02	15.50	0.10	3.8	0.7	0.40	2.0	15.5	0.31	余量

2.3.3 耐磨层合金粉末材料选择

基于齿圈失效形式与涂层结构设计原则，耐磨层所需粉末材料不仅要有高的耐磨性和良好的耐冲击性，还应具备优异的耐腐蚀性。因此熔覆材料体系选择至关重要，应以具有良好强韧性配合高化学稳定性为优选原则。过高的涂层硬度有利于耐磨性能的提升，但不利于耐冲击性能，同时考虑到激光熔覆大面积高厚度涂层对裂纹调控的影响，选择具有一定韧性和硬度的合金材料作为耐磨层主体粉末。

目前广泛使用的激光熔覆耐磨涂层主体材料分为 Fe 基、Ni 基和 Co 基三大类。由于研究的是激光熔覆耐磨、耐冲击和耐腐蚀涂层，对于高硬度的涂层材料，Fe 基材料耐腐蚀性能差，Co 基材料耐冲击性能不好，而 Ni 基材料具有相对良好的耐磨、耐冲击和耐腐蚀性能[1]。基于此，Ni45 自熔性合金是一个不错的选择。其硬度（HRC）为 45～50，粉末颗粒直径为 45～109μm，化学成分见表 2.4。

表 2.4　Ni45 粉末的化学成分

元素	C	Cr	Si	B	Fe	Mn	Ni
质量分数/%	0.45	12.00	4.00	2.40	10.00	0.10	余量

由于激光非平衡凝固条件下，Ni45 自熔性合金组织中形成大量 γ-Ni 相，从而展示出十分优异的韧性和耐蚀性，由其所制备的激光熔覆涂层将具

有更好的耐冲击性能。只是合金中硼和碳含量较低，致使其硬度和耐磨性略显不足，需在保持其固有性能优势的同时，通过复合化增强合金硬度和耐磨性。

为此，采用在 Ni45 粉末中添加碳化钨（WC）作为硬质增强相的方式，达到复合增强 Ni45 涂层耐磨性能的目的。碳化钨是生产硬质合金的主要原料，硬度与金刚石相近且熔点高（2870℃），其具有优异的耐磨损性能[2]。因此，选择镍含量（质量分数）为 12％ 的镍包微米 WC（Ni/WC）与镍包纳米 WC（NanoWC）作为 Ni45 粉末的硬质添加物，对比研究两种 WC 颗粒对熔池流动状态、晶粒组织及相关性能的影响机理。其中，镍包微米 WC 粉末颗粒尺寸为 45～109μm，镍包纳米 WC 粉末粒度为 100～500nm。

为保证涂层良好耐磨性能的同时，使其具有较好的韧性与耐冲击性能，在 Ni45 粉末中分别添加纯钇（Y）与氧化钇（Y_2O_3），研究两者对涂层组织与性能的调控机理，其中纯钇粉末粒度为 25～100μm，氧化钇粉末粒度为 5～20μm，粉末纯度均不低于 99.5％。各粉末形貌如图 2.3 所示。

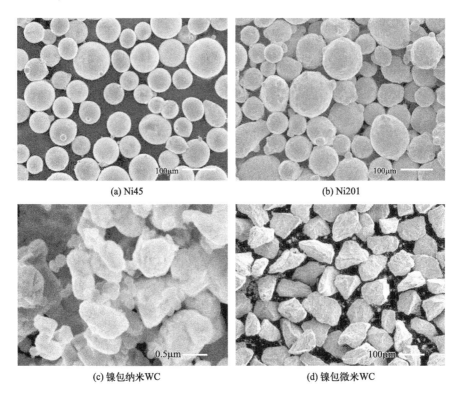

(a) Ni45

(b) Ni201

(c) 镍包纳米WC

(d) 镍包微米WC

图 2.3

(e) 氧化钇　　　　　　　　　　(f) 纯钇

图 2.3　粉末形貌

2.4　试验与测试分析方法

（1）激光熔覆耐磨耐冲击复合涂层制备方法

将上述粉末按照不同质量百分比称重，混合后放入 ZrO_2 陶瓷球磨罐。为防止球磨过程中粉末发生氧化，在球磨罐中充入氩气。然后在 QM-QX 型行星式球磨机内球磨搅拌，球磨盘的转速为 220r/min，球磨时间 2h。为避免粉末吸附水分在涂层中产生氢气孔，球磨后将粉末放入真空干燥箱烘干 2h，备用。

采用 RC-PGF-D-2 型双缸送粉器，以氩气为载粉气体，在熔覆过程中氩气阻止材料飞溅污染激光聚焦镜片，通过调节粉盘转速和载气流量控制单位时间内送粉量，相关设备如图 2.4 所示。

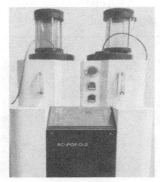

(a) 行星式球磨机　　　　　　　(b) 送粉器

图 2.4　行星式球磨机和送粉器

激光器采用 DC050 型板条式 CO_2 激光器，激光波长 λ 为 $10.63\mu m$，最大输出功率 5kW，输出光束模式为准基模高斯光束，光束质量因数大于 0.9，可实现连续和脉冲两种激光模式输出，脉冲模式是通过电子光闸定时开关斩波而形成的一种矩形脉冲激光。运动装置采用 SLC-X1530/1020 型四轴联动数控机床。激光熔覆工艺试验设备与方法如图 2.5 所示。

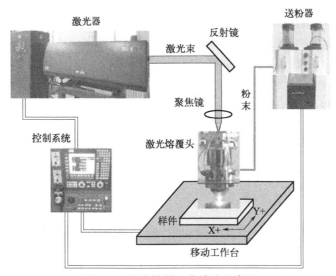

图 2.5　激光熔覆工艺试验示意图

（2）X 射线衍射分析

采用 Empyrean 锐影 X 射线衍射仪对激光熔覆涂层表面进行物相分析，选用石墨滤波片与 Cu 靶，管电压 40kV，管电流 300mA，扫描速度为 $4°/min$，扫描角步长 $0.05°$，衍射角扫描范围 $20°\sim90°$。

（3）金相样件制备及组织观察

选取激光熔覆层中间区域，使用线切割设备沿垂直于扫描速度方向切割样件，制成截面金相试样，然后依次采用 180♯、400♯、600♯、800♯、1000♯、1500♯、2000♯ 砂纸逐级打磨，再用颗粒直径 $2\mu m$ 的 Al_2O_3 粉末进行抛光处理。随后采用王水腐蚀抛光试样，使用 DM2700M 型金相显微镜对试样微观组织进行初步观察。

（4）扫描电子显微镜观察与分析

采用型号为 JSM-6510LA 的扫描电子显微镜观察金相试样的显微组织、断口、摩擦磨损及电化学腐蚀等形貌，并利用其自带元素能谱仪

(energy dispersive spectrometry，EDS）对样品进行定量点分析、线分析和面分析。

（5）透射电子显微镜观察与分析

采用 JEM-2100F 型透射电子显微镜（transmission electron microscope，TEM）对样件进行分析。在测试前，需对试样进行制备，具体方法如下：利用线切割切取 0.5mm 激光熔覆层，采用 1000♯、2000♯、3000♯砂纸将试样打磨至 50～80μm，利用冲孔机制成直径 3mm 薄圆，然后在 5％高氯酸酒精环境中电解减薄，直至穿孔，随后用等离子减薄机将样品减薄至 30～200nm，进行透射电镜观察。

（6）热辐射谱测试与高速摄像设备

采用 CR4000×2 型高速摄像机与 QE65000Pro 型热辐射谱仪对激光熔覆所形成熔池进行图像与热辐射谱采集。其中，高速摄像机的每秒最大帧率为 100000fps。热辐射谱仪的波长范围为 200～1000nm，分辨率为 0.47nm，信噪比为 1000∶1，最小积分时间为 8ms。上述相关设备示意图，如图 2.6 所示。

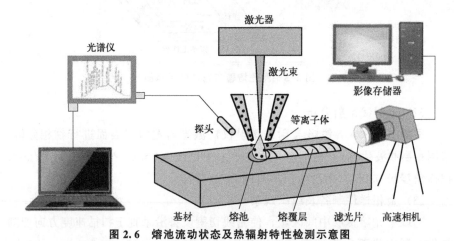

图 2.6　熔池流动状态及热辐射特性检测示意图

由于热辐射谱遵循普朗克定律，因此谱线表现出的辐射出射度与谱线波长、温度的关系可依据量子理论推导得出如下表达式[3,4]：

$$M_{\lambda T} = \frac{2\pi h c^2 \varepsilon_0}{\lambda^5} \times \frac{1}{\exp\left(\dfrac{hc}{k_B \lambda T}\right) - 1} \tag{2-1}$$

式中，$M_{\lambda T}$ 为样品的热辐射谱辐射出射度，W/(m² · μm)；T 为样品的热力学温度，K；$h = 6.626 \times 10^{-34}$ J·s，为普朗克常数；$k_B = 1.38 \times 10^{-23}$ J/K，为玻尔兹曼常数；$c = 3 \times 10^8$ m/s，为光速；ε_0 为样品的发射率，其与发射体特性密切相关但与波长无关，是一个小于 1 的常数。

令：

$$c_1 = 2\pi h c^2 = 3.741832 \times 10^{-16} (\text{W} \cdot \text{m}^2)$$

$$c_2 = \frac{hc}{k_B} = 1.438786 \times 10^{-2} (\text{m} \cdot \text{K})$$

为第一辐射常数和第二辐射常数，则式(2-1)可写为：

$$M_{\lambda T} = \frac{c_1 \varepsilon_0}{\lambda^5 \left[\exp\left(\dfrac{c_2}{\lambda T}\right) - 1 \right]} \tag{2-2}$$

式(2-2)即为普朗克公式，表示样品热辐射谱与温度的分布函数关系。图 2.7 为不同温度下 $M_{\lambda T}$ 与波长 λ 的关系曲线。由图可见，$M_{\lambda T}$ 随温度 T 升高而逐渐增大，其极大值所对应波长 λ 会向短波方向移动，而曲线下的面积为该温度 T 下的总辐射出射度。

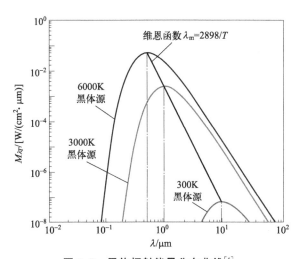

图 2.7　黑体辐射能量分布曲线[4]

2.5　性能测试方法

（1）维氏硬度测试

采用 MH-60 型硬度仪测试涂层显微硬度。将抛光腐蚀后的金相试样沿熔覆层顶部至基材方向进行逐点测试，每点间隔为 0.3mm，测量载荷为 500g，加载时间 10s。

（2）耐磨性能测试

在基材上制备长×宽×厚为 70mm×20mm×5.5mm 的激光熔覆层，按 10mm×10mm×14mm 的尺寸切取三个磨损试样，取样位置（斜线阴影区域）如图 2.8(a) 所示。采用 MM200 型磨损试验机对激光熔覆层进行耐磨性能测试［图 2.8(b)］，配磨件为 GCr15 钢环，硬度（HRC）61，直径 50mm，厚度 10mm，表面粗糙度 $Ra=0.8$。测试前对磨面进行研磨抛光，并用丙酮清洗，吹干。测试加载载荷 98N，转速 400r/min，测试时间 30min。

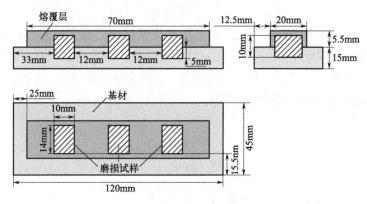

(a) 磨损试样取样位置

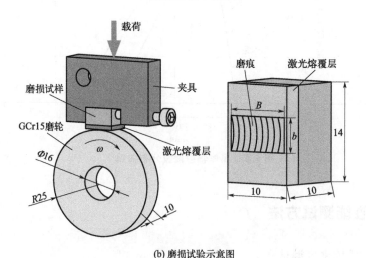

(b) 磨损试验示意图

图 2.8　激光熔覆层耐磨性能测试方法

通过计算磨损体积评价材料的磨损率 ω [5]：

$$\omega = \frac{V_{\text{loss}}}{LN} \tag{2-3}$$

$$L = 2\pi R v t \tag{2-4}$$

$$V_{\text{loss}} = B \left[\frac{\pi R^2}{180} \arcsin \left(\frac{b}{2R} \right) - \frac{b}{2} \sqrt{R^2 - \frac{b^2}{4}} \right] \tag{2-5}$$

式中，V_{loss} 为磨损体积，mm^3；B 为磨痕长度，mm；b 为磨痕宽度，mm；v 为磨轮转速，r/min；L 为磨块在试样表面滑动的总长度，mm。

（3）耐冲击性能测试

首先将激光熔覆层按图 2.9(a) 中的取样位置（斜线阴影区域）切下，随后按照图 2.9(b) 中所示尺寸制成冲击试样。

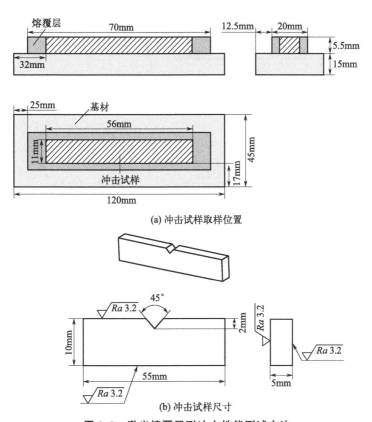

(a) 冲击试样取样位置

(b) 冲击试样尺寸

图 2.9　激光熔覆层耐冲击性能测试方法

采用 JB-W300J 全自动冲击试验机对涂层冲击试样进行室温冲击性能测

试。测试结束后，利用 JSM-6510LA 型扫描电子显微镜观察其断口形貌。

（4）拉伸性能测试

首先将激光熔覆层按图 2.10(a) 中的取样位置（斜线区域）切下，随后按照图 2.10(b) 中所示尺寸制成拉伸试样。采用 DNS-100 型万能拉伸试验机对涂层拉伸试样进行室温拉伸性能测试。测试结束后，利用 JSM-6510LA 型扫描电子显微镜观察其断口形貌。

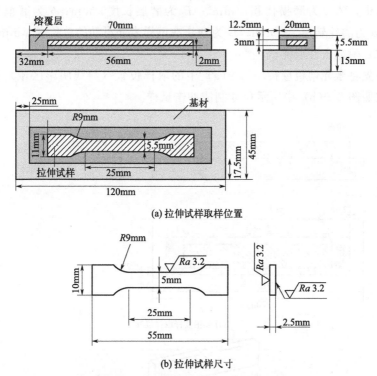

(a) 拉伸试样取样位置

(b) 拉伸试样尺寸

图 2.10　激光熔覆层拉伸性能测试方法

（5）电化学腐蚀性能测试

将激光熔覆涂层按图 2.11(a) 中的取样位置（斜线区域）切割成腐蚀试样，随后把试样上表面研磨后在 3.5％NaCl 溶液中进行电化学腐蚀测试。采用如图 2.11(b) 所示的 Zennuim 电化学工作站对涂层的动电位极化曲线与电化学交流阻抗谱进行测试。其中，动电位极化曲线的电位扫描范围为 −2～2V，扫描速率为 3mV/s；电化学阻抗谱采用恒电位法进行测试，频率范围为 10mHz～100kHz。采用 JSM-6510LA 型扫描电子显微镜观察电化学腐蚀测试后的涂层试样表面形貌。

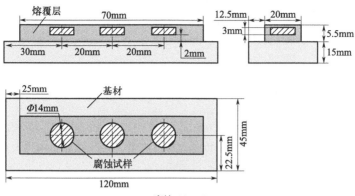

(a) 腐蚀试样取样位置

(b) 电化学工作站

图 2.11　激光熔覆涂层耐腐蚀性能测试方法

2.6　本章小结

① 为改善主动轮齿圈齿面耐磨耐冲击性能，设计了一种包含界面连接层、增韧层与耐磨层的夹层式复合涂层。界面连接层连接熔覆涂层与基材，为消除铸钢基材气孔、夹杂等冶金缺陷，采用大稀释率制备，有利于缺陷的排除，在界面形成良好冶金结合。增韧层用于缓冲外力作用，增强涂层耐冲击性能。耐磨层用于提升涂层的耐磨性能。增韧层与耐磨层以交替层叠方式制备，能有效延长复合涂层抗冲击磨损的时间，进而实现耐磨性能与耐冲击性能的双重提升。上述设计解决了"高厚度激光熔覆耐磨耐冲击涂层结构与成分设计"这一科学问题。

② 基于涂层结构设计原则，对涂层所需熔覆粉末进行选择。采用高韧

性与强润湿性的 Ni201 粉末作为界面连接层与增韧层材料。选取 Ni45 粉末作为耐磨层主体材料，并采用能够显著增强耐磨性的 WC 颗粒（微米与纳米 WC）与强化韧性的稀土（纯钇与氧化钇）作为 Ni45 粉末的增强相材料。

参考文献

[1] D Lepski，F Brückner．Laser Cladding［M］．Springer Netherlands，2009：97-98.

[2] 孙兰，文玉华，严家振，等．功能材料及应用［M］．成都：四川大学出版社. 2015：56.

[3] 刘景生．红外物理［M］．北京：国防工业出版社. 1995：105-106.

[4] 蔡红星，胡馨月，李昌立，等 强激光毁伤过程的热辐射谱测量［J］．中国光学，2012，5（3）：277-282.

[5] Guo C，Chen J M，Zhou J S，Zhao J R，Wang L Q，Yu Y J，Zhou H D．Effects of WC-Ni content on microstructure and wear resistance of laser cladding Ni-based alloys coating．Surf Coat Tech 206：2064-2071.

第3章
激光熔覆工艺参数选择与优化

3.1 引言

由于激光熔覆涂层的质量受到激光功率、扫描速度、激光光斑直径、送粉速率、离焦量、气体流量和搭接率等众多基础工艺参数的影响，因此为了在材料表面获得理想的涂层质量。根据第二章中复合涂层的设计需求，需要对耐磨层与界面连接层的激光熔覆基础工艺进行优化选择。

为了简化激光熔覆基础工艺优化过程，根据所需优化的基础工艺参数并结合同轴送粉激光熔覆特点，首先对送粉过程的载粉气流量进行优化选择，分析载粉气对激光熔覆涂层相关成形要求的影响。随后选取激光功率、扫描速度和送粉量作为被优化参数，在选定的载粉气流量条件下进行正交试验优化分析，得到单道激光熔覆层的最佳工艺参数。最后采用上述选定参数进行多道搭接激光熔覆试验，确定可满足涂层质量要求的最佳搭接率。通过这一工艺优化过程，为后续研究提供一组较为理想的激光熔覆基础工艺参数。

3.2 载粉气流量对激光熔覆涂层形貌的影响

由于试验采用同轴送粉式激光熔覆方法，所使用的同轴送粉头包括中间保护气与载粉气，如图 3.1 所示。

中间保护气的主要作用是阻止激光与粉末相互作用生成的飞溅和烟尘反喷，污染光学镜片和熔覆头内腔。因此在试验过程中只需采用较低流量就可以满足上述要求。通过对不同保护气流量条件下粉末的实际流态与有限元模拟流态的分析发现，保护气流量对粉末汇聚状态无明显影响。同时，流量为6L/min 时即可起到有效防护作用。因此对中间保护气体的流量影响不再做详细讨论研究。

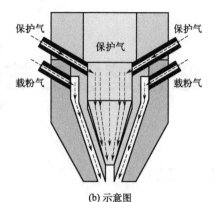

(a) 实物图   (b) 示意图

图 3.1　同轴送粉头

载粉气作为输送粉末的介质，可以将送粉器中的粉末通过同轴送粉头输送至基材表面。因此，不同载粉气流量可能会引起粉末颗粒速度与粉末汇聚点浓度的变化，从而对所形成的激光熔覆涂层形貌产生不同程度的影响。本章以 Ni45 粉末为研究对象，首先采用不同载粉气流量进行激光熔覆试验，研究流量变化对激光熔覆涂层形成的相关作用机理，最终获得所需的最佳载粉气流量。

3.2.1　对熔覆层宏观形貌的影响

为了研究载粉气流量对激光熔覆层宏观形貌的影响，采用恒定的工艺参数（激光功率 1800W，扫描速度 300mm/min，送粉量 7.21g/min，保护气 6L/min，光斑直径 3mm）在不同载粉气流量条件下制备 Ni45 涂层，其表面与横截面形貌如图 3.2 所示。

由图可见，载粉气流量在 400～600L/h 范围时，熔覆表面较平整。载粉气流量大于 600L/h 后，涂层表面不平度增加。同时发现载粉气流量较低（400L/h）和较高（800L/h）时，涂层表面未充分熔化的粉末颗粒增多。

图 3.3 为载粉气流量对熔覆层厚度的影响曲线。由图可见，随着载粉气流量的增加，熔覆层厚度先增加后减小，在 600L/h 条件下涂层厚度达到最大值。

3.2.2　对粉末流态的影响

为分析载粉气流量对涂层厚度的作用机理，采用气固两相流理论对送粉过程中的粉末流态进行数值模拟，探求粉末速度、轨迹以及在汇聚点的浓度

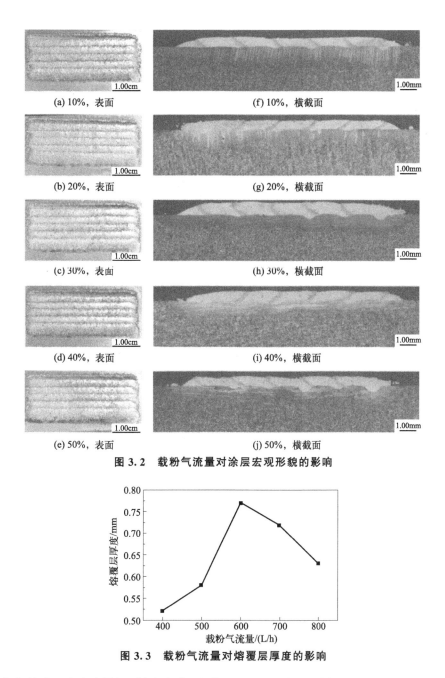

(a) 10%，表面

(f) 10%，横截面

(b) 20%，表面

(g) 20%，横截面

(c) 30%，表面

(h) 30%，横截面

(d) 40%，表面

(i) 40%，横截面

(e) 50%，表面

(j) 50%，横截面

图 3.2　载粉气流量对涂层宏观形貌的影响

图 3.3　载粉气流量对熔覆层厚度的影响

分布状态。根据同轴送粉头实物图［图 3.1（a）］得到如图 3.4(a) 的三维模型，而后将该模型在 ANSYS 软件中进行内腔结构提取，得到如图 3.4（b）的模型。

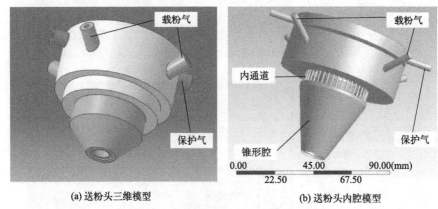

(a) 送粉头三维模型　　　　　　(b) 送粉头内腔模型

图 3.4　同轴送粉头有限元分析模型

其中，四个载粉气入口与两个保护气入口直径均为 4mm，粉末通过四个载粉气入口进入并经过 40 个直径为 1mm 的内通道，进入锥形粉末汇聚口内腔，载粉气流量设定为 400L/h、500L/h、600L/h、700L/h 和 800L/h。保护气通过两个保护气入口并经过内部保护气腔从锥形粉末汇聚口中间排出。由于保护气对粉末流态无显著影响，保护气流量设定为固定的 6L/min。

采用 Navier-Stokes 方程、雷诺平均时间方程、标准 k-ε 湍流模型以及欧拉-拉格朗日离散相模型，经 FLUNT 软件进行有限元计算，得到如图 3.5 所示的粉末流态模拟仿真图。同时，对不同载粉气流量条件下粉末实际流态进行拍摄，得到如图 3.6 所示形貌。可以发现，模拟流态与实际流态基本相符，证明模拟数据具有较高的准确性。

根据图 3.5 中数值模拟得到的粉末速度数据，绘制不同载粉气流量条件下粉末出口速度折线图，如图 3.7 所示。

由图可见，随着载粉气流量的增加，粉末在出口处的速度逐渐增大。为了定量分析载粉气流量对粉末浓度的影响，对各载粉气流量下粉末汇聚点浓度最大值进行提取并绘制成如图 3.8 所示的折线图。可以看出，随着载粉气流量的增加，粉末汇聚点浓度逐渐升高，当流量超过 600L/h 后，粉末浓度逐渐趋于平稳。由于试验与仿真过程中送粉量是恒定不变的，汇聚点浓度增加说明粉末在粉斑处的汇聚性增强，实际进入熔池并发生熔化的粉末颗粒数逐渐增加，最终导致熔覆层厚度增大。但是，增加载粉气流量会明显提升粉末出口速度，增大粉末颗粒的动能，增加了由粉末与基板和熔池碰撞引起的

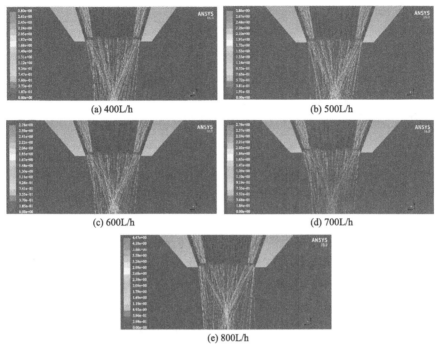

(a) 400L/h　　　　　　　　　　(b) 500L/h

(c) 600L/h　　　　　　　　　　(d) 700L/h

(e) 800L/h

图 3.5　不同载粉气流量条件下粉末流态模拟仿真图

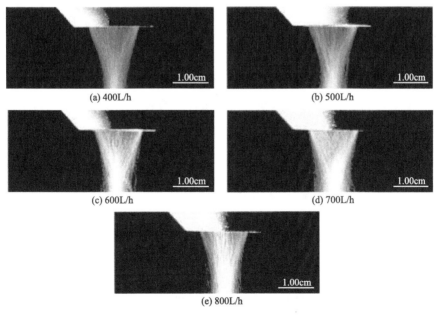

(a) 400L/h　　　　　　　　　　(b) 500L/h

(c) 600L/h　　　　　　　　　　(d) 700L/h

(e) 800L/h

图 3.6　不同载粉气流量条件下粉末流态实测图

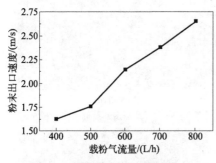

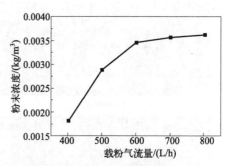

图 3.7　不同载粉气流量对粉末　　　　　图 3.8　载粉气流量对汇聚点
　　　　　出口速度的影响　　　　　　　　　　　　　粉末浓度的影响

损失量。同时，过大流量的载粉气吹向熔池，会造成熔池的剧烈波动并提高冷却速度，增大熔池的不稳定性，甚至产生飞溅。此外，由图 3.8 可见，载粉气流量大于 600L/h 后对粉末浓度趋于平稳，表明对粉末的汇聚作用不再增强。这些因素会造成载粉气流量大于 600L/h 后的粉末利用率降低，从而使所形成的涂层厚度下降，也引起凝固后的涂层产生较大的不平整性，图 3.2(i)、(j)。

　　载粉气流量较小（400L/h）时，粉末较发散且大于光斑直径，熔池外围的粉末颗粒较多，随着光斑的移动，外围颗粒落到正在凝固的熔池表面，使涂层表面未充分熔化的颗粒增多，图 3.2(a)、(b)。当载粉气流量过大（800L/h）时，粉末颗粒与基板的高速碰撞，造成颗粒的无规则运动，一部分反冲回正在凝固的熔池，也会在涂层表面形成较多的未充分熔化的颗粒，如图 3.2(d)、(e)。对不同载粉气流量条件下的粉末汇聚点直径进行实测，600L/h 时粉斑直径约 3mm，与光斑直径相当。综上所述，在本试验条件下，载粉气流量为 600L/h 时可获得最优的涂层形貌。

3.3　单道激光熔覆正交优化试验与分析

　　采用正交试验方法，分别对选择的 Ni45 和 Ni201 两种粉末在基材上进行单道激光熔覆基础工艺参数优化与试验结果预测分析，以实现通过最小数量的试验得到最佳工艺参数的目的。由于后续将进行多道搭接试验，涂层在搭接过程中可能受到内部应力作用发生开裂现象，因此考虑采用基材预热方法缓解快速冷却带来的应力集中。为了使前后试验条件保持一致，正交试验也将在预热条件下进行。因为基材长时间处在较高温度（400～500℃）下会显著影响材料性能，而较低温度（100～200℃）又不能有效消除裂纹，因此采用 300℃对基材进行预热处理，预热时间 10min。

3.3.1　正交优化试验

（1）Ni45 单道激光熔覆涂层工艺优化

选择激光功率、激光扫描速度和送粉量 3 个参数作为影响因素进行正交优化试验。由于 Ni45 粉末为后续耐磨耐冲击复合涂层的主要材料，需要对其熔覆工艺参数进行详尽的优化分析，力求得到最准确的优化结果。因此，采用试验数量相对较多的三因素五水平参数表，见表 3.1。

表 3.1　Ni45 单道激光熔覆正交试验各影响因素与水平数

水平数	影响因素		
	激光功率/W	扫描速度/(mm/min)	送粉量/(g/min)
1	1500	200	5.68
2	1800	300	6.72
3	2100	400	7.75
4	2400	500	8.87
5	2700	600	9.91

根据 Design-Export 中的田口数组设计单道激光熔覆试验方案。光斑直径选取 3mm，且与粉斑直径相同，载粉气流量为 600L/h。试验后得到单道熔覆层宏观与金相形貌，见表 3.2。涂层熔覆质量较好，未产生明显气孔裂纹。

表 3.2　Ni45 单道激光熔覆正交试验宏观与金相形貌

激光功率/W	扫描速度与送粉量									
	mm/min	g/min	mm/min	g/min	mm/min	g/min	mm/min	g/min	mm/min	g/min
	200	5.68	300	6.72	400	7.75	500	8.87	600	9.91
1500										

激光功率/W	扫描速度与送粉量									
	mm/min	g/min	mm/min	g/min	mm/min	g/min	mm/min	g/min	mm/min	g/min
1800	200	6.72	300	7.75	400	8.87	500	9.91	600	5.68
2100	200	7.75	300	8.87	400	9.91	500	5.68	600	6.72
2400	200	8.87	300	9.91	400	5.68	500	6.72	600	7.75
2700	200	9.91	300	5.68	400	6.72	500	7.75	600	8.87

将单道熔覆层的稀释率 η、熔高 H 与熔宽 W 作为试验的响应。其中，熔高与熔宽可以通过实际测量得到相应数值，如图 3.9 所示。而稀释率则是由熔高和熔深 D 的测量值按式(3-1) 计算得到的。

$$\eta = \frac{D}{H+D} \times 100\%$$ （3-1）

式中，H 为熔覆层高度；D 为基体材料熔化深度。

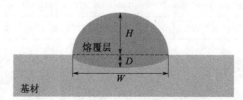

图 3.9　稀释率、熔高、熔深测量法

　　根据 Design-Export 中的田口数组设计单道激光熔覆试验方案。光斑直径选取 3mm，且与粉斑直径相同，载粉气流量为 600L/h。试验后得到单道熔覆层宏观与金相形貌，见表 3.2。涂层熔覆质量较好，未产生明显气孔裂纹。

　　按图 3.9 所示测出各单道 Ni45 熔覆层的熔高 H、熔深 D 与熔宽 W，并根据式(3-1) 计算得到所对应的稀释率数值。随后将上述响应值记录在表 3.3 的第 6～8 列中。

表 3.3　Ni45 单道激光熔覆正交试验表及各响应试验结果

试验编号	试验次序	激光功率/W	扫描速度/(mm/min)	送粉量/(g/min)	稀释率/%	熔高/mm	熔宽/mm
1	14	1500	200	5.68	4.44	0.86	2.95
2	5	1500	300	6.72	3.9	0.74	2.72
3	23	1500	400	7.75	3.23	0.6	2.42
4	16	1500	500	8.87	3.28	0.59	1.95
5	11	1500	600	9.91	3.28	0.59	1.85
6	8	1800	200	6.72	2.48	1.18	3.39
7	25	1800	300	7.75	3.26	0.89	3.37
8	13	1800	400	8.87	3.9	0.74	2.38
9	3	1800	500	9.91	2.9	0.67	2.38
10	17	1800	600	5.68	9.38	0.29	1.85
11	9	2100	200	7.75	1.54	1.28	3.61
12	1	2100	300	8.87	1.92	1.02	3.97
13	20	2100	400	9.91	4.55	0.84	3.48
14	19	2100	500	5.68	16.21	0.31	3.00
15	7	2100	600	6.72	7.84	0.47	2.71
16	6	2400	200	8.87	3.27	1.48	4.88
17	4	2400	300	9.91	2.75	1.06	4.00
18	24	2400	400	5.68	8.93	0.51	3.35
19	18	2400	500	6.72	8.00	0.46	3.13

试验编号	试验次序	激光功率/ W	扫描速度/ (mm/min)	送粉量/ (g/min)	稀释率/ %	熔高/ mm	熔宽/ mm
20	12	2400	600	7.75	6.52	0.43	2.95
21	21	2700	200	9.91	2.52	1.55	4.93
22	22	2700	300	5.68	8.86	0.72	4.23
23	15	2700	400	6.72	7.58	0.61	3.48
24	2	2700	500	7.75	8.47	0.54	3.80
25	10	2700	600	8.87	3.77	0.51	2.48

（2）Ni201 单道激光熔覆涂层工艺优化

由于 Ni201 粉末为次要的辅助涂层材料，为减少试验数量，选择激光功率、激光扫描速度和送粉量作为影响因素，设置三个参数变化值。由前述表 3.3 中数据可知，高功率、慢速度及小送粉量易获得较大的稀释率，而低功率、高速度及大送粉量易获得较低的熔高，因此根据表 3.1 选取各影响因素的变化值，见表 3.4。根据 Design-Export 中的田口数组设计试验方案进行单道激光熔覆试验，选取熔深、熔高与熔宽作为试验的响应，见表 3.5。

表 3.4 Ni201 单道激光熔覆正交试验各影响因素与水平数

编号	因素		
	激光功率/W	扫描速度/(mm/min)	送粉量/(g/min)
1	2100	200	4.72
2	2400	300	5.68
3	2700	400	6.72

表 3.5 Ni201 单道激光熔覆正交试验表及各响应试验结果

试验编号	试验次序	激光功率/ W	扫描速度/ (mm/min)	送粉量/ (g/min)	熔深/ mm	熔高/ mm	熔宽/ mm
1	4	2100	200	4.72	0.31	0.39	3.04
2	2	2100	300	5.68	0.19	0.28	2.87
3	7	2100	400	6.72	0.16	0.23	2.37
4	8	2400	200	5.68	0.41	0.47	3.47
5	5	2400	300	6.72	0.21	0.36	3.17
6	9	2400	400	4.72	0.19	0.20	2.44
7	3	2700	200	6.72	0.46	0.63	3.83

试验编号	试验次序	激光功率/ W	扫描速度/ (mm/min)	送粉量/ (g/min)	熔深/ mm	熔高/ mm	熔宽/ mm
8	1	2700	300	4.72	0.31	0.30	3.59
9	6	2700	400	5.68	0.20	0.24	3.18

表 3.6 为 Ni201 正交试验后所形成的熔覆层宏观与金相形貌。由表可见，涂层熔覆质量较好，未产生明显气孔裂纹缺陷。对上述单道 Ni201 熔覆层各响应值进行测量，所得数据见表 3.5 第 6～8 列。

表 3.6　Ni201 单道激光熔覆正交试验宏观与金相形貌

3.3.2　正交试验结果方差分析（ANOVA）

（1）Ni45 单道激光熔覆试验各影响因素显著性分析

根据响应模型分析各影响因素的显著性，所得结果见表 3.7～表 3.9。

当影响因素的 P 值小于 0.05 时，该因素对响应模型具有显著影响，P 值越小，对响应模型的影响越显著。同时，为分析每个影响因素对各响应的贡献度，这里引入贡献率 η，如式(3-2)～式(3-4) 所列：

$$\eta_P = \frac{F_P}{F_P + F_V + F_L} \tag{3-2}$$

$$\eta_V = \frac{F_V}{F_P + F_V + F_L} \tag{3-3}$$

$$\eta_L = \frac{F_L}{F_P + F_V + F_L} \tag{3-4}$$

式中，η_P 为激光功率的贡献度；F_P 为激光功率 F 值；η_V 为扫描速度的贡献度；F_V 为扫描速度 F 值；η_L 为送粉量的贡献度；F_L 为送粉量 F 值。

① 各因素对稀释率的影响。根据 Design-Export 选择的稀释率方差分析模型 [式(3-5)]，得到表 3.7。其中，扫描速度与送粉量的 P 值明显小于激光功率，证明扫描速度与送粉量对稀释率具有显著影响，激光功率不具有显著影响。根据式(3-2)～式(3-4) 计算可知，送粉量对稀释率具有最大的贡献率（57.32%），高于扫描速度（30.64%）与激光功率（12.04%）。上述分析证明送粉量对稀释率具有最显著的影响。

$$y' = (y+5)^{0.5} \tag{3-5}$$

表 3.7　单道 Ni45 熔覆层最佳稀释率模型方差分析

方差来源	平方和	自由度	均方	F 值	贡献率	P 值	显著性
模型	5.15	12	0.43	8.50		0.0004	极显著
激光功率	0.62	4	0.16	3.07	12.04%	0.0588	不显著
扫描速度	1.58	4	0.39	7.81	30.64%	0.0024	极显著
送粉量	2.95	4	0.74	14.61	57.32%	0.0001	极显著
残差	0.61	12	0.051				
总计	5.76	24					

② 各因素对熔高的影响。根据 Design-Export 选择的熔高方差分析模型 [式(3-6)]，得到表 3.8。其中，扫描速度与送粉量的 P 值小于激光功率，证明扫描速度与送粉量对熔高同样具有显著影响，激光功率同样不具有显著影响。根据式(3-2)～式(3-4) 计算可知，熔高模型中扫描速度具有最大的贡献率（80.22%），高于送粉量（18.11%）与激光功率（1.67%）。上述分

析证明送粉量对稀释率具有最显著的影响。

$$y' = y \tag{3-6}$$

表 3.8　单道 Ni45 熔覆层最佳熔高模型方差分析

方差来源	平方和	自由度	均方	F 值	贡献率	P 值	显著性
模型	2.73	12	0.23	56.40		<0.0001	极显著
激光功率	0.045	4	0.011	2.82	1.67%	0.0732	不显著
扫描速度	2.19	4	0.55	135.73	80.22%	<0.0001	极显著
送粉量	0.49	4	0.12	30.64	18.11%	<0.0001	极显著
残差	0.048	12	4.031×10^{-3}				
总计	2.78	24					

③ 各因素对熔宽的影响。根据 Design-Export 选择的熔宽方差分析模型 [式(3-7)]，得到表 3.9。其中，激光功率与扫描速度的 P 值小于送粉量，证明激光功率与扫描速度对熔宽具有显著影响，送粉量不具有显著影响。

$$y' = y^{-2} \tag{3-7}$$

表 3.9　单道 Ni45 熔覆层最佳熔宽模型方差分析

方差来源	平方和	自由度	均方	F 值	贡献率	P 值	重要性
模型	0.11	12	9.498×10^{-3}	10.95		0.0001	极显著
激光功率	0.055	4	0.014	15.95	48.54%	<0.0001	极显著
扫描速度	0.053	4	0.013	15.37	46.77%	0.0001	极显著
送粉量	5.343×10^{-3}	4	1.336×10^{-3}	1.54	4.69%	0.2526	不显著
残差	0.010	12	8.672×10^{-4}				
总计	0.12	24					

根据式(3-2)~式(3-4) 计算可知，熔宽模型中激光功率的贡献率(48.54%) 略高于扫描速度 (46.77%)，而送粉量则表现出最低的贡献率(4.69%)。上述分析表明，送粉量对稀释率具有最显著影响，对于熔高则是扫描速度的作用更显著，而熔宽模型中激光功率具有更高的显著性。

④ 各响应 R^2 综合分析。除上述分析指标外，还存在其他能够充分判别模型显著性的标准，包括 R^2 值，校正值 Adj R^2，预测值 Pred R^2 与准确度 δ 值。上述各值如下式所得：

$$R^2 = 1 - \left(\frac{SS_{residual}}{SS_{residual} + SS_{model}} \right) \tag{3-8}$$

式中，SS_{residual} 为残差平方和；SS_{model} 为模型的平方和。

$$\text{Adj } R^2 = 1 - \left[\left(\frac{SS_{\text{residual}}}{df_{\text{residual}}} \right) \bigg/ \left(\frac{SS_{\text{residual}} + SS_{\text{model}}}{df_{\text{residual}} + df_{\text{model}}} \right) \right] \tag{3-9}$$

式中，df_{residual} 为残差自由度；df_{model} 为模型自由度。

$$\text{Pred } R^2 = 1 - \left(\frac{PRESS}{SS_{\text{residual}} + SS_{\text{model}}} \right) \tag{3-10}$$

式中，$PRESS$ 表示预测残差平方和，是实际值和预测值的差值之和。

$$PRESS = \sum_{i=1}^{n} (y - y')^2 \tag{3-11}$$

式中，y 为实际值；y' 为预测值。

$$\delta = \left[\frac{\max(y') - \min(y')}{\sqrt{\overline{V}(y')}} \right] > 4 \tag{3-12}$$

$$\overline{V}(y') = \frac{1}{n} \sum_{i=1}^{n} V(y') = \frac{p\sigma^2}{n} \tag{3-13}$$

式中，p 表示模型参数的数量；σ^2 是残差均方值；n 为试验次数。R^2 值为可决系数，可决系数为综合度量回归模型对样本观测值拟合优度的指标。

通过对比预测值 Pred R^2 与校正值 Adj R^2，两者之差应不大于 0.20，否则，数据与模型拟合存在问题。准确度 δ 值大于 4 则表明模型具有足够精度。

根据式(3-8)～式(3-13) 可得表 3.10 所示数据，各模型的 R^2 预测值与 R^2 校正值的差值均小于 0.20，且准确度均大于 4，表明各模型均具有足够精度，从而证明模型与各响应数据拟合程度高。

表 3.10　单道 Ni45 熔覆层 R^2 综合分析

方差来源	标准偏差	R^2	Adj R^2	Pred R^2	$PRESS$	均值	变化率/%	准确度
稀释率	0.22	0.8947	0.7794	0.5830	2.63	3.18	7.08	10.196
熔高	0.063	0.9826	0.9652	0.9244	0.21	0.76	8.38	27.260
熔宽	0.029	0.9163	0.8327	0.6369	0.045	0.12	23.84	12.031

⑤ 各影响因素与响应的回归方程。由上述分析可知，各响应模型准确无误。为实现响应值的精准预测，将响应模型与实际响应数据拟合，得到各响应值与各影响因素的回归方程，如下式所列：

稀释率：$(D+5)^{0.5}=3.18-0.24P_1-0.14P_2+0.12P_3+0.10P_4+0.15P_5$

$$-0.38V_1-0.18V_2+0.069V_3+0.34V_4+0.15V_5$$

$$+0.61L_1+0.12L_2-0.10L_3-0.31L_4-0.31L_5$$

$$(3-14)$$

熔高：$T=0.76-0.082P_1-0.0036P_2+0.026P_3+0.030P_4+0.028P_5$

$$+0.51V_1+0.13V_2-0.098V_3-0.24V_4-0.30V_5$$

$$-0.22L_1-0.066L_2-0.0096L_3+0.11L_4+0.18L_5 \quad (3-15)$$

熔宽：$W^{-2}=0.12+0.072P_1+0.041P_2-0.030P_3-0.041P_4-0.041P_5$

$$-0.051V_1-0.043V_2-0.003V_3+0.021V_4+0.076V_5$$

$$+0.0091L_1-0.015L_2-0.020L_3+0.018L_4+0.0075L_5$$

$$(3-16)$$

式中，P、V、L 分别是代表激光功率、扫描速度与送粉量的编码值。Design-Export 软件可以实现各影响因素的编码方程与实际值方程间的转化。各影响因素编码与实际值的转化方程如下式所示：

$$x_{\text{coded}}=\frac{x_{\text{actual}}-\overline{x}}{(x_{\max}-x_{\min})/2} \tag{3-17}$$

式中，x_{coded} 与 x_{actual} 分别为影响因素的编码值与实际值；$\overline{x}$ 为影响因素的均值；$x_{\max}$ 与 $x_{\min}$ 则为影响因素的最大与最小值。依据上式，上述编码值见表 3.11。

表 3.11　Ni45 单道激光熔覆试验影响因素编码值

水平数	激光功率 P		扫描速度 V		送粉量 L	
	实际值	编码值	实际值	编码值	实际值	编码值
1	1500	−1	200	−1	5.68	−1
2	1800	−0.5	300	−0.5	6.72	−0.5
3	2100	0	400	0	7.75	0
4	2400	0.5	500	0.5	8.87	0.5
5	2700	1	600	1	9.91	1

⑥ 各响应模型置信度分析。根据上述回归方程得到各响应正交试验的预测值，与实际值进行对比分析得到图 3.10～图 3.12 的散点图。图中的离散点越接近于对角线，则表示模型的误差越小。如图 3.10 所示，熔高离散点均集中在对角线附近，说明熔高具有较高的置信度。

虽然稀释率（图 3.10）和熔宽（图 3.12）离散点较熔高具有更大的发散度，且有距离对角线较远的奇异点，但绝大多数离散点都集中于对角线附近，故模型的置信度依旧良好。上述分析结果与方差分析中模型的显著性结果一致。

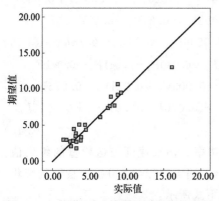

图 3.10　单道 Ni45 熔覆层稀释率散布图

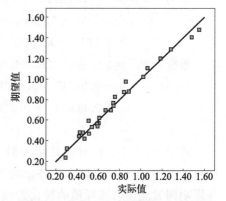

图 3.11　单道 Ni45 熔覆层熔高散布图

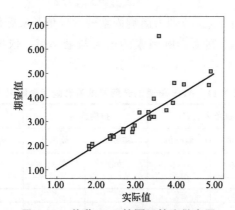

图 3.12　单道 Ni45 熔覆层熔宽散布图

（2）Ni201 单道激光熔覆试验各影响因素方差分析

① 各因素对熔深的影响。根据 Design-Export 选择的熔深方差分析模型［式(3-18)］，得到表 3.12。根据式(3-2)～式(3-4)计算可知，熔深模型中扫描速度具有最大的贡献率（73.22%），高于激光功率（21.04%）与送粉量（5.74%）。

$$y' = y^{-2.34} \tag{3-18}$$

表 3.12　单道 Ni201 熔覆层最佳熔深模型方差分析

方差来源	平方和	自由度	均方	F 值	贡献率	P 值	显著性
模型	4161.84	6	693.64	134.41		0.0074	极显著
A-激光功率	875.73	2	437.87	84.85	21.04%	0.0116	显著
B-扫描速度	3047.21	2	1523.60	295.23	73.22%	0.0034	极显著
C-送粉量	238.90	2	119.45	23.15	5.74%	0.0414	显著
残差	10.32	2	5.16				
总计	4172.16	8					

② 各因素对熔高的影响。根据 Design-Export 选择的熔高方差分析模型 [式(3-19)]，得到表 3.13。根据式(3-2)～式(3-4) 计算可知，熔高模型中扫描速度同样具有最大的贡献率（85.70%），高于送粉量（9.49%）与激光功率（4.81%）。

$$y' = y^{-0.22} \tag{3-19}$$

表 3.13　单道 Ni201 熔覆层最佳熔高模型方差分析

方差来源	平方和	自由度	均方	F 值	贡献率	P 值	显著性
模型	0.084	6	0.014	736.82		0.0014	极显著
A-激光功率	4.055×10^{-3}	2	2.028×10^{-3}	106.27	4.81%	0.0093	极显著
B-扫描速度	0.072	2	0.036	1894.33	85.70%	0.0005	极显著
C-送粉量	8.009×10^{-3}	2	4.004×10^{-3}	209.86	9.49%	0.0047	极显著
残差	3.816×10^{-5}	2	1.908×10^{-5}				
总计	0.084	8					

③ 各因素对熔宽的影响。根据 Design-Export 选择的熔宽方差分析模型 [式(3-20)]，得到表 3.14。根据式(3-2)～式(3-4) 计算可知，熔宽模型中扫描速度的贡献率（49.44%）略高于激光功率的贡献率（48.64%），送粉量的贡献率（1.92%）则最低。

$$y' = \mathrm{Logit}(y) = \ln\left(\frac{y - 2.37}{3.83 - y}\right) \tag{3-20}$$

上述分析表明，扫描速度对熔深、熔高与熔宽都具有最显著的影响。

表 3.14　单道 Ni201 熔覆层最佳熔宽模型方差分析

方差来源	平方和	自由度	均方	F 值	贡献率	P 值	显著性
模型	11.94	6	1.99	2131.86		0.0005	极显著

续表

方差来源	平方和	自由度	均方	F 值	贡献率	P 值	显著性
A-激光功率	5.81	2	2.90	3111.11	48.64%	0.0003	极显著
B-扫描速度	5.90	2	2.95	3161.86	49.44%	0.0003	极显著
C-送粉量	0.23	2	0.11	122.61	1.92%	0.0081	极显著
残差	1.867×10^{-3}	2	9.333×10^{-4}				
总计	11.94	8					

④ 各响应 R^2 综合分析。根据式(3-8)～式(3-13)可得表 3.15 中数据，各模型的 R^2 预测值与 R^2 校正值的差值均小于 0.20，且准确度均大于 4，表明各模型均具有足够精度，从而证明模型与各响应数据拟合程度高。

表 3.15　单道 Ni201 熔覆层 R^2 综合分析

方差来源	标准偏差	R^2	R^2 校正值	R^2 预测值	预测残差平方和	均值	变化率/%	准确度
熔深	2.27	0.9975	0.9901	0.9499	209.01	33.03	6.88	34.483
熔高	4.368×10^{-3}	0.9995	0.9982	0.9908	7.728×10^{-3}	1.29	0.34	82.513
熔宽	0.031	0.9998	0.9994	0.9968	0.038	0.28	10.87	143.776

⑤ 各影响因素与响应的回归方程。由上述可知，各响应模型准确无误。为实现响应值的精准预测，通过将响应模型与实际响应值进行拟合，得到响应值与影响因素的回归方程，如下式所列：

熔深：
$$d^{-2.34} = 33.03 + 12.66P_1 - 1.25P_2 - 11.41P_3$$
$$- 23.13V_1 + 1.23V_2 + 21.90V_3$$
$$- 6.46L_1 + 0.30L_2 + 6.15L_3 \tag{3-21}$$

熔高：
$$T^{-0.22} = 1.29 + 0.026P_1 + 0.00011P_2 - 0.026P_3$$
$$- 0.11V_1 + 0.0071V_2 + 0.11V_3$$
$$+ 0.034L_1 + 0.0052L_2 - 0.039L_3 \tag{3-22}$$

熔宽：
$$\mathrm{Logit}\ (W) = \ln \left(\frac{W - 2.00}{4.00 - W} \right)$$
$$= 0.28 - 0.84P_1 - 0.25P_2 + 1.084P_3$$
$$+ 0.88V_1 + 0.20V_2 - 1.076V_3$$
$$- 0.22L_1 + 0.093L_2 + 0.13L_3 \tag{3-23}$$

式中，P、V、L 根据式(3-17)计算列入表 3.16 中。

表 3.16　Ni201 单道激光熔覆试验影响因素编码值

水平数	激光功率 P		扫描速度 V		送粉量 L	
	实际值	编码值	实际值	编码值	实际值	编码值
1	2100	−1	200	−1	4.72	−1
2	2400	0	300	0	5.68	0
3	2700	1	400	1	6.72	1

⑥ 各响应模型置信度分析。根据上述回归方程得到各响应正交试验的预测值，与实际值进行对比分析得到图 3.13～图 3.15 的散点图。熔高和熔宽散点图（图 3.14 与图 3.15）中的离散点均集中在对角线附近，说明熔高和熔宽具有较高的置信度。

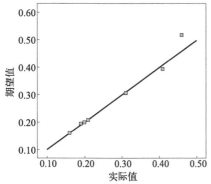

图 3.13　单道 Ni201 熔覆层熔深散布图

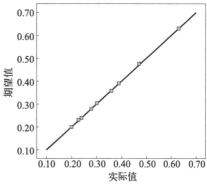

图 3.14　单道 Ni201 熔覆层熔高散布图

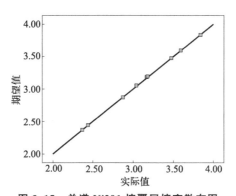

图 3.15　单道 Ni201 熔覆层熔宽散布图

虽然熔深的散点图（图 3.13）中的离散点较为发散，并在距离对角线较远处存在奇异点，但绝大多数离散点都比较集中于对角线附近，故模型的可信度依旧良好。上述分析结果与方差分析中模型的显著性结果一致。

3.3.3 参数优化选择与响应预测

（1）单道激光熔覆 Ni45 涂层

在上述响应模型拟合与方差分析的基础上，根据各响应所要达到的目标值对试验参数进行优化选择，具体优化条件见表 3.17。根据涂层结构设计原则，Ni45 涂层在形成良好冶金结合的前提下需具有最小的稀释率，故以稀释率最小化作为 Ni45 涂层优化条件。

表 3.17 单道 Ni45 熔覆层试验优化条件

熔覆参数与响应因子		极限值		重要性	优化条件
		最小	最大		
响应因子	稀释率/%	1.54	16.21	4	最小化
	熔高/mm	0.90	1.00	5	范围内
	熔宽/mm	3.50	4.20	3	范围内

由于本章主要针对高厚度耐磨耐冲击涂层进行研究，所以单道 Ni45 涂层应具有较大的熔高，但是过大的熔高可能会增加后续多道搭接涂层的开裂倾向。由于前述正交试验所得单道 Ni45 涂层的熔高范围为 0.29～1.55mm（见表 3.3）。根据上述熔高选择标准，设定熔高的优化条件为 0.9～1.0mm。

为提升后续多道搭接激光熔覆试验的工作效率，涂层应具有较大熔宽，从而减少有限面积内的熔覆时间。但是过大的熔宽同样会使多道搭接涂层产生更多裂纹。由于前述正交试验所得单道 Ni45 涂层的熔宽范围为 1.85～4.93mm（见表 3.3）。根据上述熔宽选择标准，设定熔宽的优化条件为 3.50～4.20mm。

同时，根据各响应重要性进行加权处理，5 为最大重要性，1 为最小重要性。由于后续要进行高厚度耐磨耐冲击涂层的相关研究，因此最重要的目标是满足涂层厚度要求，其重要性为 5。而稀释率则仅次于熔高，重要性为 4。熔宽相对稀释率与熔高对涂层不产生显著影响，因此重要性最低。依据表 3.17 中所给出的优化条件对试验进行优化，所得到的参数与响应数据见表 3.18。

表 3.18　单道 Ni45 熔覆层试验优化方案

编号	激光工艺参数			响应			期望
	激光功率/ W	扫描速度/ (mm/min)	送粉量/ (g/min)	稀释率/ %	熔高/ mm	熔宽/ mm	
1	2100	300	8.87	2.70	1.02	3.79	0.921
2	2400	400	9.91	4.24	0.87	3.40	0.816
3	2700	400	9.91	4.51	0.87	3.40	0.797

由表中数据可以看出，当激光功率为 2100W，扫描速度为 300mm/min，送粉量为 8.87g/min 时，可以获得期望值最高并且最满足优化条件的响应结果。

为了验证优化结果的准确性，对具有最高期望值的参数与响应数据进行验证试验。图 3.16 为验证试验后涂层横截面形貌，对涂层稀释率、熔高及熔宽进行测量，试验所得数据见表 3.19，通过前述响应回归方程式(3-14)～式(3-16) 计算得到各响应预测值。通过误差 ε 评定实际值偏离预测值的程度，误差的计算如式(3-24) 所示：

$$\varepsilon = \frac{(Y_{\text{actual}} - Y_{\text{pred}})}{Y_{\text{pred}}} \tag{3-24}$$

式中，Y_{actual} 与 Y_{pred} 为响应的实际值与预测值。

图 3.16　单道 Ni45 熔覆层最佳参数验证形貌图

表 3.19　单道 Ni45 熔覆层优化参数响应结果（实际值与预测值）

参数	响应		
	稀释率/%	熔高/mm	熔宽/mm
实际值	2.57	1.06	3.86
优化值	2.70	1.02	3.79
误差/%	4.81	3.92	1.85

由于验证试验中各响应的误差均在±5%范围内，证明该优化参数准确有效，见表3.19。根据方差分析与参数优化结果，确定单道Ni45激光熔覆层工艺为激光功率2100W，扫描速度300mm/min，送粉量8.87g/min。

(2) 单道激光熔覆Ni201涂层

在上述响应模型拟合与方差分析的基础上，根据各响应所要达到的目标值对试验参数进行优化选择，具体优化条件见表3.20。

根据涂层设计原则，为消除基材存在的气孔、夹杂等冶金缺陷，Ni201界面连接层应具有相对较大的稀释率。由于稀释率是由涂层熔深与熔高计算所得［由式(3-2)可知］，此处以大熔深代替大稀释率作为正交试验的优化目标值，而过大的熔深会影响Ni201涂层性能。由于前述正交试验所得单道Ni201涂层的熔深范围为0.16~0.46mm（见表3.5），根据上述熔深选择标准，设定熔深的优化条件为0.3~0.4mm。

由于界面连接层主要目的是清除基材缺陷，因此涂层不应具有较高的厚度，涂层厚度增加意味着熔池底部至顶部的距离增大，不利于夹杂与气孔的排除，所以熔高优化条件为最小化。

由于单道Ni201涂层宽度普遍低于3.5mm（见表3.5），因此熔宽优化条件为最大化。同时，根据各响应重要性进行加权处理，由于Ni201涂层的主要作用是去除基材缺陷，根据上述分析可知涂层熔深与熔高应具有较高重要性。因此设定熔深重要性为5，熔高重要性为4，熔宽重要性则为3。

依据表3.20中所给出的优化条件对试验进行优化，所得到的参数与响应数据见表3.21。结果表明，当激光功率为2700W，扫描速度为300mm/min，送粉量为4.72g/min时，可以获得期望值最高并且最满足优化条件的响应结果。

表3.20　单道Ni201熔覆层试验优化条件

熔覆参数与响应因子		极限值		重要性	优化条件
		最小	最大		
响应因子	熔深/mm	0.30	0.40	5	范围内
	熔高/mm	0.20	0.63	4	最小化
	熔宽/mm	2.37	3.83	3	最大化

表 3.21　单道 Ni201 熔覆层试验优化方案

编号	激光工艺参数			响应			期望
	激光功率/W	扫描速度/(mm/min)	送粉量/(g/min)	熔深/mm	熔高/mm	熔宽/mm	
1	2700	300	4.72	0.30	0.30	3.58	0.787
2	2100	200	4.72	0.30	0.38	3.05	0.525
3	2400	200	5.68	0.39	0.47	3.46	0.474

　　为了验证优化结果的准确性，对具有最高期望值的参数与响应数据进行验证试验。图 3.17 为验证试验后涂层横截面形貌，对涂层熔深、熔高及熔宽进行测量，所得数据见表 3.22。

图 3.17　单道 Ni201 熔覆层最佳参数验证形貌图

表 3.22　单道 Ni201 熔覆层优化参数响应结果（实际值与预测值）

参数	响应		
	熔深/mm	熔高/mm	熔宽/mm
实际值	0.29	0.31	3.41
优化值	0.30	0.30	3.58
误差%	4.67	4.33	4.75

　　通过上述响应回归方程式（3-21）～式（3-23）计算得到各响应预测值。通过式（3-18）计算误差 ε，从而评定实际值偏离预测值的程度，所得数据见表 3.22，验证试验中各响应的误差均在 $\pm 5\%$ 的误差范围内，证明该优化参数准确有效。根据上述方差分析与参数优化结果，确定单道 Ni201 激光熔覆层工艺为激光功率 2700W，扫描速度 300mm/min，送粉量 4.58g/min。

3.4 多道搭接激光熔覆工艺优化与分析

3.4.1 激光熔覆工艺试验

为实现大面积高厚度涂层的制备，根据上述单道激光熔覆工艺参数优化结果，进行多道搭接激光熔覆试验，研究不同搭接量对涂层表面平整度与厚度的影响。搭接率 η 与表面平整度 S 是决定熔覆层宏观形貌的主要指标，表面平整度 S 指熔覆层表面的凸起与下凹之间的差值，如图 3.18 所示。多道多层熔覆时，已形成的熔覆层在搭接处的凹陷会对在其上熔覆的新层产生不良影响，因此需提高表面平整度。

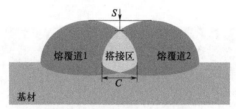

图 3.18 搭接率数值计算模型

由于搭接率对多道熔覆层表面平整度具有显著影响，因此在多道熔覆时必须选择最佳的搭接率。其计算公式为：

$$\eta = \frac{W-C}{W} \times 100\% \tag{3-25}$$

式中，C 为搭接宽度；W 为单层熔覆宽度。

采用单道激光熔覆最佳工艺参数得到的熔宽为 W，根据所选搭接率计算得到搭接宽度 C，然后进行多道搭接熔覆试验。

（1）搭接率对 Ni45 涂层形貌的影响

采用最佳工艺参数（激光功率 2100W，扫描速度 300mm/min，送粉量 8.87g/min，载粉气 600L/h，保护气 6L/min，光斑直径 3mm，预热 300℃）对 Ni45 熔覆层进行搭接率优化试验。所得熔覆层宏观与金相形貌如图 3.19 与图 3.20 所示。由图 3.19 可以看出，熔覆层具有较好的表面质量。由渗透形貌显示，搭接率大于 30％以后，涂层裂纹数量明显增多。由图 3.20 可见，当搭接率小于 40％时，表面平整度差，当达到 40％搭接率后，表面平整度较好。由于大搭接率在大面积激光熔覆时会增加熔覆层的开裂倾向，并且 40％与 50％搭接率的熔覆层平整度无较大差别，因此最终选择 40％搭接率进行后续的激光熔覆试验。

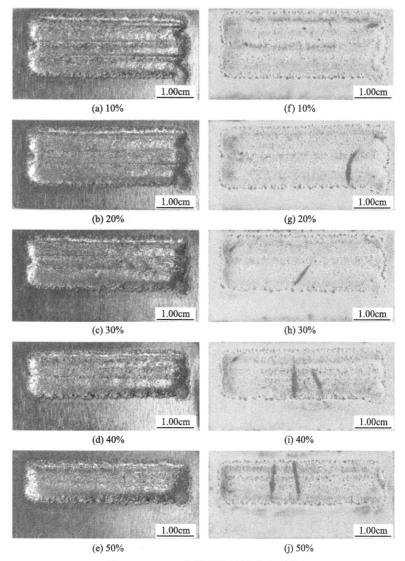

(a) 10%　　　　　　　　　　　　(f) 10%

(b) 20%　　　　　　　　　　　　(g) 20%

(c) 30%　　　　　　　　　　　　(h) 30%

(d) 40%　　　　　　　　　　　　(i) 40%

(e) 50%　　　　　　　　　　　　(j) 50%

图 3.19　Ni45 多道搭接涂层宏观形貌

（2）搭接率对 Ni201 涂层形貌的影响

采用最佳工艺参数（激光功率 2700W，扫描速度 300mm/min，送粉量 4.72g/min，载粉气 600L/h，保护气 6L/min，光斑直径 3mm，预热

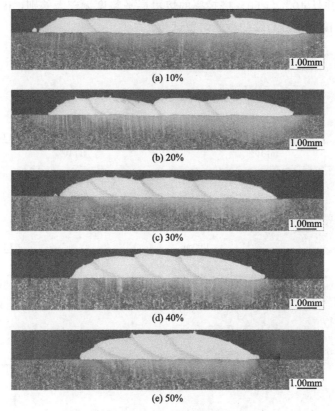

(a) 10%

(b) 20%

(c) 30%

(d) 40%

(e) 50%

图 3.20　Ni45 多道搭接涂层横截面形貌

300℃）对 Ni201 涂层进行搭接率优化试验。熔覆层宏观与金相形貌如图 3.21 与图 3.22 所示。由图 3.21 可以看出，熔覆层具有较好的表面质量。渗透形貌显示，涂层未发生开裂现象。由图 3.22 可见，当搭接率为 40％时，表面平整度最佳，因此选择 40％搭接率进行后续的激光熔覆试验。

3.4.2　激光熔覆过程应力场分析

（1）有限元模型的建立和网格的划分

为分析搭接量对涂层开裂程度的影响机理，采用数值模拟仿真分析方法对 Ni45 涂层应力场分布状态进行表征。为获得精准的数值模拟计算结果，必须建立精确的有限元模型。图 3.23 为不同搭接率多道单层激光熔覆有限元网格模型。其中基材尺寸为 26mm×20mm×15mm。

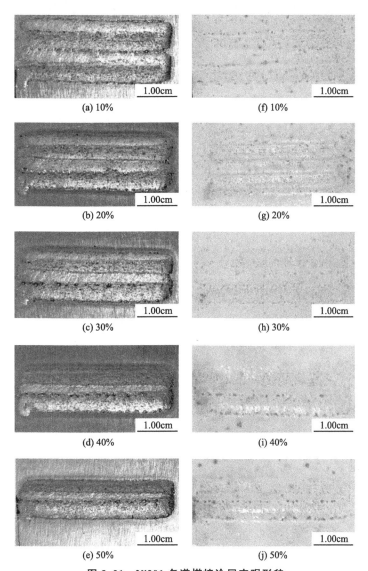

(a) 10%　　　　　　　　　　(f) 10%

(b) 20%　　　　　　　　　　(g) 20%

(c) 30%　　　　　　　　　　(h) 30%

(d) 40%　　　　　　　　　　(i) 40%

(e) 50%　　　　　　　　　　(j) 50%

图 3.21　Ni201 多道搭接涂层宏观形貌

　　由于激光熔覆热源集中在熔覆层与基材表面。因此，在熔覆层及基材表层（约 0.4mm 厚）划分较为细密的网格，最小网格尺寸为 0.2mm，而基材除熔覆层以外的区域随着与熔覆区距离的增加，网格尺寸逐渐增大，最大网格尺寸为 2mm。网格形状采用六面体与四面体混合网格类型，其中多数网格单元是六面体网格，在部分特殊区域包含四面体网格。

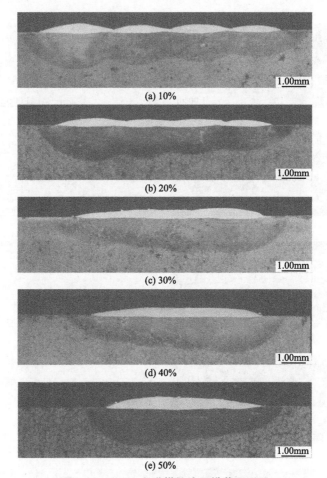

(a) 10%

(b) 20%

(c) 30%

(d) 40%

(e) 50%

图 3.22　Ni201 多道搭接涂层横截面形貌

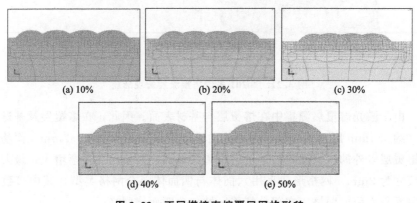

(a) 10%　　　　　(b) 20%　　　　　(c) 30%

(d) 40%　　　　　(e) 50%

图 3.23　不同搭接率熔覆层网格形貌

（2）单道激光熔覆热源校核

由于激光熔覆数值模拟结果的准确性不仅受到网格质量的影响，还对激光热源模型的选择与精准校核有很高要求。因此，根据本章激光熔覆特点与前述激光熔覆工艺试验优化结果，选择 2D 高斯面热源作为激光熔覆的热源模型。根据激光熔覆 Ni45 合金的最佳工艺参数（2100W，300mm/min）进行激光热源校核计算，得到如图 3.24 所示的热源温度场结果。

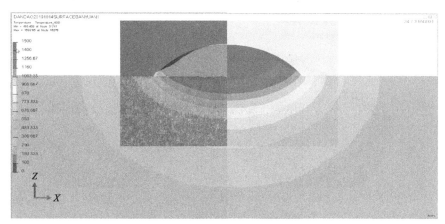

图 3.24　单道激光熔覆热源校核

在与最佳工艺参数进行比对后发现，热源模拟形貌与图 3.16 的实际熔覆层形貌基本吻合，证明热源校核结果具有较高的准确性。由图 3.24 可见，模拟熔池最高温度为 1692℃，激光熔覆层熔化区域的温度范围为 1160～1692℃，这是由于 Ni45 粉末的熔点约为 1160～1200℃，熔覆层下部的铸钢基体熔点约为 1400℃，因此在 1400～1500℃的深紫色温度范围内基材会发生熔化。此外，图中深紫色温度区间与基材的重合区域很小，这与实际熔覆层所具有的小熔深、低稀释率特征相吻合。

（3）多道搭接激光熔覆应力场数值模拟分析

根据上述热源校核结果，对不同搭接率激光熔覆试验进行应力场数值模拟分析。所设初始条件与实际试验相同，即预热 300℃后进行熔覆试验，随后空冷。经运算分析得到如图 3.25 所示的应力场分布云图。

由图可见，随着搭接率的增加，熔覆层应力逐渐增大，且主要集中在搭接区。当搭接率大于 20% 后，最大应力区域逐渐向起始熔道转移。当搭接率为 50% 时，熔覆层应力最大区域位于第一道熔覆层。这是由于随着熔覆过程的进行，激光热源在进行后一道熔覆时会对前一道熔覆层的搭接区产生

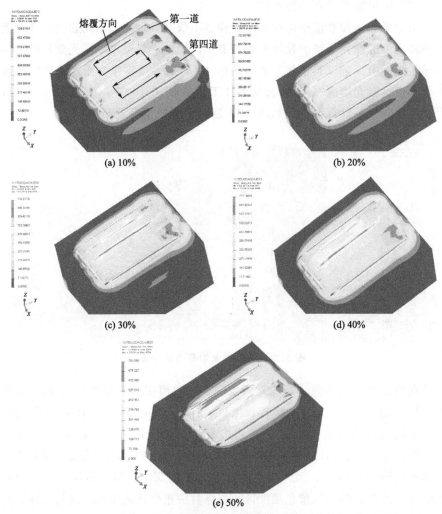

(a) 10%

(b) 20%

熔覆方向 第一道
第四道

(c) 30%

(d) 40%

(e) 50%

图 3.25 不同搭接量激光熔覆层应力场分布云图

二次重熔，导致已形成的熔道对正在熔覆的熔道产生拘束作用，增加熔覆过程的应力。当搭接率逐渐增加时，涂层内应力逐渐升高，进而增大涂层开裂倾向，最终使涂层产生更多裂纹。

为解决多道搭接 Ni45 熔覆层的开裂问题，采用熔覆后随炉缓冷的方法缓解涂层开裂倾向，即在熔覆处理后将熔覆层放入 300℃ 加热炉中保温 2h 后随炉缓冷。针对上述条件进行了数值模拟分析，得到如图 3.26 所示的应力分布云图。由图可以看出，相比未保温缓冷处理的熔覆层，处理后熔覆层

的最大应力值明显减小，从而缓解涂层开裂倾向。对上述理论分析进行试验
验证，得到如图 3.27 所示的结果。由图 3.27(b) 可见，热处理后的熔覆层
无裂纹产生，验证了理论分析的正确性。最终确定以 40% 搭接率和 300℃预
热缓冷工艺作为后续试验研究的基础工艺。

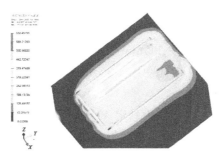

图 3.26　保温处理激光熔覆层应力分布云图

(a) 宏观形貌　　　　　　　　　　(b) 渗透形貌

图 3.27　热处理激光熔覆层宏观形貌

　　通过单道与多道搭接激光熔覆工艺优化过程，最终获得了 Ni45 和
Ni201 熔覆层的最优工艺参数，即 Ni45 涂层采用 2100W 激光功率、
300mm/min 扫描速度、8.87g/min 送粉量；Ni201 涂层采用 2700W 激光功
率、300mm/min 扫描速度、4.72g/min 送粉量。同时，采用 40% 搭接率和
300℃预热缓冷工艺能获得表面平整且无裂纹的多道搭接 Ni45 与 Ni201 熔
覆层。

3.5　本章小结

　　本章研究了同轴送粉载粉气流量、激光功率、激光扫描速度、送粉量和
搭接率等工艺参数对激光熔覆涂层形貌的影响，得到如下结论：
　　① 当载粉气流量小于 600L/h 时，粉末汇聚点浓度逐渐升高，粉末出口
速度逐渐加快，导致熔覆层厚度增加，并在 600L/h 时达到最大厚度。当大

于 600L/h 时，粉末汇聚点浓度趋于平稳，但粉末出口速度继续上升。增加的粉末出口速度会显著增大粉末颗粒的动能，导致粉末与基板和熔池发生剧烈碰撞而飞出熔覆区域，使实际熔化粉末量下降，导致熔覆层厚度逐渐降低。因此，最终选择 600L/h 作为最优载粉气流量。

② 在 600L/h 的载粉气流量条件下，通过正交优化试验与方差分析（ANOVA）方法获得了 Ni45 与 Ni201 熔覆层最佳工艺参数，即 Ni45 熔覆层采用 2100W 激光功率、300mm/min 扫描速度、8.87g/min 送粉量；Ni201 熔覆层采用 2700W 激光功率、300mm/min 扫描速度、4.72g/min 送粉量。

③ 通过搭接率工艺优化试验确定 40% 搭接率可以获得最佳的熔覆层形貌。利用有限元理论揭示了多道搭接熔覆层的裂纹形成机理及调控工艺，选择 300℃ 缓冷工艺解决了熔覆层开裂问题。

第4章
激光熔覆颗粒增强复合涂层

4.1 引言

为提升涂层的耐磨性能，添加硬质颗粒是有效方法，但颗粒尺寸会对涂层磨损、冲击和腐蚀等性能产生显著影响。为此，本章选取微米级和纳米级两种不同粒度的镍包碳化钨粉末为研究对象。对上述两种碳化钨粉末不同添加量下所获得的激光熔覆涂层组织和性能进行测试与分析，揭示碳化钨添加量及颗粒尺寸对涂层组织和性能的影响规律，并结合涂层的微观组织、物相、熔池行为及断裂机理分析，获得两种碳化钨粉末对 Ni45 合金涂层组织与性能的影响机理，建立涂层内部微观组织与力学性能之间的相关性，以期实现 WC 颗粒大小和添加量的优化，最终得到能同步提高耐磨性能与耐冲击性能的 WC 颗粒类型与添加量。为便于描述，以下正文统一简称微米 WC（Ni/WC）和纳米 WC（NanoWC）。

基于上述目的，选取 4%、6%、8%、10% 和 12% 五种不同添加量（质量分数）❶ 的微米与纳米 WC，研究碳化钨添加量对涂层组织与性能的影响，进而解决"碳化物陶瓷颗粒的添加与熔解对熔池流动状态的影响机理"和"碳化物颗粒对激光熔覆复合涂层耐冲击性能的影响机理"这两个科学问题。所用激光熔覆工艺参数为第 3 章中 Ni45 涂层最优工艺。

4.2 微米 WC 颗粒对涂层组织与性能的影响

4.2.1 对涂层宏观形貌的影响

以前述初步设计的涂层厚度与层数作为试验目标，对添加不同质量分数

---

❶ 如无特殊说明，本章出现的添加量均以质量分数计。

微米 WC 的 Ni45 粉末进行激光熔覆试验，得到如图 4.1 所示的宏观形貌。由图可见，熔覆表面具有较高的表面光洁度。采用渗透剂对上述涂层进行无损检测，所有熔覆层均无气孔、凹坑及裂纹产生（图 4.2）。

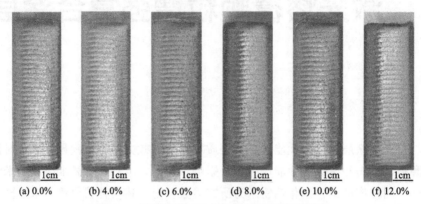

(a) 0.0%　　(b) 4.0%　　(c) 6.0%　　(d) 8.0%　　(e) 10.0%　　(f) 12.0%

图 4.1　不同微米 WC 添加量的涂层宏观形貌

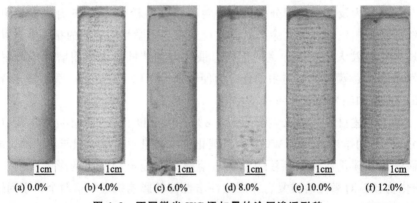

(a) 0.0%　　(b) 4.0%　　(c) 6.0%　　(d) 8.0%　　(e) 10.0%　　(f) 12.0%

图 4.2　不同微米 WC 添加量的涂层渗透形貌

图 4.3 为上述涂层横截面的金相组织。在激光熔覆逐层沉积过程中，因不同部位每一沉积层的凝固材料都将经历多周期、变循环和强约束的重熔与热处理过程，这将导致层间和道间分别呈现出交替分布的热作用区和二次重熔区。此外，由图可发现微米 WC 颗粒的存在，且其数量随着 WC 颗粒添加量的增加而增多。与此同时，由于受激光熔池中 WC 密度、颗粒运动、颗粒与合金液固界面相互作用，以及颗粒之间相互作用等因素的影响，致使 WC 颗粒在层间发生沉降。

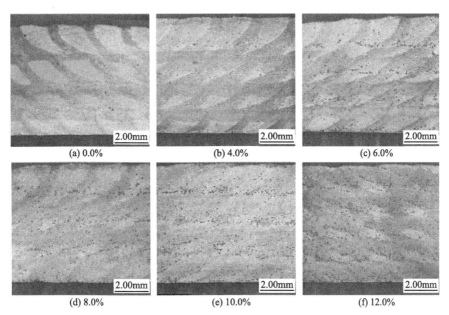

(a) 0.0%　　　　　　(b) 4.0%　　　　　　(c) 6.0%

(d) 8.0%　　　　　　(e) 10.0%　　　　　(f) 12.0%

图 4.3　不同微米 WC 添加量的涂层横截面形貌

4.2.2　对涂层微观组织的影响

4.2.2.1　不同微米 WC 添加量的涂层物相分析

对不同微米 WC 添加量的涂层横截面中部进行 X 射线物相分析,如图 4.4 所示。纯 Ni45 涂层主要由 γ-Ni、$M_{23}C_6$ 与 Ni_3B 相组成。当在 Ni45 合金添入微米 WC 颗粒后,除了上述三个组成相外,发现有微弱 WC 衍射峰的存在,且随着 WC 颗粒添加量的增加,WC 衍射峰的强度逐渐增强,意味着该增强相含量有所增加。这与图 4.3 中微米 WC 颗粒数量的变化规律相一致。另外,角度分别为 37°、38°和 76°的位置还出现了 W_2C 衍射峰,这与激光熔覆过程中 WC 发生熔解反应有关。

4.2.2.2　微米 WC 添加量对涂层晶粒组织的影响

在激光熔覆逐层堆积过程中,沉积层会受到激光重熔与热影响,从而导致道间和层间区域的组织形态和晶粒大小等发生一定程度的变化。为此,分别选取界面区、搭接区与顶部区进行微观组织分析,其具体分析位置如图 4.5 所示。由于层间区与搭接区受到的热影响相同,组织演变极为相似,因此不再对其进行详细分析。此外,为了彰显组织变化特征,侧重规律性探讨,选取 0.0%、4.0%、10.0% 和 12.0% 四种添加量的涂层进行分析。

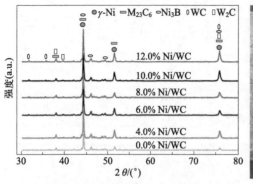

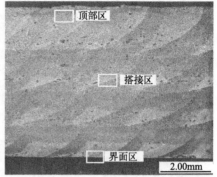

图 4.4　不同微米 WC 添加量的
涂层 XRD 图谱

图 4.5　含微米 WC 涂层
微观组织分析区域

（1）微米 WC 添加量对涂层界面区组织的影响

图 4.6 所示为不同微米 WC 添加量的涂层界面微观组织形貌。由图 4.6
（a）可见，纯 Ni45 涂层界面区存在明显的平面晶，这是由于界面区散热主
要是通过基体热传导实现的，因而该微区具有最大的温度梯度和最小的凝固

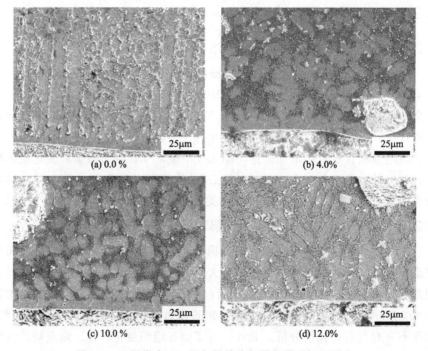

(a) 0.0 %　　(b) 4.0%

(c) 10.0 %　　(d) 12.0%

图 4.6　不同微米 WC 添加量的涂层界面微观组织形貌

速率，这将有利于平面晶的形成。在平面晶生长过程中，因受生长扰动的影响，在其生长前沿出现一些凸起，其中一些处于有利取向的凸起发展成沿最大散热方向生长的树枝晶。

　　添加微米 WC 后，平面晶之上的凝固形态随之发生明显变化，由树枝晶演化为胞状晶。随着添加量的增加，胞状晶逐渐细化 [图 4.6(b)、(c)]。这主要是由于 WC 的热导率高，从而增加激光熔池的凝固速率。WC 颗粒添加量越多，激光熔池凝固速率越大，这将促进胞状晶的形成和细化。当 WC 颗粒添加量进一步增至 12% 时，甚至可以发现一些细小的白色析出相颗粒 [图 4.6(d)]。为了鉴别该颗粒化学成分，对其进行 EDS 线分析。由图 4.7 可见，Fe 元素含量从基体到熔覆层迅速下降，在熔覆层中分布较为均匀。W 元素曲线强度最高处为微米 WC 颗粒。在 WC 颗粒边缘出现 Cr 元素曲线强度升高的现象，这可能是由于 WC 边缘吸附 Cr 元素而形成 $Cr_{23}C_6$ 相，其具体过程将会在后文加以详细分析。

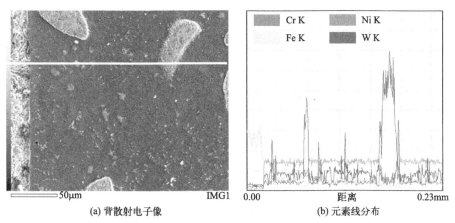

(a) 背散射电子像　　　　　　　　　　(b) 元素线分布

图 4.7　含微米 WC 涂层界面区元素分布

　　(2) 微米 WC 添加量对涂层搭接区组织的影响

　　图 4.8 为不同微米 WC 添加量的涂层搭接区组织形貌。在搭接区二次重熔过程中，由于其散热主要是通过前一熔覆道热传导进行的，致使该区形成了大致沿熔合线法线方向生长的树枝晶（图中虚线右上方），且其上分布有一些白色颗粒相。随着 WC 添加量的增加，搭接区白色颗粒相数量呈现出逐渐增加的变化趋势 [图 4.8(a)~(d)]。而与搭接区相邻的热影响区（图中虚线左下方），同样由树枝晶和白色颗粒相所组成，且白色颗粒相数量变化趋势与搭接区十分相近。但不同的是，各涂层热影响区内的白色颗粒相数

量明显高于二次重熔区。

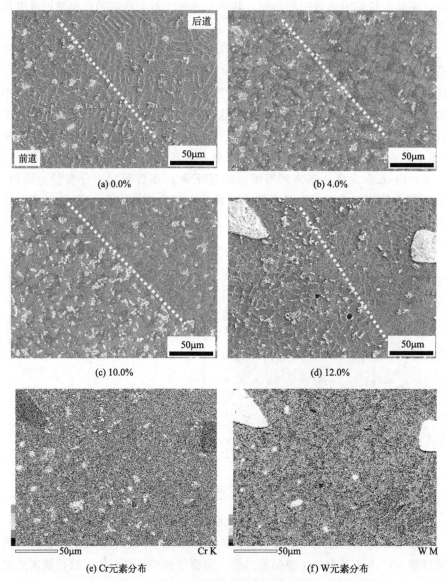

图 4.8 不同微米 WC 添加量的涂层搭接区微观形貌和元素面分布

通过 EDS 面扫描进一步分析发现，位于搭接区和热影响区的大部分白色颗粒主要富含 Cr 元素，而只有少部分白色颗粒相富含 W 元素［图 4.8（e）、（f）］。结合 XRD 结果，可以判断白色颗粒相为 $Cr_{23}C_6$ 和 W_2C 的混合物。由于这两种碳化物分别含有高原子序数的 Cr 和 W 元素，故在扫描电镜中皆呈现白亮色衬度。搭接重熔区和热影响区内 $Cr_{23}C_6$ 和 W_2C 数量上的差异主要与两个微区所经历的不同受热状态有关。由于搭接区经历二次重熔过程，凝固速率相对较高，致使 $Cr_{23}C_6$ 碳化物不会大量析出，而热影响区则经历热处理过程，这将有利于元素的充分扩散，导致更多的 $Cr_{23}C_6$ 碳化物析出。

（3）微米 WC 添加量对涂层顶部区组织的影响

图 4.9 为不同微米 WC 添加量的涂层顶部微观组织形貌。由图 4.9（a）可见，纯 Ni45 涂层微观组织主要是由树枝晶和共晶组织，以及少量白色颗粒相所构成。

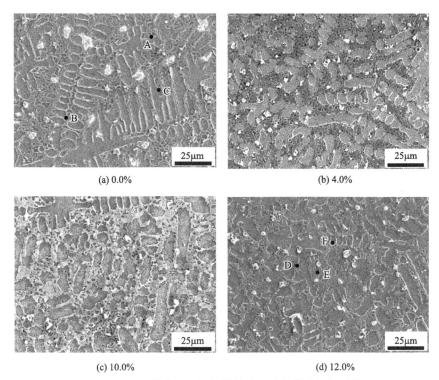

(a) 0.0%　　　　　　　　　　　　　(b) 4.0%

(c) 10.0%　　　　　　　　　　　　　(d) 12.0%

图 4.9　不同微米 WC 添加量的涂层顶部微观组织形貌

EDS 分析表明（见表 4.1），初生枝晶（A 点）主要富含 Ni 元素和少量的 Fe 和 Cr 元素，共晶组织（B 点）主要含有 Ni 和 B 元素，而白色颗粒相（C 点）则主要是由 Cr 与 C 元素所组成。结合 XRD 结果，可以判断三者分别是由 γ-Ni 固溶体、（γ-Ni+Ni_3B）和 $M_{23}C_6$ 相所构成。

表 4.1 不同微米 WC 添加量的涂层 EDS 元素分析结果

添加量/%	测试点	元素质量分数/%						
		Ni	Cr	Fe	Si	C	B	W
0	A	68.12	7.96	11.00	2.21	2.54	8.18	0
	B	67.82	9.45	6.53	1.28	5.91	8.96	0
	C	2.69	49.11	2.88	0.11	36.39	8.81	0
12.0	D	69.30	7.46	9.01	2.81	9.21	0.85	1.37
	E	68.69	8.80	7.84	0.06	10.14	2.86	2.22
	F	15.80	27.90	4.83	0	26.39	10.21	14.86

当在 Ni45 涂层中添加微米 WC 颗粒时，γ-Ni 固溶体生长形态发生明显变化，由柱状树枝晶演化为等轴树枝晶，且随着微米 WC 添加量的增加，γ-Ni 固溶体逐渐细化，共晶组织和 $M_{23}C_6$ 的数量有所增加 [图 4.9(b)、(d)]。另一个重要差别是，无论 γ-Ni 初生枝晶（D 点）还是共晶组织（E 点）内，皆发现了少量的 W 元素，而白色颗粒相（F 点）则富 Cr、W 和 C。

为了进一步分析涂层中的相组成，对含 10% 微米 WC 涂层顶部区域进行 TEM 分析，如图 4.10 与图 4.11 所示。

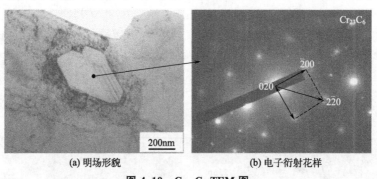

(a) 明场形貌	(b) 电子衍射花样

图 4.10 $Cr_{23}C_6$ TEM 图

由图 4.10(a) 所示的明场像可见，在 γ-Ni 基体上存在一颗粒相，其在二者界面处发现有位错缠结存在。对颗粒相做进一步选区电子衍射分析，证实该颗粒相为 $Cr_{23}C_6$ 碳化物 [图 4.10(b)]。

对图 4.11(a) 中深色块状物进行电子衍射分析，可知该深色组织为 W_2C。这主要是由于 WC 颗粒在熔覆过程中边缘部分熔解后会形成 W_2C。

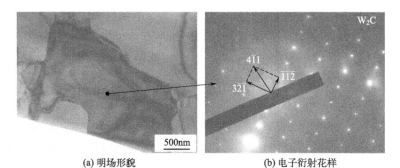

(a) 明场形貌　　　　　　　　　　(b) 电子衍射花样

图 4.11　W₂C TEM 图

4.2.3　对熔池流动状态与凝固组织的影响机理

（1）微米 WC 添加量对熔池形貌与流动状态的影响

前述分析发现，添加微米 WC 颗粒对涂层组织具有一定细化作用，同时会在涂层中产生 W_2C 相，这均与微米 WC 颗粒在熔池中所发生的化学反应有密切关系，因为化学反应会对熔池流动状态产生影响。

为此，采用高速摄像技术对含微米 WC 熔池的形貌特征进行表征，将所拍摄的稳定熔池形貌按 2ms 时间间隔选取五张图片，并按照微米 WC 添加量逐渐增加的顺序自上而下排列，形成如图 4.12 所示的坐标图。图中横

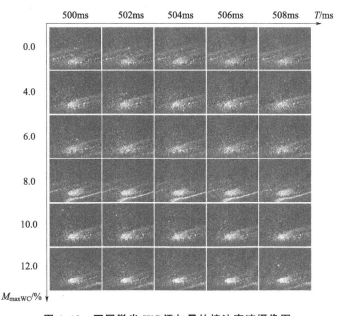

图 4.12　不同微米 WC 添加量的熔池高速摄像图

坐标为时间间隔 T，纵坐标为添加量 M_{maxWC}。由图可见，随微米 WC 添加量的升高，熔池亮度与尺寸有所增加，而熔池亮度的增强则表示熔池温度在逐渐上升。由于逐渐增多的微米 WC 会在熔池中发生更多的熔解反应和化学反应，增加熔池中的热量，进而提高熔池温度。

为分析含微米 WC 熔池温度变化，对熔池进行热辐射谱分析，如图 4.13 所示。随微米 WC 添加量的增加，热辐射强度逐渐增强。根据前述热辐射谱原理可知，谱线强度越高，则代表发射谱线位置的温度越高。因此可以判定，微米 WC 添加量的增加会使熔池温度逐渐上升。

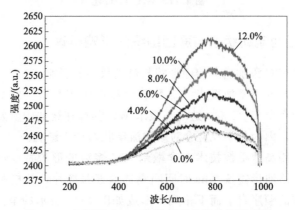

图 4.13   不同微米 WC 添加量的熔池热辐射曲线

为分析 WC 颗粒对熔池流动性的影响，选取熔池中亮度较亮的点作为参照点，如图 4.14 所示，通过该点相对参考线的移动距离与图片的间隔时间计算该参考点的移动速度，从而近似判断熔池的流动性。经计算得到各微米 WC 添加量的熔池参考点移动速度，如图 4.15 所示。当添加量小于 10% 时，熔池流速随添加量增加而增加，当大于 10% 后，熔池流速有所下降。这主要是由于过多的 WC 颗粒进入熔池后会增加熔池的黏度，抵消反应热对熔池流动的促进作用。

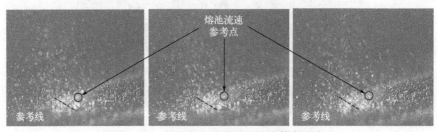

图 4.14   含微米 WC 熔池流速计算参考点

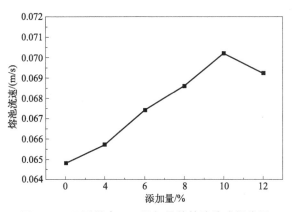

图 4.15　不同微米 WC 添加量的熔池流速折线图

（2）WC 颗粒高温熔解机理分析

由于 WC 颗粒在高温下会发生部分熔解现象，因此在分析 WC 颗粒对熔池流态和凝固组织的影响机理之前，要对 WC 颗粒在熔池中的熔解反应进行详细讨论。

根据材料激光吸收率变化机制，材料的激光吸收率会随着自身电阻率的升高而逐渐增强，其关系式如下所列[1]：

$$A = 0.1457\sqrt{\frac{\rho}{\lambda}} + 0.09\mathrm{e}^{-0.5\sqrt{\frac{\lambda - \frac{c}{N}}{\rho}}} + \frac{\rho}{N\lambda - 1.0\times10^{-6}} \tag{4-1}$$

式中，A 为激光吸收率；ρ 为材料电阻率；N 为材料的电核外电子层数；λ 为激光波长；c 为固定常数。

根据 WC 陶瓷材料与镍基合金的导电性，WC 的电阻率（$19.2\times10^{-6}\Omega\cdot$ m）高于镍基合金电阻率（$1.0\times10^{-6}\Omega\cdot$m），从而使 WC 对激光的吸收率显著强于镍基合金。此外，当激光波长小于 0.1μm 或大于 10μm 时，WC 陶瓷对激光的吸收率也会高于金属，而本实验采用的 CO_2 激光波长恰为 10.6μm。上述表明，WC 颗粒具有比镍基合金更高的激光吸收能力。当 WC 颗粒与 Ni45 粉末同时受到激光照射的情况下，WC 颗粒要比 Ni45 粉末吸收更多的激光能量，从而使 WC 更容易产生熔解现象[2]。

但由 Gibbs-Thomson 公式［式（4-2）］可知[3]，在相同条件下，WC 颗粒在金属熔体中的溶解度还与其曲率半径的大小有关。

$$C_1/C_2 = \exp\{3\sigma M[(1/r_1) - (1/r_2)]/\rho RT\} \tag{4-2}$$

式中，r_1 与 r_2 分别为 WC 颗粒半径；σ 为 WC 颗粒界面张力；M 为

WC 颗粒分子量；ρ 为 WC 颗粒密度；R 为摩尔气体常数；C_1 与 C_2 分别代表粒径为 r_1 和 r_2（$r_1 > r_2$）的 WC 颗粒在溶剂中的溶解度。

由于激光加热时间短，微米 WC 颗粒在熔池中不易发生完全熔解。由式(4-2) 可知，在颗粒曲率半径较小的位置（尖角处）具有较大的溶解度。因此，颗粒尖角会优先发生熔解并扩散进 Ni45 熔体中。

图 4.16 为涂层内的微米 WC 颗粒。可见，与未熔的微米 WC 颗粒相比 [图 2.3(d)]，涂层中的 WC 颗粒尖角转变为具有一定弧度的圆角，证明微米 WC 颗粒进入熔池后在边缘发生熔解反应。同时，边缘熔解的 WC 颗粒与基体之间的界面无气孔、裂纹和未熔合等缺陷，意味着微米 WC 颗粒与 Ni45 合金涂层形成良好结合。对图 4.16(a) 中 WC 颗粒进行 EDS 线扫描分析，结果如图 4.16(b) 所示，由 Ni45 合金涂层向 WC 内部过渡过程中 Ni 元素降低。

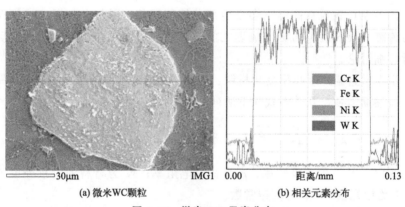

(a) 微米WC颗粒　　(b) 相关元素分布

图 4.16　微米 WC 元素分布

值得注意的是，Cr 元素在靠近 WC 颗粒边缘处出现明显增加的趋势。这主要是由于 WC 颗粒进入熔池后会发生边缘熔解反应形成 W_2C 与 C，同时 WC 与 γ-Ni 中固溶金属原子（Cr、Fe、Ni 等）在高温下发生化学反应，生成低熔点的 $M_{23}C_6$（M＝Cr、Fe、Ni）。其反应式如下[4-7]：

$$2WC \longrightarrow W_2C + C \tag{4-3}$$

$$WC + \gamma \longrightarrow M_{23}C_6 + \gamma' \tag{4-4}$$

式中，γ' 为失去了部分合金原子的 γ-Ni。

上述化学反应过程属于放热反应。该反应还会使 WC 颗粒周围熔液中的 Cr、Ni、Fe 等金属原子向 WC 颗粒的边缘扩散从而形成扩散层[3]。由于 WC 良好的热扩散性，在发生式(4-3) 与式(4-4) 的反应后，W_2C 与

$M_{23}C_6$ 相会以 WC 颗粒为形核核心，在颗粒边缘形成外延生长层。由于熔池对流会对 WC 颗粒产生冲刷作用，部分碳化物会从颗粒边缘分离并以游离状态存在于熔池中或熔解于 Ni45 合金中，并在随后的快速冷却过程中重新析出。上述分析解释了前述涂层内部及搭接区中受热析出 $Cr_{23}C_6$ 相的原因。

（3）WC 颗粒对熔池流动与涂层组织的作用机理

由于 WC 颗粒在熔池中会发生放热反应。因此，随着这些额外热量的逐渐增加，会使熔池流动状态发生改变。根据图 4.17 中熔池流动状态可知，当熔池中未发生放热反应时［图 4.17(a)］，熔池流动的驱动力主要由表面张力和温度梯度决定，表面张力促进熔池水平方向流动，而温度梯度促进熔池竖直方向流动。

而当粉末中添加能在熔池内发生放热反应的物质时，就会使熔池内部形成一个放热区域，如图 4.17(b) 所示。在这个区域，物质间反应会放出大量的热能。由于这些热能不受材料吸收率的影响，因而被熔池周围材料所吸收，故可以有效降低激光能量的需求量，换言之就是相同激光输入能量条件下可以熔化更多粉末材料，这样会产生强烈的热膨胀，从而形成向上的驱动力，加速熔池的对流[8,9]。

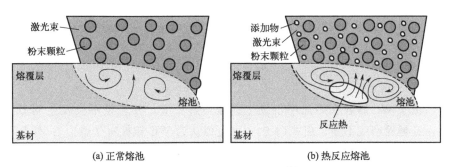

图 4.17　熔池流动示意图[8]

由于熔池流动会裹挟存在于其中的 WC 颗粒一起运动，从而使 WC 颗粒在熔池由液态向固态转变过程中对凝固组织的生长产生一定作用。为了揭示 WC 颗粒在熔池中的运动过程，对熔池中的单 WC 颗粒受力情况进行分析。图 4.18 为 WC 颗粒在熔池中的受力情况，其主要受重力 G、浮力 F_B 和拖曳力 F_D（其中 F_x、F_y 为 F_D 的分量）的作用[10]。

颗粒所受各力的表达式（假设重力方向为正）分别表示为[10]：

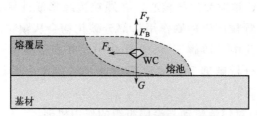

图 4.18 熔池中 WC 颗粒受力状态

$$G = \frac{1}{6}\pi d_p^3 \rho_p \qquad (4\text{-}5)$$

$$F_B = -\frac{1}{6}\pi d_p^3 \rho_f g \qquad (4\text{-}6)$$

$$F_D = \frac{1}{6}\pi d_p^3 \rho_p \left(\frac{1}{\tau_p}\right)(U_f - U_s) \qquad (4\text{-}7)$$

式中，d_p 为颗粒直径；ρ_p 为颗粒密度；ρ_f 为熔池密度；τ_p 为颗粒松弛时间；U_f 为流体流速；U_s 为颗粒流速。

$$\tau_p = \frac{4\rho_p d_p^2}{3\mu C_D Re} \qquad (4\text{-}8)$$

$$Re = \frac{\rho_p d_p |U_f - U_s|}{\mu} \qquad (4\text{-}9)$$

式中，Re 为相对雷诺数；μ 为流体动力黏度。Schiler-Nauman 拖曳力系数 C_D 表达式为：

$$C_D = \frac{24}{Re}(1 + 0.15 Re^{0.673}) \qquad (4\text{-}10)$$

由于 WC 颗粒在熔池中仅发生边缘熔解反应，其直径不会发生明显减小，且颗粒密度不变。由式(4-5)，可近似认为 WC 颗粒所受重力 G 不变。

熔体的密度通常遵循如下线性关系[10]：

$$\rho_T = \rho_m - \alpha(T - T_m) \qquad (4\text{-}11)$$

式中，ρ_T 为熔体在特定温度 T 时的密度；ρ_m 为熔体在熔化温度 T_m 时的密度；α 为常数。

由上式可知，熔体密度随着温度升高而减小，因此熔池密度 ρ_f 会随熔池温度变化而变化。结合式(4-6)可知，浮力 F_B 会随 ρ_f 发生变化。但由于微米 WC 仅发生边缘熔解反应，所放出的热量有限，因此熔池温度变化幅度较小，导致浮力 F_B 未发生显著变化。因此，主要考虑拖曳力 F_D 对 WC 颗粒的影响。由式(4-7)可知，熔池流速的变化会使流体对 WC 颗粒的拖曳

力 F_D 发生改变，随着 WC 颗粒添加量的增多，熔池流速逐渐加快，颗粒受熔池作用的拖曳力 F_D 增大，从而使熔池中 WC 颗粒加速运动。快速流动的 WC 颗粒会将熔池中心热量迅速传导至熔池各个位置，降低熔池温度梯度，增加熔池冷却速度，从而缓解凝固组织外延生长趋势。当 WC 颗粒添加量过大时（12%），熔池黏度增大。由式(4-9) 可知，相对雷诺数 Re 减小，颗粒松弛时间 τ_p 增大 ［由式(4-8) 可知］，并导致拖曳力 F_D 减小 ［由式(4-7) 可知］。上述过程会降低 WC 颗粒运动速度与热传导能力，从而弱化 WC 颗粒对外延生长的抑制作用。

此外，在熔池凝固过程中，流动的 WC 颗粒会将界面处外延生长的固相凸起打断，如图 4.19 所示，断裂的晶粒会逐渐形成胞状晶。因此，随着微米 WC 添加量的增加，界面组织由外延生长的柱状晶转变为胞状晶，在涂层上部逐渐形成等轴晶。

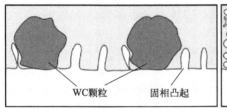 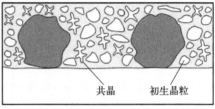

(a) WC颗粒打断固相凸起　　　　　(b) 固相凸起断裂后组织形态

图 4.19　WC 颗粒打断晶粒示意图

上述分析表明，微米 WC 颗粒在熔池中会发生边缘熔解反应，反应过程放出的热量会促进熔池流动。熔池流动会对 WC 颗粒产生作用力，使颗粒在熔池中随熔融金属运动，降低熔池温度梯度，增加熔池冷却速度，切割初生晶粒，使涂层组织有所细化。

4.2.4　对涂层性能的影响

4.2.4.1　微米 WC 添加量对涂层显微硬度的影响

图 4.20 为不同微米 WC 添加量的 Ni45 涂层显微硬度。为准确分析涂层显微硬度变化，在测试时避开了高硬度 WC 颗粒。由图 4.20(b) 可见，随着微米 WC 添加量的增加，涂层显微硬度逐渐升高。

经前述讨论，由于微米 WC 颗粒会在熔覆过程中发生边缘熔解形成 W_2C 相，且与 γ-Ni 反应生成更多的 $M_{23}C_6$ 硬质相。这两种相均会显著提高涂层的显微硬度。

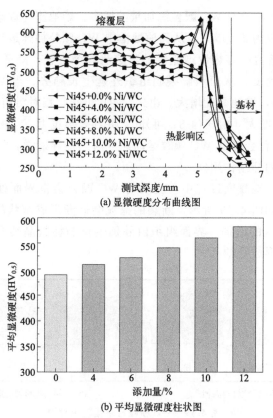

(a) 显微硬度分布曲线图

(b) 平均显微硬度柱状图

图 4.20   不同微米 WC 添加量的涂层显微硬度

4.2.4.2   微米 WC 添加量对涂层耐磨性能的影响

图 4.21 为不同微米 WC 添加量的涂层磨损率。可见，随着 WC 添加量的增加，复合涂层的磨损率逐渐减小，其中含 12% 微米 WC 颗粒的涂层磨损率较纯 Ni45 涂层降低 91.59%。这意味着添加微米 WC 有利于提高镍基涂层的耐磨性能。

图 4.22 为不同微米 WC 添加量的涂层磨损形貌。由图 4.22(a) 可见，纯 Ni45 涂层磨损表面出现犁沟和黏着现象，表明其磨损机制为黏着磨损和磨粒磨损。由于涂层与配磨件表面在微观层面上存在许多可发生塑性流变的微凸体，导致两个表面的实际接触面积会明显小于理论接触面积，如图 4.23(a) 所示。

在干摩擦磨损条件下，涂层与配磨件表面所具有的微凸体会承受较大的机械应力，在外加载荷的作用下微凸体发生弹性或塑性变形，从而导致两摩

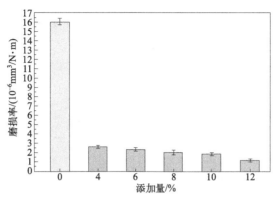

图 4.21　不同微米 WC 添加量的涂层磨损率

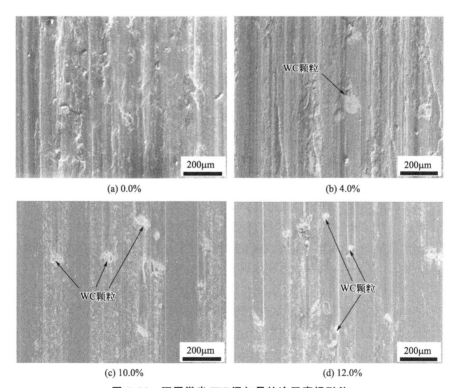

(a) 0.0%　　　　　　　　　　(b) 4.0%

(c) 10.0%　　　　　　　　　　(d) 12.0%

图 4.22　不同微米 WC 添加量的涂层磨损形貌

擦副的实际接触面积增加。虽然 γ-Ni 固溶体以及枝晶间析出的共晶碳化物
对涂层具有强化作用并能降低黏着力，但因 γ-Ni 良好的塑性且与配磨件中
Fe 元素有很高的互溶度，两者接触面的微凸体会在摩擦过程中发生元素互

扩散，从而表现出很高的黏着倾向[11]。在外力作用下黏着点将被剪掉并发生材料转移，从而产生黏着磨损。同时，涂层与配磨件中硬度较高的部位会在磨损过程中发生脱落，并在摩擦副中形成磨粒，从而出现磨粒磨损现象[图 4.23(b)]。

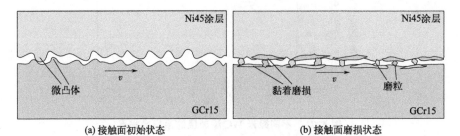

(a) 接触面初始状态	(b) 接触面磨损状态

图 4.23　黏着磨损与磨粒磨损示意图

随着微米 WC 添加量的增加，涂层逐渐由以黏着磨损为主的磨损形式向磨粒磨损为主转变，磨痕宽度逐渐收窄，剥落与黏着磨损形貌逐渐减少，磨损表面逐渐裸露出内部的 WC 颗粒。根据 Archard 磨损定理[12,13]，当黏着磨损处于稳定状态，涂层表面黏着磨损率 V_s 可以表示为：

$$V_s = K \frac{P_1 L}{H} \qquad (4\text{-}12)$$

式中，K 为磨损系数；L 为滑动距离；P_1 为磨损载荷；H 为涂层硬度。

由于涂层与配磨件表面微凸体的塑性流变是产生黏着磨损的重要因素，因此要进一步分析微米 WC 添加量对涂层微凸体的影响。为此，设涂层与配磨件实际接触面积为 A_r，涂层磨损表面可发生塑性流变的微凸体接触总面积为 A_1，那么 A_1 与 A_r 之间将满足以下关系式

$$A_1 = (1 - f_P) A_r \qquad (4\text{-}13)$$

式中，f_P 为涂层中微米 WC 颗粒的体积分数。

由上式可知，涂层表面可发生塑性流变的微凸体接触面积 A_1 随 WC 颗粒添加量的增加而减少，从而对缓解黏着磨损起到积极作用。由于塑性流变微凸体的接触面积与作用其上的载荷成正比[11,12]，使软微凸体发生塑性流变的总载荷 P_1 与外加载荷 P 之间存在以下对应关系：

$$P_1 = (1 - f_P) P \qquad (4\text{-}14)$$

将式(4-14)代入式(4-12)中，则有以下考虑复合涂层磨损表面 WC 颗粒因素作用的 Archard 方程：

$$V_s = K \frac{(1-f_P)PL}{H} \tag{4-15}$$

由上述关系可知，由于微米 WC 颗粒在涂层中发生熔解反应产生 W_2C 与 $M_{23}C_6$，使涂层硬度随 WC 颗粒添加量的增加而升高。由式(4-15) 可知，涂层硬度 H 的升高会降低黏着磨损率 V_s。由于 WC 颗粒与 Ni45 合金间具有良好的冶金结合，并且 WC 的六方晶体结构具有较低的黏着键形成概率，WC 颗粒表现出良好的抗黏着磨损特征。因此，较高的涂层硬度与弥散分布的微米 WC 颗粒共同作用，缓解了涂层的黏着磨损现象。同时，由于添加 WC 颗粒而变得较为硬脆的合金涂层会在磨损实验过程中形成硬质磨屑，其进入摩擦副后成为磨粒，使涂层形成犁沟状磨痕。此外，由于 WC 颗粒硬而脆且与 Ni45 涂层结合紧密，在磨损前期会对 GCr15 配磨件产生明显的切削作用 [图 4.24(a)]。随着磨损过程的不断加剧，微米 WC 颗粒产生的疲劳应力会使其产生微裂纹，而裂纹扩展后会发生局部断裂形成 WC 碎屑 [图 4.24(b)]，这些碎屑将成为摩擦副中的磨粒，并与合金涂层形成的磨粒共同作用，加剧涂层的磨粒磨损[14]。

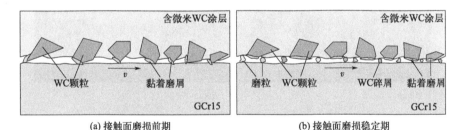

(a) 接触面磨损前期　　　　　　　　　　　(b) 接触面磨损稳定期

图 4.24　含微米 WC 涂层磨损机理示意图

但由于 WC 颗粒仅发生少量局部断裂，其存在于涂层内部的部分未发生断裂或剥落。因此，弥散分布的微米 WC 颗粒能有效抵抗磨粒的切削作用 [图 4.24(b)]。随着 WC 颗粒数量的不断增加，涂层抗磨粒磨损能力逐渐增强，从而使高 WC 含量涂层具有很低的磨损率。而对于颗粒周围的黏结金属来说，由于其硬度相对较低、韧性较好，在显微切削机制作用下形成图 4.22(c)、(d) 中深而宽的犁沟。

通过对图 4.25(a) 中微米 WC 颗粒及周边区域的 EDS 分析可以发现，在 WC 颗粒的周围分布着大量 Fe 元素与 O 元素。这主要是由于 WC 颗粒的硬度远高于 GCr15 钢，GCr15 钢会被 WC 颗粒犁削并发生材料转移[11]。摩擦磨损试验在摩擦副间产生大量的摩擦热，从而使附着在熔覆层表面的部分 Fe 元素被氧化而形成氧化铁，导致上述两种涂层磨损表面 O 元素的大量聚集[15,16]。上述分析也充分证明了微米 WC 颗粒对 GCr15 配磨件的磨削作用。

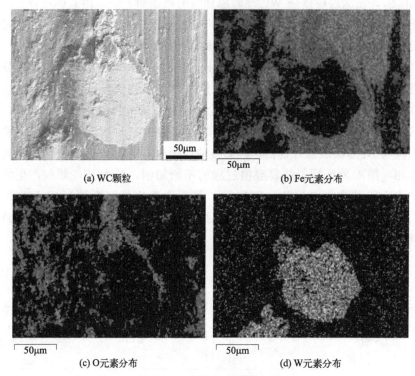

(a) WC颗粒   (b) Fe元素分布

(c) O元素分布   (d) W元素分布

图 4.25 磨痕表面元素分析

4.2.4.3 微米 WC 添加量对涂层力学性能的影响

（1）微米 WC 添加量对涂层耐冲击性能的影响

图 4.26 为不同微米 WC 添加量的涂层冲击韧性。可见，随着 WC 颗粒添加量的增加，复合涂层的冲击韧性逐渐降低，其中含 4% 微米 WC 颗粒的涂层冲击韧性仅为纯 Ni45 涂层的 91.28%。说明微米 WC 颗粒不利于涂层冲击韧性的提高。

为揭示微米 WC 对涂层冲击韧性的影响机理，在 SEM 下对冲击断口进行观察。在低倍视场下纯 Ni45 涂层断口表面呈现出典型解离断口形貌特征，如图 4.27 所示。由于不同解离面相互交割，而呈现出河流状的台阶 [图 4.27(a)]。因此 Ni45 合金涂层断裂形式为脆性断裂。

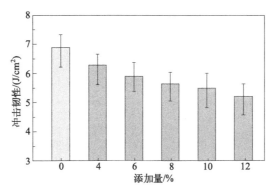

图 4.26　不同微米 WC 添加量的涂层冲击韧性对比柱状图

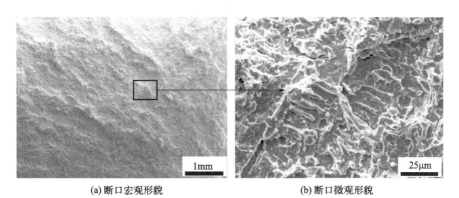

(a) 断口宏观形貌　　　　　　　　(b) 断口微观形貌

图 4.27　纯 Ni45 涂层冲击断口形貌

　　对上述宏观形貌进行局部放大，得到图 4.27(b) 的断口微观形貌。由图可见，断口分布着数量不等、面积大小不一的小断面，每一个小断面都是由晶粒在沿晶断裂后形成的。由于纯 Ni45 涂层晶粒尺寸较大，因此会形成面积较大的树枝状断裂面。

　　而微米 WC 颗粒的添加明显改变了冲击后涂层的断口形貌，如图 4.28所示。其中，图 4.28(a)～(c) 为含 4% 微米 WC 涂层冲击断口形貌。

　　由图 4.28(a) 所示的低倍整体形貌图可以看出，断口呈现明显的放射状花纹。同时由于添加量较少，未能清晰观察到存在于涂层中的 WC 颗粒。对图 4.28(a) 中所选区域进行局部放大，得到图 4.28(b)，可以清楚地看到分布于涂层中的 WC 颗粒，颗粒表面呈现出典型的解理断裂特征。通过放大图 4.28(b) 得到图 4.28(c)，涂层其他部位呈现树枝状及颗粒状的断裂面形貌，证明涂层组织发生沿晶断裂。

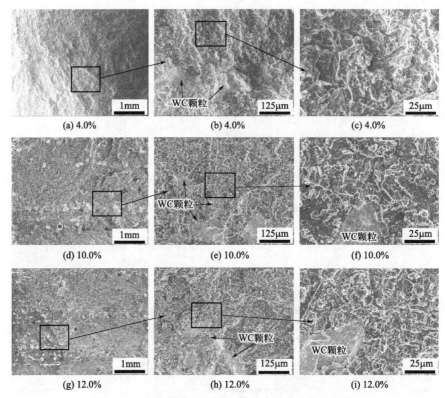

(a) 4.0% (b) 4.0% (c) 4.0%

(d) 10.0% (e) 10.0% (f) 10.0%

(g) 12.0% (h) 12.0% (i) 12.0%

图4.28　不同微米 WC 添加量的涂层冲击断口形貌

图 4.28(d)～(f) 为含 10% 微米 WC 涂层冲击断口形貌。由图 4.28(d) 所示的低倍宏观断口可以发现，断口产生许多粗糙的放射棱，并且可以清晰地看到 WC 颗粒。对图 4.28(d) 中方框进行局部放大得到图 4.28(e)，可以看到，WC 颗粒聚集程度明显高于含 4% 微米 WC 涂层。进一步放大 WC 颗粒附近断裂区域 [图 4.28(f)]，可以明显看出 WC 颗粒周围发生沿晶断裂，形成细小的断裂面。

图 4.28(g)～(i) 为含 12% 微米 WC 涂层冲击断口形貌。由断口宏观形貌可以看出，WC 颗粒数量明显增加。局部形貌 [图 4.28(h)] 同样发现大量 WC 颗粒聚集现象。进一步放大得到图 4.28(i)，可以看出，WC 颗粒周围的沿晶断裂面尺寸有所下降，断面数量增加。同时，WC 颗粒表面呈现河流状的解离断裂形式。

（2）微米 WC 添加量对涂层拉伸性能的影响

图 4.29(a) 为不同微米 WC 添加量的涂层拉伸应力-应变曲线，可以看出涂层未出现屈服极限，证明涂层发生脆性断裂。图 4.29(b) 为不同微米

WC 添加量的涂层抗拉强度。由图可见，当 WC 颗粒添加量为 4% 时，由于大尺寸的 WC 颗粒含量较少，涂层的抗拉强度（620.12MPa）仅发生少许下降，为纯 Ni45 涂层抗拉强度的 95.22%。

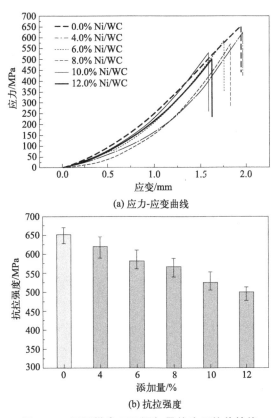

(a) 应力-应变曲线

(b) 抗拉强度

图 4.29　不同微米 WC 添加量的涂层拉伸性能

随着微米 WC 添加量的增加，复合涂层的抗拉强度发生显著降低。当添加量增加到 10% 和 12% 时，抗拉强度急剧下降，分别为 526.59MPa 与 496.85MPa。上述数据表明，在 Ni45 涂层中添加不同质量分数的大尺寸 WC 颗粒对拉伸性能同样会产生不同程度的消极影响。

图 4.30 为不同微米 WC 添加量的涂层拉伸断口形貌。由图可见，拉伸断口与前述冲击断口形貌（图 4.27）基本一致，微米 WC 颗粒发生解离断裂且颗粒周边形成了密集沿晶断裂形貌。

（3）含微米 WC 涂层冲击与拉伸断裂机理分析

由前述微观组织分析可知，微米 WC 颗粒的边缘会发生熔化和熔解，

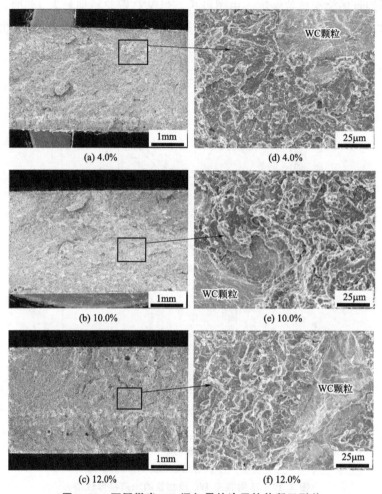

(a) 4.0%   (d) 4.0%

(b) 10.0%   (e) 10.0%

(c) 12.0%   (f) 12.0%

图 4.30　不同微米 WC 添加量的涂层拉伸断口形貌

形成 W_2C 相与更多的 $M_{23}C_6$ 相，导致涂层塑性下降。当 WC 颗粒添加量由 4％增加到 12％时，涂层中未熔 WC 颗粒以及分解后的 W_2C 会逐渐增多，从而增加涂层脆性，使冲击韧性与抗拉强度迅速下降。

　　为进一步说明涂层冲击断裂机理，采用有限元数值仿真方法分析纯 Ni45 涂层与含 10％微米 WC 涂层在冲击过程中的应力分布状态。首先根据夏比摆锤冲击试验机建立涂层冲击试验模型。为减少计算时间，对模型进行简化得到如图 4.31 所示的三维模型，包括冲击锤、支座以及涂层冲击试样，其中支座底部设置为全约束固定，冲击锤冲击速度为 5.2m/s。

(a) 夏比摆锤冲击试验模型

(b) 纯Ni45涂层局部冲击模型

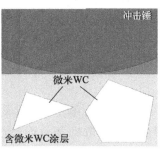
(c) 微米WC涂层局部冲击模型

图 4.31　涂层夏比冲击模型

　　图 4.31(b) 与图 4.31(c) 分别为纯 Ni45 涂层与含 10％微米 WC 涂层冲击试验模型局部形貌。其中，含微米 WC 涂层内含有形状不规则的微米 WC 颗粒模型。由于颗粒与涂层已形成冶金结合，因此两者接触面设定为无摩擦状态。纯 Ni45 涂层与含微米 WC 涂层中绿色部分的材料属性如下：密度为 $8.28 \times 10^3 \, \mathrm{kg/m^3}$，弹性模量为 180GPa，泊松比为 0.33。WC 颗粒的材料属性如下：密度为 $15.63 \times 10^3 \, \mathrm{kg/m^3}$，弹性模量为 710GPa。

　　采用上述模型，经有限元计算得到如图 4.32 所示各涂层应力分布状态。由图可见，纯 Ni45 涂层发生压应力集中现象。这主要是由于涂层受到冲击锤冲击的瞬间，锤端对涂层表面产生较大压力，从而形成压应力集中。对于含微米 WC 涂层来说，由于 WC 具有较大脆性与硬度，因此微米 WC 颗粒在冲击力作用下会产生较大的应力集中。同时，在颗粒尖角处的应力也明显大于其周围 Ni45 涂层的应力，如图 4.32(b) 所示。在外力作用下，WC 颗粒聚集导致涂层产生高应力聚集区。同时，由于 WC 颗粒具有较大脆性，且其内部塞积大量位错，位错源距离位错塞积群前沿较远，因此 WC 颗粒

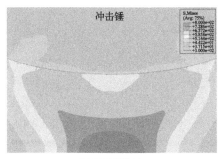
(a) 纯Ni45涂层

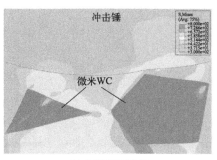
(b) 含微米WC涂层

图 4.32　涂层冲击过程应力分布

会产生极大应力，导致裂纹快速产生并瞬间扩展贯穿整个 WC 颗粒，最终导致解理断裂的发生[17,18]。

为进一步分析微米 WC 颗粒增加裂纹扩展倾向的机理，此处引入裂纹形成的能量条件[11,12]，即下式：

$$E_b - E_a > \Delta\gamma A \tag{4-16}$$

式中，E_a 和 E_b 分别表示颗粒-合金界面形成裂纹前后的总能量；A 为形成裂纹的表面积。而 $\Delta\gamma$ 表示形成裂纹时的表面能的变化，其具体形式为：

$$\Delta\gamma = -\gamma_{M-C} + (\gamma_M + \gamma_C) \tag{4-17}$$

式中，γ_M 和 γ_C 分别为合金与颗粒的表面能；γ_{M-C} 为合金与颗粒界面处的表面能。

由于涂层中较大尺寸的 WC 颗粒可能含有部分缺陷，因此其产生裂纹的表面能 γ_C 明显降低，导致 $\Delta\gamma$ 减小，从而满足式(4-16) 的能量条件。这就表明裂纹会在大尺寸 WC 颗粒边缘处开始萌生。由于 WC 具有高脆性低塑性的特点，导致其对塑性形变功的吸收能力较小。因此，当微米 WC 颗粒在外载作用下形成初生裂纹后，裂纹尖端就会凭借所积聚的弹性能快速扩展，导致颗粒脆性断裂，最终形成解理断裂面。由图 4.33(a) 可见，微米 WC 颗粒形成较平整的断裂面，并在颗粒边缘出现撕裂棱台阶。

图 4.33(b) 为图 4.33(a) 方框区局部放大形貌。由图可见，裂纹会从颗粒边缘继续向初生 γ-Ni 相扩展。由于 γ-Ni 具有较好的韧性，因此会在裂纹扩展过程中发生塑性变形，进而缓解裂纹尖端的应力集中[19]。但当裂纹尖端应力超过 γ-Ni 相抗拉强度时，裂纹仍会快速扩展直至发生断裂。

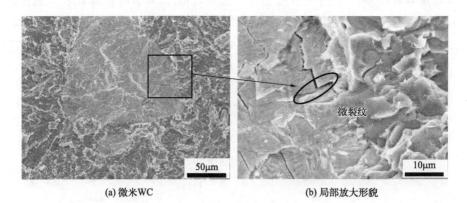

(a) 微米WC　　　　　　　　　(b) 局部放大形貌

图 4.33　WC 颗粒断裂形貌

4.2.4.4　微米 WC 添加量对涂层电化学腐蚀特性的影响

（1）不同微米 WC 添加量的涂层动电位极化曲线分析

根据动电位极化曲线分析方法，可将测试曲线分为阴极极化区、阳极溶解区、活化区、钝化区和过钝化区，如图 4.34 所示。钝化区表明电极表面会在电化学腐蚀过程中形成一层钝化膜，从而减缓腐蚀过程中 Cl⁻ 对工作电极的侵蚀。

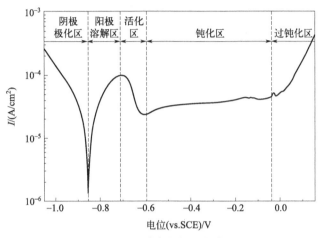

图 4.34　动电位极化曲线

将涂层试样放入 3.5％NaCl 腐蚀介质中测得动电位极化曲线，如图 4.35 所示。极化曲线具有明显的钝化区，钝化区电压范围越宽，表明钝化膜越不易被电流击穿，涂层耐腐蚀性则越好。随着电压的增加，表面钝化膜被击穿，腐蚀电流迅速增大，会使测试表面发生点蚀。其中，含 8％微米 WC 涂层的极化曲线具有最大的钝化区腐蚀电压范围（−0.60～0.0V），证明其在阳极反应过程中具有最好的耐腐蚀性。

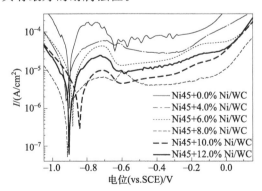

图 4.35　不同微米 WC 添加量涂层极化曲线

为了对涂层耐腐蚀性能进行精确评价，对上述各极化曲线采用 Tafel 直线外推法得到各涂层腐蚀电流密度，如图 4.36 所示。添加微米 WC 颗粒的涂层腐蚀电流密度低于纯 Ni45 涂层。

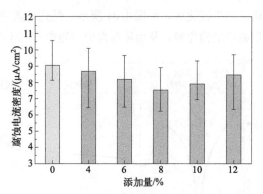

图 4.36 不同微米 WC 添加量涂层腐蚀电流密度

同时，腐蚀电流密度会随微米 WC 添加量的增加呈现先降低后增加的趋势。其中，同样是含 8% 微米 WC 涂层具有最低的腐蚀电流密度（$8.90\mu A/cm^2$），较纯 Ni45 涂层腐蚀电流密度（$10.58\mu A/cm^2$）降低 15.88%。表明微米 WC 颗粒对提高 Ni45 涂层的耐腐蚀性具有一定积极作用。

（2）不同微米 WC 添加量的涂层电化学阻抗谱分析

图 4.37 为不同微米 WC 添加量的涂层在 0.01～100000Hz 频率范围内的 Nyquist 图。根据阻抗分析原理，圆弧半径越大，涂层的阻抗越大[20]。由于纯 Ni45 涂层表现出最小 Nyquist 曲线弧半径，因此涂层具有最小的电化学阻抗。随着微米 WC 添加量的增加，曲线弧半径先增大后减小，则阻

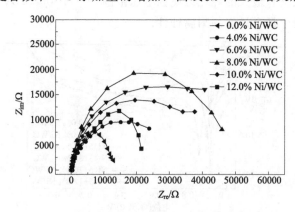

图 4.37 不同微米 WC 添加量的涂层电化学阻抗谱

抗先升高后降低。其中，含 8％微米 WC 涂层表现出最大的阻抗弧半径，证明其在腐蚀液中具有最大的电化学阻抗。

　　根据 Nyquist 图中阻抗数据可以得到阻抗 Bode 图，如图 4.38 所示。图 4.38(a) 为阻抗幅值-频率图。在曲线右侧的高频区表示溶液阻抗，各曲线发生重合，其阻值基本稳定在 15～23Ω 的范围。曲线左侧的低频区则表示涂层表面在溶液中的腐蚀阻抗值。由图可以看出，腐蚀阻抗值与阻抗弧半径大小的变化规律相同，同样是随着微米 WC 添加量的增加而先增大后减小，其中含 8％微米 WC 涂层表现出最大阻抗值（48524Ω），是纯 Ni45 涂层（10378Ω）的 4.68 倍。

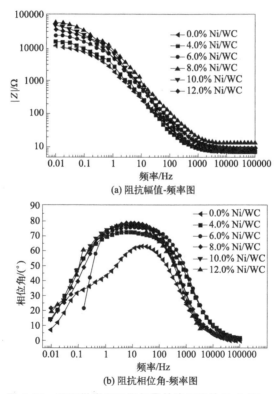

图 4.38　不同微米 WC 添加量的涂层阻抗 Bode 图

　　图 4.38(b) 为阻抗相位角-频率图。纯 Ni45 涂层在频率为 23.71Hz 时的最大相位角为 63.28°，而含微米 WC 涂层最大相位角范围为 72.5°～76.1°，相位角最大值为 76.1°。最大相位角范围所对应的频率范围是 2.7～59.5Hz，最大相位角频率为 12.12Hz。对比分析可以发现，含微米 WC 颗

粒的涂层较纯 Ni45 涂层具有更大的相位角范围，因此具有更强的电容特性[21]。同时，含微米 WC 涂层的相位角在低频区降低速度慢，说明其表面形成的钝化膜具有更好的稳定性，难以击穿，因此较纯 Ni45 涂层具有更好的耐腐蚀性。

（3）含微米 WC 涂层表面电化学腐蚀机理分析

图 4.39 为不同微米 WC 添加量的涂层腐蚀形貌，在钝化膜被击穿后，腐蚀区在涂层表面逐渐扩大，在搭接区具有明显的腐蚀倾向。纯 Ni45 涂层表面［图 4.39(a)］出现较为严重的腐蚀现象。

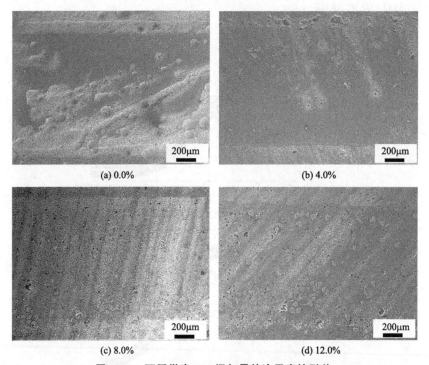

(a) 0.0%　　　　　　　　　　　(b) 4.0%

(c) 8.0%　　　　　　　　　　　(d) 12.0%

图 4.39　不同微米 WC 添加量的涂层腐蚀形貌

通过微观组织与元素分析，搭接区由于激光二次加热而大量析出 $Cr_{23}C_6$ 相，析出量明显多于熔覆层内部，导致搭接区初生晶粒内部与晶界呈现严重的贫 Cr 现象，从而使搭接区发生更为严重的腐蚀破坏。而对于含微米 WC 涂层来说，添加量小于 8% 时，WC 颗粒随熔池流动使涂层组织细化，晶界增多，提高了耐腐蚀性。当添加量大于 8%，大量微米 WC 颗粒部分分解形成 W_2C 与 C，C 元素的增多会产生更多的 $Cr_{23}C_6$，进而加剧腐蚀的发生。

对微米 WC 颗粒附近腐蚀形貌（图 4.40）进行元素分析可以发现，在 WC 颗粒边缘也发生了严重的腐蚀现象，这是由于 WC 颗粒的边缘会与初生相 γ-Ni 反应形成 $Cr_{23}C_6$。

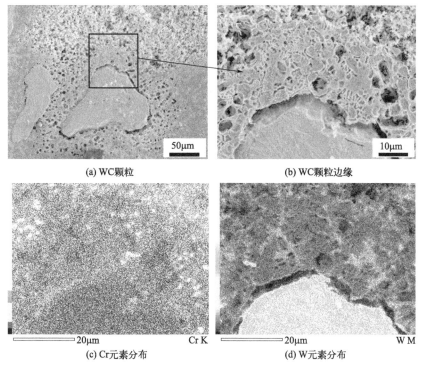

图 4.40　含微米 WC 涂层微腐蚀区形貌及元素分布

同时边缘发生熔解与分解反应会产生大量 C 元素，同样可以与 Cr 元素发生反应，导致边缘发生严重贫 Cr 现象，使腐蚀优先发生。除此之外，根据原电池原理[22]，在电化学腐蚀过程中，两种金属会根据其金属活泼程度决定反应方式，活泼性较强的金属发生氧化反应失电子，形成原电池中的阳极；活泼性较弱的金属发生还原反应得电子，形成原电池中的阴极。两者通过电解质溶液连通形成原电池。由于 WC 的稳定性明显强于 Ni 元素，因此在 3.5% 氯化钠溶液中 Ni 元素会成为阳极，WC 为阴极，组成原电池，从而导致富 Ni 元素初生相快速腐蚀。

综合上述，微米 WC 能大幅提高 Ni45 涂层的耐磨性能，同时使涂层的耐腐蚀性实现小幅提升，但冲击韧性与抗拉强度则随着添加量的增加而逐渐降低。由于涂层的设计目标是在不降低耐冲击性能的前提下提高耐磨与耐蚀性能，所以微米 WC 颗粒不能满足上述要求。因此，在下节中将研究纳米 WC 颗粒对 Ni45 涂层组织与性能的影响，力求实现涂层耐磨、耐冲击及耐腐蚀性的同步提升。

4.3 纳米 WC 颗粒对涂层组织与性能的影响

4.3.1 对涂层宏观形貌的影响

图 4.41 为不同纳米 WC 添加量的 Ni45 涂层宏观形貌。

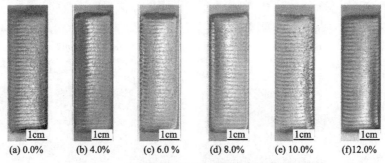

(a) 0.0%　　(b) 4.0%　　(c) 6.0%　　(d) 8.0%　　(e) 10.0%　　(f)12.0%

图 4.41　不同纳米 WC 添加量的涂层宏观形貌

可见，涂层表面较微米 WC 颗粒增强涂层（图 4.1）呈现出更高的光洁度。经渗透着色剂检测，同样未发现气孔、凹坑及裂纹缺陷（图 4.42）。

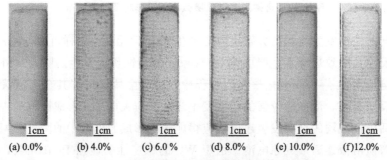

(a) 0.0%　　(b) 4.0%　　(c) 6.0%　　(d) 8.0%　　(e) 10.0%　　(f)12.0%

图 4.42　不同纳米 WC 添加量的涂层渗透形貌

图 4.43 为不同纳米 WC 添加量的涂层横截面金相图片。由于涂层同样受到激光的循环热作用影响，因此在层间和道间热作用区出现与含微米 WC 涂层相似的过渡区和二次重熔区。由于纳米 WC 颗粒尺寸极小，因此在图中未能清晰地发现 WC 颗粒。

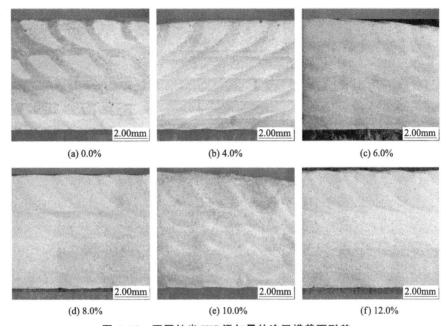

(a) 0.0%　　　　　(b) 4.0%　　　　　(c) 6.0%

(d) 8.0%　　　　　(e) 10.0%　　　　　(f) 12.0%

图 4.43　不同纳米 WC 添加量的涂层横截面形貌

4.3.2　对涂层微观组织的影响

4.3.2.1　不同纳米 WC 添加量的涂层物相分析

图 4.44 为不同纳米 WC 添加量的涂层 X 射线衍射图谱。可见，涂层主体成分同样由 γ-Ni、$M_{23}C_6$ 与 Ni_3B 组成。此外，与含微米 WC 涂层相似（图 4.4），随着纳米 WC 添加量的增加，WC 衍射峰值逐渐增强，并伴有 W_2C 相的产生。

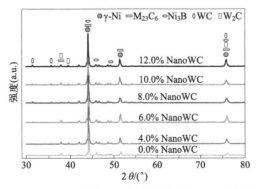

图 4.44　不同纳米 WC 添加量的涂层 XRD 图谱

4.3.2.2 纳米 WC 添加量对涂层晶粒组织的影响

为了分析纳米 WC 颗粒对涂层微观组织的影响，并与前述含微米 WC 涂层进行对比，同样对含纳米 WC 涂层的界面区、搭接区与顶部区进行微观形貌分析。具体分析位置及所要重点分析的纳米 WC 添加量与含微米 WC 涂层相同（图 4.5）。

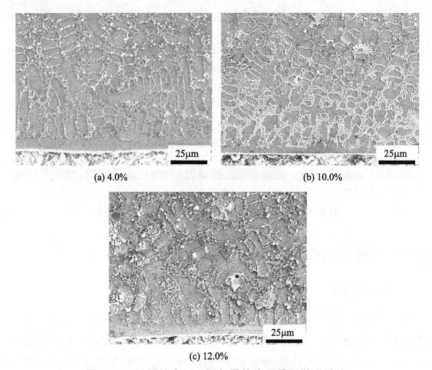

(a) 4.0%　　　　　　　　(b) 10.0%

(c) 12.0%

图 4.45　不同纳米 WC 添加量的涂层界面微观形貌

（1）纳米 WC 添加量对涂层界面区组织的影响

图 4.45 为不同纳米 WC 添加量的涂层界面区微观形貌。界面区主要由平面晶、胞状晶与树枝晶组成。与纯 Ni45 涂层 ［图 4.6（a）］ 相比，含 4.0% 的纳米 WC 涂层界面组织未出现粗大的柱状晶 ［图 4.45（a）］，取而代之的是数量增加的胞状晶与少量树枝晶。随着纳米 WC 添加量的逐渐增加，较大尺寸树枝晶减少，细小胞状晶逐渐增多。

这主要是由于纳米 WC 颗粒对组织具有细化作用。当添加量达到 10% 时 ［图 4.45（b）］，涂层界面形成较多均匀分布且尺寸细小的胞状晶组织。与含微米 WC 涂层界面区微观形貌对比可发现（图 4.6），纳米 WC 颗粒可

以有效消除柱状晶并使涂层形成细小的胞状晶。随着添加量增加至 12%
[图 4.45(c)]，涂层界面出现较大的不规则块状物，界面区晶粒发生粗化，
同时形成大量颗粒析出相。为分析界面区元素分布情况，同样对其进行
EDS 线分析，如图 4.46 所示。在共晶区产生的亮白色颗粒物中富 W 元素
与 Cr 元素，结合物相可以判断应是 WC、W_2C 及 $Cr_{23}C_6$ 相。

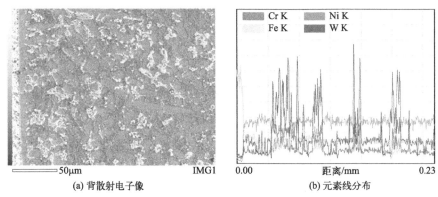

(a) 背散射电子像　　　　　　　　　(b) 元素线分布

图 4.46　含纳米 WC 涂层界面区元素分析

（2）纳米 WC 添加量对涂层搭接区组织的影响

图 4.47 为不同纳米 WC 添加量的涂层搭接区微观形貌。

由图可见，搭接区被二次重熔后，同样会形成沿法线方向生长的树枝晶
以及白色颗粒相，其随纳米 WC 添加量增加的变化规律与含微米 WC 涂层
相似（图 4.8）。

有所不同的是，含 12% 纳米 WC 颗粒的涂层搭接区 [图 4.47(c)] 在析
出亮白色颗粒的同时还会产生一种灰色块状物。对其进行 EDS 面分析
[图 4.47(d) 与 (e)] 可知，搭接区富 Cr 与富 W 的硬质析出相数量与尺寸
远大于熔覆层内部。其中，亮白色颗粒与灰色块状物均含有较多的 Cr 元素
与 W 元素。

结合 XRD 分析结果，可以判断亮白色颗粒与灰色块状物应包括 WC、
W_2C 及 $Cr_{23}C_6$ 三种相，而灰色块状物中 W 元素明显多于白色颗粒，推测其
含有更多的 WC 与 W_2C，这是由于纳米 WC 颗粒尺寸较小，从而更易于分
解形成 W_2C。

（3）纳米 WC 添加量对涂层顶部区组织的影响

图 4.48 为不同纳米 WC 添加量的涂层顶部微观组织形貌。与纯 Ni45 涂
层 [图 4.9(a)] 相比，添加 4% 纳米 WC 颗粒后，涂层组织未形成较大尺寸

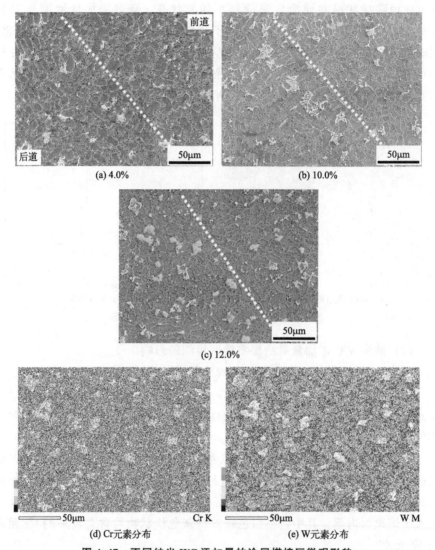

(a) 4.0%

(b) 10.0%

(c) 12.0%

(d) Cr元素分布

(e) W元素分布

图 4.47　不同纳米 WC 添加量的涂层搭接区微观形貌

的树枝晶，而是形成许多等轴状晶粒。随着纳米 WC 添加量的继续增加，
γ-Ni 初生枝晶逐渐细化，共晶组织逐渐扩大并析出更多的亮白色析出物。
当涂层中添加 10% 的纳米 WC 后［图 4.48(b)］，涂层组织被显著细化，同
时形成了均匀的共晶组织且分布区域较大。此外，在共晶区新形成一种形状
不规则的灰白色块状物。当纳米 WC 添加量为 12% 时［图 4.48(c)］，涂层
共晶组织继续增大，灰白色块状物的析出量明显增多。

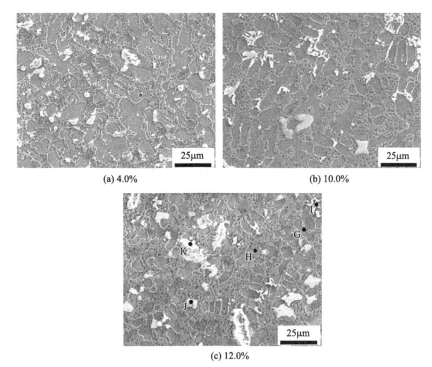

图 4.48　不同纳米 WC 添加量的涂层顶部微观组织形貌

　　由 EDS 点分析可以发现（见表4.2），初生枝晶（测试点 G）中 W 含量少于共晶组织（测试点 H）。此外，灰白色块状物（测试点 J）中 W 元素含量相对亮白色颗粒（测试点 I）有明显升高。表明灰白色块状物中 WC 及 W_2C 含量相对较多。而涂层中团聚态颗粒（测试点 K）的 W 元素含量高达82.36%，同时具有较高的 C 含量，因此证明其为纳米 WC 发生聚集而形成的大尺寸团聚颗粒物。

表 4.2　不同纳米 WC 添加量的涂层 EDS 元素分析结果

添加量（质量分数）/%	测试点	元素质量分数/%						
		Ni	Cr	Fe	Si	C	B	W
12.0	G	68.84	6.72	7.12	3.03	11.88	0.43	1.98
	H	62.76	8.64	9.21	2.42	13.90	0	5.08
	I	15.62	27.92	5.10	0	22.01	8.16	21.19
	J	27.56	23.39	2.20	4.79	10.16	0	31.92
	K	3.58	0.38	0.46	0	11.93	1.29	82.36

通过 TEM 透射观察并对衍射斑进行标定可以确定，涂层中确实存在 W_2C 相（图 4.49）。证明纳米 WC 在熔池中同样会发生分解反应。

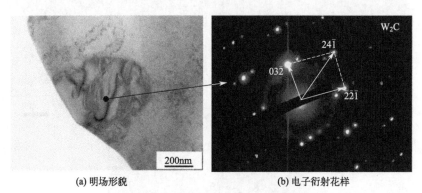

(a) 明场形貌 (b) 电子衍射花样

图 4.49　含纳米 WC 涂层 TEM 图

与前述含微米 WC 涂层微观形貌相比，纳米 WC 颗粒对涂层界面及顶部组织具有更优异的细化作用。但是，添加过量的纳米 WC 颗粒会在涂层中形成团聚现象。此外，随着纳米 WC 添加量的增多，在涂层内部会逐渐形成富 W 块状物。而在含微米 WC 涂层中富 W 相则较少。同时，两种 WC 颗粒的增加均能使搭接区中的富 Cr 相增多。针对上述微观组织特征的变化机理将在后续本章小结进行讨论。

4.3.3　对熔池流动状态与凝固组织的影响机理

（1）纳米 WC 添加量对熔池形貌与流动状态的影响

由上述分析可以发现，纳米 WC 对涂层组织具有比微米 WC 更显著的细化作用，由于纳米 WC 直径（几十纳米至几百纳米）远小于微米 WC。因此，纳米 WC 对熔池状态的影响可能与微米 WC 有所不同。

为对比微米与纳米 WC 对熔池状态影响的差异，同样对含纳米 WC 熔池进行高速摄像拍摄，所得形貌如图 4.50 所示。其中，横坐标为时间间隔 T，纵坐标为添加量 M_{nanoWC}。由图可见，随着纳米 WC 添加量的增加，熔池亮度逐渐增强，熔池尺寸逐渐增大。同时，相同添加量条件下，纳米 WC 熔池较微米 WC 熔池（图 4.12）表现出更强的熔池亮度，证明纳米 WC 颗粒在熔池中会发生更为剧烈的化学反应。

为比较含微米与纳米 WC 熔池热辐射特性，并获得含纳米 WC 熔池变化机理，采集熔池热辐射谱，将所得热辐射谱线数据绘制成如图 4.51 所示曲线图。由图可知，随纳米 WC 添加量增加，热辐射强度逐渐增强，熔池温度逐渐上升。同时，含纳米 WC 熔池热辐射强度要强于含微米 WC 熔池（图 4.13），表明前者的温度高于后者。

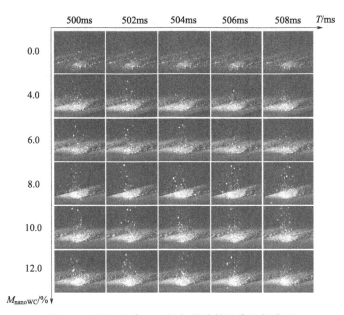

图 4.50　不同纳米 WC 添加量的熔池高速摄像图

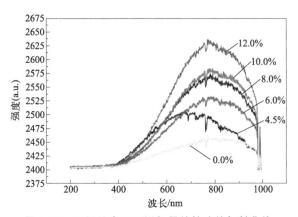

图 4.51　不同纳米 WC 添加量的熔池热辐射曲线

为分析纳米 WC 对熔池流动性的影响，依据图 4.52 中熔池流速参考点与参考线，采用与含微米 WC 熔池相同的计算方法，得到参考点的移动速度，如图 4.53 所示。当纳米 WC 添加量小于 10%，熔池流动速率随添加量的增加而加快，大于 10% 后，熔池流动速率减慢。此外，含纳米 WC 熔池流动速率高于含微米 WC 熔池（图 4.15）。

图 4.52　含纳米 WC 熔池流速计算参考点

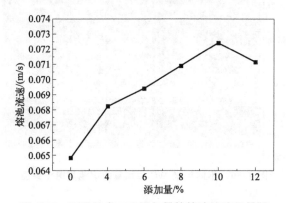

图 4.53　不同纳米 WC 添加量的熔池流速折线图

（2）纳米 WC 颗粒对熔池流动的影响机理

根据高速摄像形貌与热辐射谱数据分析，纳米 WC 能显著增强熔池亮度与热辐射谱强度，同时熔池流动速率随着添加量的增加而逐渐加快。由于纳米 WC 颗粒较细小，其颗粒表面能高且比表面原子数较多，但原子配位数不足，并具有较低的比热容，使其内部原子易与其他元素原子结合，从而具有较高的化学活性[23,24]。

根据前述 WC 在熔池中的化学反应［式(4-3)与式(4-4)］，在相同激光能量作用下，纳米 WC 更容易反应生成 $M_{23}C_6$ 与 W_2C，并产生更多的反应热。随着熔池内的纳米 WC 逐渐增多，所发生的化学反应逐渐增强，反应生成的热量随之增大。由于反应热对熔池流动具有促进作用［图 4.17(b)］，因此生成更多热量的纳米 WC 能更有效地增强熔池底部与上部热量的对流传导，从而更显著地提高熔池流速。通过对比含微米 WC 熔池与含纳米 WC 熔池的流速（图 4.15 与图 4.53），可以印证上述理论。

熔池更快的流动同样会影响纳米 WC 在熔池中的运动，结合前述熔池中颗粒重力表达式(4-5)可知，由于纳米 WC 颗粒直径明显小于微米 WC 颗粒，使纳米 WC 颗粒的重力明显低于微米 WC 颗粒。因此，纳米 WC 颗粒能更好地悬浮在熔池中并随着熔池的快速流动均匀分布于涂层各个位置。

同样由式(4-7)～式(4-9)可知，熔池流速的增加使纳米 WC 颗粒所受拖曳力 F_D 增大，从而加速了熔池中纳米 WC 颗粒的运动。纳米 WC 同样具有优异的热传导能力，并能有效促进熔池热量向外部传递。上述过程能有效降低界面与熔池上部的温度梯度，增加冷却速度，从而使晶粒得到细化。同时，快速流动的熔池破坏了晶粒由界面向熔池上部生长的趋向性，使界面结晶形态由外延式生长逐渐向非外延式生长转变[25]。

(3) 纳米 WC 颗粒对涂层组织的影响机理

纳米颗粒在涂层晶粒组织中主要以如下三种形式存在[25]，如图 4.54 所示。

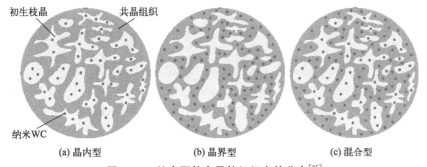

图 4.54　纳米颗粒在晶粒组织中的分布[25]

① 当纳米颗粒尺寸小于 200nm 时，由于其相比于金属材料具有较低的化学活性与较高的熔点，因此熔融金属在一定温度条件下会以纳米颗粒为核而形成晶粒，使纳米颗粒包裹在晶粒内部，称为"晶内型"分布 [图 4.54(a)]。

② 当纳米颗粒尺寸大于 200nm 时会向固液界面前沿富集并最终分布在金属基材料的晶界处，称为"晶界型"分布 [图 4.54(b)]。由于激光熔覆所用粉末多数为合金材料，在激光熔化再凝固后会在晶界位置形成共晶组织，因此纳米颗粒会向共晶组织聚集。

③ 当纳米颗粒同时满足上述两种尺寸时，其会同时分布于晶内和晶界，称为"混合型"分布 [图 4.54(c)]。对于纳米 WC 颗粒而言，其颗粒尺寸处在 100～500nm 的范围内，因此在理论上会形成在晶内与晶界同时存在的混合型分布。

为了验证纳米 WC 颗粒的分布状态，对含 10％纳米 WC 涂层进行高倍 SEM 微观分析，如图 4.55(a) 所示。在共晶区分布着较为密集的纳米颗粒相（黑色圈内），同时在晶内也发现少量纳米尺度颗粒。在进行 EDS 面扫描分析后可以发现 ［图 4.55(b)］，上述纳米颗粒相含有较多的 W 元素。根据前述分析可以确定，图 4.55(a) 中纳米相为纳米 WC 颗粒及其分解形成的纳米 W_2C 相，证明纳米 WC 颗粒与纳米 W_2C 相的确会以混合型方式分布于涂层组织中。上述分析表明，由于熔池流速的增加会对熔融金属产生更强的搅拌作用，使纳米 WC 颗粒均匀、弥散分布于金属熔液中，而这些大量存在于熔池中的细小质点会成为异质形核的核心，促进液态金属大面积同时形核，打破枝晶生长的连续性[26]。

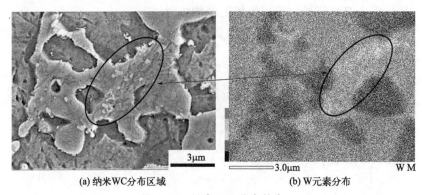

(a) 纳米WC分布区域   (b) W元素分布

图 4.55 纳米 WC 分布状态

此外，由于颗粒尺寸在 100～500nm 范围内的纳米颗粒具有较大的比表面积，在熔池凝固过程中还会附着在固液相界面的前沿并被推动而逐渐聚集于晶界与共晶区，阻碍晶粒生长，从而使组织细化。同时，聚集于晶界和共晶区的纳米 WC 颗粒能显著增强晶界强度并对不断扩展的滑移位错产生阻碍作用。同时，处于晶间的纳米 WC 颗粒会对裂纹产生钉扎作用，从而可以明显改善 Ni45 涂层的力学性能。

但是，当添加 12％纳米 WC 时，涂层中会形成大量尺寸较大的团聚态纳米 WC 颗粒，如图 4.56 所示。这种团聚现象会显著降低

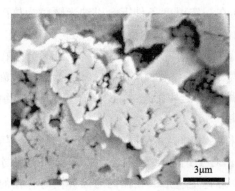

图 4.56 纳米 WC 团聚颗粒

纳米 WC 向晶界富集的趋势,在共晶区团聚后还会成为应力集中点。此外,由于团聚态颗粒体积较大,在增加熔池黏度的同时也不易与 γ-Ni 反应,导致反应热降低,减缓熔池流动,使涂层组织粗化。

4.3.4 对涂层性能的影响

4.3.4.1 纳米 WC 添加量对涂层显微硬度的影响

对含纳米 WC 涂层进行显微硬度测试,数据如图 4.57 所示。

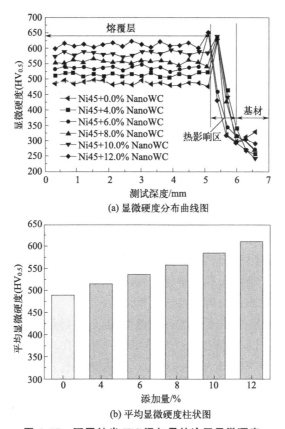

(a) 显微硬度分布曲线图

(b) 平均显微硬度柱状图

图 4.57 不同纳米 WC 添加量的涂层显微硬度

随着纳米 WC 添加量的增加,涂层中硬质相(WC、W_2C、$M_{23}C_6$ 等)逐渐增多,导致显微硬度也随之逐渐增大。由于纳米 WC 在熔池中会发生比微米 WC 更剧烈的化学反应,使含纳米 WC 涂层形成更多硬质相,因此其硬度总体略高于含微米 WC 涂层(图 4.19)。

4.3.4.2　纳米 WC 添加量对涂层耐磨性能的影响

图 4.58 为不同纳米 WC 添加量的涂层磨损率。由图可见，纳米 WC 颗粒同样能有效降低涂层的磨损率，并且随添加量的增加，磨损率逐渐减小。其中，添加 12％纳米 WC 颗粒的涂层磨损率为 $5.89 \times 10^{-6} \mathrm{mm/N \cdot m}$，较纯 Ni45 涂层（$16.41 \times 10^{-6} \mathrm{mm/N \cdot m}$）降低 64.11％。但前述含 12％微米 WC 颗粒的涂层磨损率（图 4.20）较纯 Ni45 涂层降低 91.59％，表明纳米 WC 可有效提高涂层耐磨性能，但提高幅度低于微米 WC。

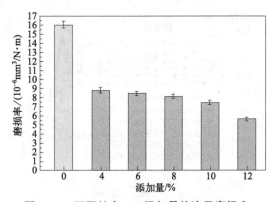

图 4.58　不同纳米 WC 添加量的涂层磨损率

为了分析含纳米 WC 涂层的磨损机理，对涂层表面磨痕形貌进行微观表征。图 4.59 为不同纳米 WC 添加量的涂层磨损形貌，磨损形式主要以磨粒磨损为主。由于磨损过程中熔覆层表面材料剥落形成磨屑，磨屑进入摩擦副中形成磨粒，导致磨粒磨损并形成犁沟。

与纯 Ni45 涂层［图 4.22（a）］相对比，含 4％纳米 WC 颗粒的涂层［图 4.59(a)］磨损表面仍存在较宽的犁沟，并且在局部区域出现剥落与黏着磨损。随着纳米 WC 添加量的增加，抵抗磨粒切削的能力逐渐增强，微凸体嵌入涂层表面的深度减小，因而形成较窄的犁沟，剥落与黏着磨损形貌逐渐减少。当添加量增加到 12％时［图 4.59(c)］，磨痕形貌具有明显的磨粒磨损，犁沟较窄且数量较多，无明显黏着磨损现象，但局部区域依旧存在剥落现象。结合前述 Archard 关系式(4-12)与含纳米 WC 涂层硬度数据可知，随着纳米 WC 添加量的增加，涂层硬度逐渐升高，在相同载荷 P_1 条件下，涂层黏着磨损率逐渐降低，从而逐渐由黏着磨损为主的磨损形式向磨粒磨损为主的形式转变。此外，根据微观组织分析，纳米 WC 能有效细化涂层中的晶粒组织。根据霍尔-佩奇（Hall-Petch）关系式［式(4-18)］[27]，晶

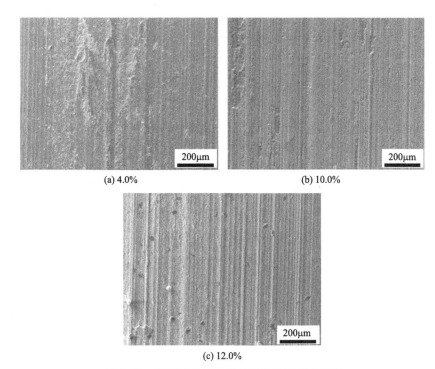

(a) 4.0%　　　　　　(b) 10.0%

(c) 12.0%

图 4.59　不同纳米 WC 添加量的涂层磨损形貌

粒直径 d 越小，则 σ_ε 越大。

$$\sigma_\varepsilon = \sigma_{\varepsilon 0} + K_\varepsilon \overline{d}^{-1/2} \tag{4-18}$$

式中，σ_ε 是流变量为 ε 时的应力；$\sigma_{\varepsilon 0}$ 为单晶强度；K_ε 为晶界强化系数；$\overline{d}$ 为晶粒平均直径。K_ε 和 $\sigma_{\varepsilon 0}$ 两者皆为试验确定的常数。

因此，晶粒细化可提升涂层强度，从而有效抵抗微凸体的切削作用，同时降低涂层的塑性流变，进而缓解涂层黏着磨损现象。图 4.60 为含纳米 WC 涂层磨损机理示意图。可见，复合涂层表面在微观尺度上存在着许多包含纳

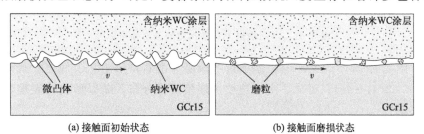

(a) 接触面初始状态　　　　　　(b) 接触面磨损状态

图 4.60　含纳米 WC 涂层磨损机理示意图

米 WC 颗粒的微凸体。由式(4-15) 可知，随着涂层中纳米 WC 添加量的增加，微凸体的脆性升高，因此塑性流变减弱，使涂层由黏着磨损向磨粒磨损转变。但与含微米 WC 涂层有所不同的是，由于纳米 WC 会发生更剧烈的化学反应，生成更多的 W_2C 和 $M_{23}C_6$，使微凸体硬度与脆性显著升高，并在磨损过程中断裂脱落形成脆性磨粒，从而形成更为明显的磨粒磨损现象。

同时，随着添加量的增加还会使更多细小纳米 WC 颗粒弥散分布于涂层晶界与共晶组织中，在磨损过程中阻碍位错运动，抑制晶粒发生塑性变形，从而有效提高涂层耐磨性。但由于涂层中不存在如微米 WC 颗粒般大小的硬质增强颗粒，因此涂层对磨粒及配磨件微凸体切削的抵抗作用弱于含微米 WC 涂层，进而导致含纳米 WC 涂层耐磨性能低于含微米 WC 涂层。

4.3.4.3 纳米 WC 添加量对涂层力学性能的影响

（1）纳米 WC 添加量对涂层耐冲击性能的影响

同样对含纳米 WC 涂层进行夏比摆锤冲击试验，所得冲击韧性数据如图 4.61 所示。由图可见，纳米 WC 颗粒能有效提升涂层的冲击韧性，且随添加量的增加呈现先升后降的趋势。当添加量为 10% 时，涂层获得最大冲击韧性 （7.80J/cm²），较纯 Ni45 涂层提高 13.37%。随着添加量增加到 12%，涂层冲击韧性明显下降。与前述含微米 WC 涂层相比 （图 4.26），纳米 WC 颗粒能有效提升涂层冲击韧性。

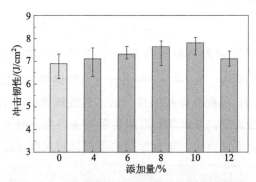

图 4.61 不同纳米 WC 添加量的涂层冲击韧性

图 4.62 为不同纳米 WC 添加量的涂层冲击断口形貌。由低倍宏观形貌 ［图 4.62(a)～(c)］ 可见，由于裂纹扩展呈阶梯分布，断口形貌均表现为河流状花样。

河流状花样是宏观脆性断口诊断的重要依据，因此可以证明含纳米 WC 涂层冲击断裂形式为脆性断裂。为深入分析涂层断裂机理，对上述宏观形貌进行局部放大，得到图 4.62(d)～(f) 的断口微观形貌。

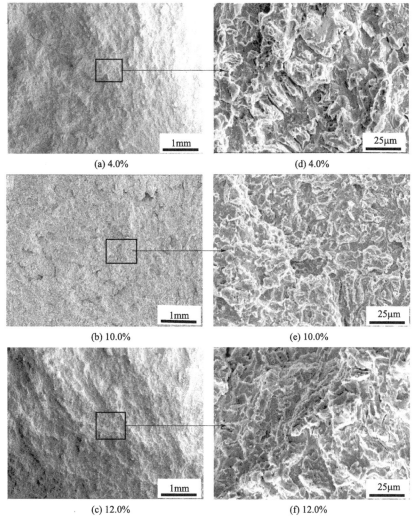

(a) 4.0%　　　　　　　　　　　　(d) 4.0%

(b) 10.0%　　　　　　　　　　　(e) 10.0%

(c) 12.0%　　　　　　　　　　　(f) 12.0%

图 4.62　不同纳米 WC 添加量的涂层冲击断口形貌

由图可以发现，断口分布着数量不等、面积大小不一的小断面，每一个小断面都是由一个晶粒在沿晶断裂后形成的。与纯 Ni45 涂层相对比可以发现（图 4.27），当纳米 WC 添加量为 4% 时 [图 4.62(d)]，涂层的沿晶断裂特征更加显著，受到纳米 WC 晶粒细化的作用，断口形貌呈现出较纯 Ni45 涂层更小的断裂面。

随着添加量增加至 10% [图 4.62(e)]，由于涂层具有最细小的晶粒组织，因此会有较多的晶粒发生沿晶断裂，从而在断口形成较为密集的细小断裂面。当添加量达到12％时 [图 4.62(f)]，涂层中沿晶断裂的小断面尺寸有所增加，这主要是由于此添加量条件下纳米 WC 会形成大尺寸团聚颗粒，进而在涂层中成为应力集中点，从而在断裂时带动周围材料发生撕裂，导致涂层断口形成更大的断裂面。

(2) 纳米 WC 添加量对涂层拉伸性能的影响

对含纳米 WC 涂层进行拉伸试验，得到如图 4.63(a) 所示的拉伸应力-应变曲线。由图可见，含纳米 WC 涂层同样发生脆性断裂。图 4.63(b) 为不同纳米 WC 添加量的涂层抗拉强度。由图可见，纳米 WC 颗粒可显著提高 Ni45 涂层的抗拉强度。同时，含纳米 WC 涂层的抗拉强度明显大于含微米 WC 涂层 [图 4.29(b)]。

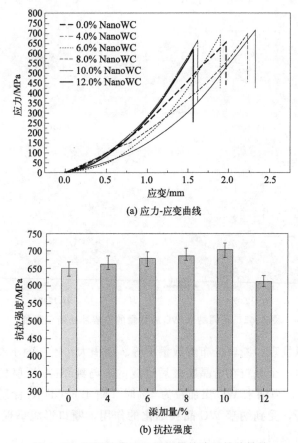

(a) 应力-应变曲线

(b) 抗拉强度

图 4.63　不同纳米 WC 添加量的涂层拉伸性能

当纳米 WC 添加量为 4％时，涂层抗拉强度达到 685.73MPa，较纯
Ni45 涂层（651.26MPa）提高约 5.29％。当添加量大于 4％后，涂层抗拉
强度逐渐升高。当添加量达到 10％时，涂层抗拉强度增加到 695.56MPa，
较纯 Ni45 涂层提高约 6.8％。但当添加量增加到 12％时，涂层抗拉强度发
生急剧下降（615.52MPa）。

图 4.64 为不同纳米 WC 添加量的涂层拉伸断口形貌。由图可以看出，断口
呈现出与冲击断口相同的沿晶断裂形貌。同样证明拉伸断裂形式为脆性断裂。

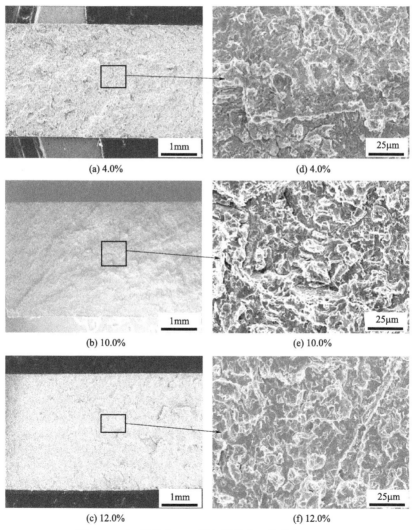

(a) 4.0%　　　　　　　　　　(d) 4.0%

(b) 10.0%　　　　　　　　　(e) 10.0%

(c) 12.0%　　　　　　　　　(f) 12.0%

图 4.64　不同纳米 WC 添加量的涂层拉伸断口形貌

（3）含纳米 WC 涂层冲击与拉伸断裂机理分析

根据纳米 WC 颗粒对微观组织的细化机理，涂层中被细化的晶粒会形成密集分布的晶界，而晶粒尺寸会对解理断裂强度产生较大影响。解理断裂强度和晶粒尺寸之间的关系如下所示[27,28]：

$$\sigma_f = \sqrt{\frac{4G\delta}{d}} \tag{4-19}$$

式中，σ_f 为解理断裂强度；G 为切变弹性模量；δ 为裂纹形成表面能；d 为晶粒直径。

由上式可知，晶粒直径 d 越小，σ_f 值越大，在宏观上表现为冲击韧性与抗拉强度的增大[29]。结合前述微观组织分析表明，纳米 WC 可以通过细化涂层晶粒的方式显著提高涂层冲击韧性与抗拉强度。

此外，晶粒细化还会减少小角度晶界数量并增多大角度晶界。由于小角度晶界的能量主要来自位错能量（形成位错的能量和将位错排成有关组态所做的功），而位错密度又决定于晶粒间的位向差，所以小角度晶界能 γ 也和位向差 θ 有关[30]：

$$\gamma = \frac{Gb\theta(A - \ln\theta)}{4\pi(1-\nu)} \tag{4-20}$$

式中，G 为材料的切变模量；ν 为泊松比；b 为伯氏矢量；A 为积分常数，取决于位错中心的原子错排能。

由上式可知，小角度晶界的晶界能随位向差增加而增大（图 4.65）。因此，解离裂纹所穿过晶界的位向差越小，则所消耗的能量越少，裂纹更容易发生扩展，导致位向差越小的晶界不能有效阻止脆性裂纹在晶粒内部的扩展。但随着位向差逐渐增大至大角度晶界后，界面能与位向差则不满足式(4-20)。如图 4.65 所示，当各晶粒的位向差大于 30°后，金属大角度晶界

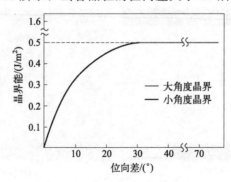

图 4.65　不同角度晶界的晶界能[30]

能与位向差无关，基本稳定在一定值附近。

因此，较大的晶界位向差会使裂纹沿晶界扩展。当裂纹碰到位向差大的晶界时会在晶界处发生偏转，并沿消耗能量更少的晶界扩展，裂纹的偏转和转向会消耗大量的能量，从而提高了裂纹汇合后发生断裂时所需的总能量。说明大角度晶界能改变裂纹扩展路径，从而有效抵抗裂纹扩展[31,32]。因此，纳米 WC 在减小涂层晶粒尺寸的同时，会增加大角度晶界数量，使裂纹扩展时消耗更多能量，最终表现为涂层试样冲击韧性与抗拉强度的提高。

为进一步说明含纳米 WC 涂层的冲击断裂机理，同样采用图 4.31 所示的夏比摆锤冲击试验模型，分析涂层在冲击过程中的应力分布状态。

图 4.66(a) 为含纳米 WC 涂层冲击试验模型局部形貌。为减少计算时间，假设纳米 WC 颗粒完全均匀地分布于涂层中。同时，由于颗粒与涂层已形成冶金结合，因此两者接触面设定为无摩擦状态。红色纳米 WC 颗粒和绿色 Ni45 涂层材料属性与图 4.31(c) 一致。对上述模型进行有限元分析得到如图 4.66(b) 所示应力分布云图。由图可知，纳米 WC 颗能有效分散涂层在冲击力作用下产生的内部应力。由于纳米 WC 颗粒主要在晶界与共晶区聚集，对位错运动产生阻碍作用，缓解因位错向晶界堆积而形成的高应力集中现象。此外，当初始裂纹沿晶面扩展至晶界上的纳米 WC 颗粒时，就会被钉扎而阻止其扩展，同样会使裂纹扩展方向发生改变，增加扩展路径的长度与曲折性[25]。在这一过程中会消耗更多的能量，从而增加涂层发生断裂所需的冲击能量。

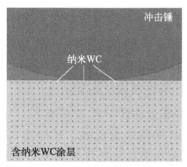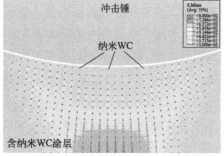

(a) 涂层局部冲击模型　　　(b) 涂层冲击过程应力分布

图 4.66　含纳米 WC 涂层冲击模拟分析

虽然纳米 WC 颗粒内部应力略高于涂层，但明显低于微米 WC 颗粒。颗粒增强金属基复合材料内增强相颗粒的断裂强度与其体积大小密切相关[33]。根据 Weibull 理论可得增强相的断裂强度与体积的关系[34]：

$$P(V,\sigma)=1-\exp\left[-\frac{V}{V_0}\left(\frac{\sigma-\sigma_0}{\sigma_0}\right)^m\right] \qquad (4\text{-}21)$$

式中，σ_0 是颗粒断裂所需的最小应力值；σ 是增强物内最大主应力；V_0、m 为常数；则 $P(V,\sigma)$ 为在应力 σ 作用下体积为 V 的颗粒断裂概率。

由式(4-21)可知，随着增强物颗粒体积的减小，相同应力作用下 WC 颗粒断裂概率降低。由于纳米 WC 颗粒尺寸较小，因此，其具有较低的断裂概率，导致涂层中的微裂纹很难穿过纳米 WC 颗粒。因此，当裂纹前沿在涂层中遇到纳米 WC 颗粒时，由于纳米 WC 颗粒与 Ni45 合金具有较好的冶金结合，会使裂纹发生偏转并沿能量消耗最低的路径继续扩展。除上述原因外，由于涂层中不存在与微米 WC 颗粒尺寸相近的硬质颗粒，因此不会形成大量的应力集中点，因此含纳米 WC 涂层具有更优异的耐冲击与抗拉伸性能。综上所述，纳米 WC 较微米 WC 能有效缓解涂层在冲击过程中的应力集中现象，并显著增加裂纹扩展所需能量，最终使含纳米 WC 涂层具有良好的耐冲击性能。

但随着纳米 WC 添加量增加至 12% 时，涂层试样冲击韧性与抗拉强度显著下降。这主要是由于纳米 WC 颗粒极其细小，当添加量过多时易在涂层内部出现纳米 WC 团聚现象，从而降低纳米 WC 颗粒对涂层的弥散强化作用。团聚所形成的大尺寸颗粒物在涂层中会形成应力集中点，当有外力作用时优先发生开裂。同时，团聚态纳米 WC 颗粒体积增大，由式(4-21)可知其断裂强度明显下降，导致裂纹会快速穿过团聚颗粒并加速扩展引起脆性断裂。此外，受到纳米 WC 颗粒烧损分解作用影响，过多的 WC 进入涂层中会增加相关硬质相在晶界与共晶区的析出量，从而极大地降低晶界结合能，导致在冲击与拉伸力作用下形成的内部裂纹沿晶界快速扩展延伸，加速沿晶断裂倾向。上述原因导致含 12% 纳米 WC 涂层的冲击韧性与抗拉强度显著下降。

4.3.4.4　纳米 WC 添加量对涂层电化学腐蚀特性的影响

（1）不同纳米 WC 添加量的涂层动电位极化曲线分析

为了分析纳米 WC 颗粒对 Ni45 涂层的耐腐蚀性影响，同样在 3.5%NaCl 溶液中采用动电位极化曲线与电化学阻抗方法分析含纳米 WC 涂层的抗腐蚀性能。图 4.67 为不同纳米 WC 添加量的涂层动电位极化曲线。可见，在含纳米 WC 涂层极化曲线的阳极区也会形成明显的钝化区，且钝化区电压范围要明显宽于含微米 WC 涂层（图 4.35）。表明含纳米 WC 涂层在阳极区具有更强的耐腐蚀性能。其中，当添加量为 10% 时，涂层极化曲线具有最大的钝化区腐蚀电压范围（$-0.62\sim0.0\text{V}$），证明其在阳极反应过程中具有最好的耐腐蚀性能。随着电压的继续增加，表面钝化层被击穿，腐蚀电流迅速增大，加工表面同样会发生点蚀。

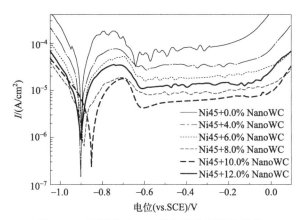

图 4.67　不同纳米 WC 添加量涂层极化曲线

各试样的腐蚀电流密度如图 4.68 所示。由图可见，添加纳米 WC 颗粒后腐蚀电流密度明显低于纯 Ni45 涂层。同时，含纳米 WC 涂层腐蚀电流密度明显低于含微米 WC 涂层（图 4.36）。随着纳米 WC 添加量的增加，腐蚀电流密度呈现先降低后增加的趋势，其中，含 10% 纳米 WC 涂层具有最低的腐蚀电流密度（$6.97\mu A/cm^2$），较纯 Ni45 涂层（$10.58\mu A/cm^2$）降低 34.12%。

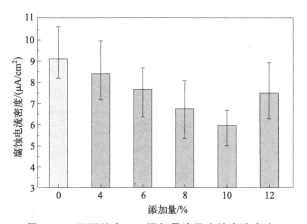

图 4.68　不同纳米 WC 添加量涂层腐蚀电流密度

（2）不同纳米 WC 添加量的涂层电化学阻抗谱分析

图 4.69 为不同纳米 WC 添加量的涂层在 $0.01\sim100000Hz$ 频率范围内的 Nyquist 图。随着纳米 WC 添加量的增加，曲线弧半径先增大后减小，说

明阻抗先升高后降低。其中，含10％纳米WC涂层具有最大的电化学阻抗。

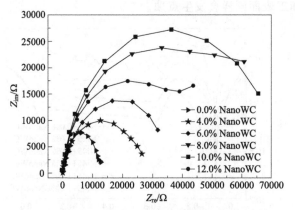

图4.69　不同纳米WC添加量的涂层电化学阻抗谱

根据 Nyquist 图中阻抗数据可以得到阻抗 Bode 图，如图 4.70 所示。

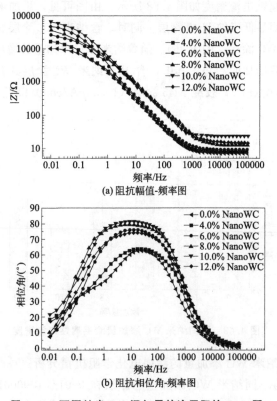

(a) 阻抗幅值-频率图

(b) 阻抗相位角-频率图

图4.70　不同纳米WC添加量的涂层阻抗 Bode 图

图 4.70(a) 为阻抗幅值-频率图。由图可见，各曲线高频区所表示的溶液阻抗同样稳定在 $15\sim23\Omega$，而低频区的涂层表面腐蚀阻抗值随添加量的增加而先升后降。其中，含 10% 纳米 WC 涂层的阻抗值达到最大（54511Ω），约为纯 Ni45 涂层阻抗值（10378Ω）的 5.25 倍。同时，含纳米 WC 涂层的阻抗值明显大于含微米 WC 涂层 [图 4.38(a)]。

图 4.70(b) 为阻抗相位角-频率图。由图可见，含纳米 WC 涂层的最大相位角范围从 $72.6°\sim79.8°$，相位角最大值为 $79.78°$。最大相位角范围所对应的频率范围为 $1.8\sim32.6Hz$，最大相位角频率为 $8.49Hz$。

对比分析可以发现，含纳米 WC 涂层相对于含微米 WC 涂层呈现出更大的相位角范围 [图 4.38(b)]，因此涂层具有更强的电容特性[12]。含纳米 WC 涂层的相位角在低频区降低的速度更慢，说明其表面形成的钝化膜具有更好的稳定性且难以击穿，证明含纳米 WC 涂层耐腐蚀性强于含微米 WC 涂层。

（3）含纳米 WC 涂层表面电化学腐蚀机理分析

图 4.71 为不同纳米 WC 添加量的涂层腐蚀形貌，在钝化膜被击穿后，腐蚀在涂层表面逐渐扩大，在搭接区形成面积较大的腐蚀现象。

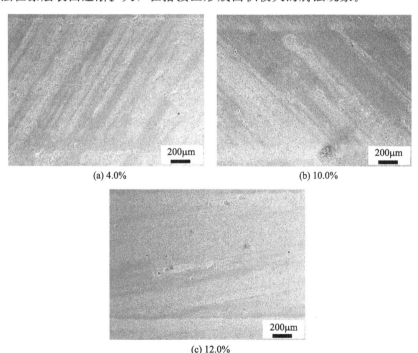

(a) 4.0%　　　　　　　　　　(b) 10.0%

(c) 12.0%

图 4.71　不同纳米 WC 添加量的涂层腐蚀形貌

通过微观组织与元素分析可知,搭接区由于激光二次加热而大量析出 $Cr_{23}C_6$ 碳化物,且析出量明显多于熔覆层内部,加剧了搭接区初生晶粒内部与晶界的贫 Cr 现象,从而发生更为严重的腐蚀破坏。对于涂层中部来说,添加 4% 纳米 WC 的涂层表面腐蚀程度较纯 Ni45 涂层 [图 4.39(a)] 略有改善。当纳米 WC 添加量达到 10% 时 [图 4.71(b)],涂层表面呈现出最轻微的腐蚀程度,证明其具有最佳的耐腐蚀性能。

由于适量的纳米 WC (10%) 对 Ni45 涂层的细化作用,使涂层组织形成更多的晶粒与晶界,进而显著增大共晶区面积,扩大 Cr 元素分布范围,使涂层表面形成更为致密的钝化膜,缓解晶间腐蚀现象,从而有效提升涂层表面耐腐蚀性[36]。此外,由于纳米 WC 颗粒极为细小,含纳米 WC 涂层表面未发生如含微米 WC 涂层般严重的颗粒边缘腐蚀现象。因此,纳米 WC 对涂层耐腐蚀性的增强效果明显优于微米 WC。

当纳米 WC 添加量达到 12% 时 [图 4.71(c)],由于过多的纳米 WC 会分解产生更多的 C 元素,使得更多的 Cr 元素与 C 元素反应形成 $Cr_{23}C_6$,从而不断加剧晶界贫 Cr 现象。同时,$Cr_{23}C_6$ 碳化物沿晶界的大量偏析增强了电化学腐蚀过程中的晶界活性,导致晶界和晶粒更倾向于形成具有较小阳极或较大阴极的微电池,进而加速了晶间腐蚀[35]。对含 12% 纳米 WC 的涂层进行微观腐蚀形貌分析 (图 4.72) 发现,腐蚀在一次枝晶与二次枝晶臂的晶间发生,即为晶间腐蚀 [图 4.72(a)]。

对图 4.72(a) 进行局部放大可以发现,腐蚀表面存在团聚态纳米 WC,在其周围发生了更为严重的晶间腐蚀。对图 4.72(a) 进行 EDS 面分析可知,图 4.72(a) 右侧腐蚀较为严重的区域含有大量 Cr 元素与 W 元素 [图 4.72(c) 和 (d)],表明该区域存在大量 $Cr_{23}C_6$ 和 W_2C 相,进而证明了这两种碳化物对涂层耐腐蚀性具有消极影响。

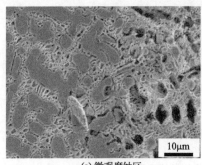
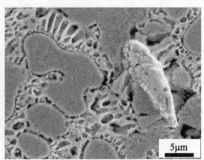

(a) 微观腐蚀区　　　　　　　　　　　(b) 团聚态纳米WC

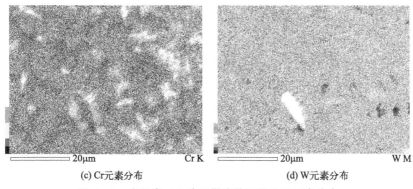

(c) Cr元素分布　　　　　　　　　(d) W元素分布

图 4.72　含纳米 WC 涂层微腐蚀区形貌及元素分布

4.4　本章小结

本章研究了 WC 颗粒对 Ni45 涂层的熔池流动状态及微观组织的影响机理，分析了 WC 颗粒对涂层的耐磨耐蚀及相关力学性能的影响机理，得到如下几点重要结论：

① 高速摄像与热辐射谱表明，熔池高温使 WC 分解形成 W_2C 与 C，并与初生相 γ-Ni 反应生成 $Cr_{23}C_6$，上述反应放出大量的热。细小的纳米 WC 更易发生上述反应，因而在熔池中较微米 WC 产生更多的反应热，导致含纳米 WC 熔池的流速明显高于含微米 WC 熔池。上述研究结果解决了"碳化物陶瓷颗粒的添加与熔解对熔池流动状态的影响机理"这一科学问题。

② 微观分析结果显示，微米 WC 会在熔池流动作用下将正在形成的柱状晶打碎，因此在界面处形成大量粗大胞状晶。但纳米 WC 在熔覆过程中向固液界面前沿富集，因此能有效抑制晶粒生长，从而实现组织细化。其中，含 10% 纳米 WC 涂层具有更为细化均匀的晶粒组织。

③ 耐磨性能测试表明，由于微米 WC 具有较高的硬度和较低的黏着键形成概率，因此能有效抵抗微凸体对涂层的切割作用，具有良好的抗黏着磨损特性，使含 10% 微米 WC 涂层磨损率较纯 Ni45 涂层降低 87.88%。而纳米 WC 则主要是通过晶粒细化与晶界纳米颗粒强化作用提升涂层耐磨性，提升幅度明显弱于微米 WC。其中，含 10% 纳米 WC 涂层磨损率较纯 Ni45 涂层降低 53.17%。

④ 冲击与拉伸性能测试表明，由于大尺寸不规则的脆性微米 WC 会在

涂层中形成应力集中点，在外力作用时率先产生裂纹并快速扩展导致涂层断裂，使含微米 WC 涂层的冲击韧性与抗拉强度显著下降。对于含纳米 WC 涂层来说，由于纳米 WC 在晶界富集，在细化晶粒的同时强化晶界，提高了晶粒发生沿晶断裂所需的能量，从而增大涂层冲击韧性与抗拉强度。其中，含 10％纳米 WC 涂层具有最大冲击韧性与抗拉强度，较纯 Ni45 涂层提高 13.37％与 6.8％。上述研究结果解决了"碳化物颗粒对激光熔覆复合涂层耐冲击性能的影响机理"这一科学问题。

⑤ 耐腐蚀性能测试表明，由于微米 WC 边缘会大量形成 $Cr_{23}C_6$ 析出相，无法有效缓解贫 Cr 现象，从而呈现明显的腐蚀缝隙，使含8％微米 WC 涂层腐蚀电流密度较纯 Ni45 涂层仅降低 15.88％。对于含纳米 WC 涂层来说，由于纳米 WC 能细化组织，减小晶粒尺寸并扩大共晶区，进而增加 Cr 元素分布均匀性，使含 10％纳米 WC 涂层具有最小的腐蚀电流密度，较纯 Ni45 涂层降低 34.12％。上述研究结果表明，相比于微米 WC，纳米 WC 能更有效地提升耐腐蚀性能。

综上所述，含 10％纳米 WC 涂层具有最佳的耐冲击与耐腐蚀性能，耐磨性能较纯 Ni45 涂层也有显著提升。因此选择 10％纳米 WC 颗粒作为优选添加物。

参考文献

[1] 陈君，张群，姚建华，等. 金属材料的激光吸收率研究 [J]. 应用光学，2008 (05)：134-139.

[2] W H Jiang, R Kovacevic. Laser deposited TiC/H13 tool steel composite coatings and their erosion resistance [J]. Journal of Materials Processing Technology, 2007, 186: 331-338.

[3] 尤显卿，马建国，宋雪峰，等. 电冶熔铸 WC/钢复合材料中 WC 的溶解行为 [J]. 中国有色金属学报，2005, 15 (9)：1363-1368.

[4] S Zafar, A K Sharma. Structure-property correlations in nanostructured WC-12Co microwave clad [J]. Applied Surface Science, 2016, 164: 540-552.

[5] M E Vinayo, F Kassabji, J Guyonnet, et al. Plasma sprayed WC-Co coatings: Influence of spray conditions (atmospheric and low pressure plasma spraying) on the crystal structure, porosity, and hardness [J]. Journal of Vacuum Science & Technology A Vacuum Surfaces & Films, 1998, 3 (6)：2483-2489.

[6] 吴新伟，曾晓雁，朱蓓蒂，等. 镍基 WC 金属陶瓷激光熔覆涂层的熔化烧损规律

[J]. 金属学报，1997，12：1282-1288.

[7]　P Farahmand，S Liu，Z Zhang，et al.　Laser cladding assisted by induction heating of Ni-WC composite enhanced by nano-WC and La_2O_3 [J].　Ceramics International，2014，40（10）：15421-15438.

[8]　孟庆武，耿林，祝文卉，等. 反应放热激光熔覆过程中的熔池状态分析 [J]. 应用激光，2009，（04）：12-15.

[9]　C T Lynch.　CRC Handbook of Materials Science，Volume Ⅱ：Material Composites and Refractory Materials [M].　1975：154-155.

[10]　车得福，李会雄. 多相流及其应用 [M]. 西安：西安交通大学出版社，2007：124-123.

[11]　金属机械性能编写组. 金属机械性能修订本 [M]. 北京：机械工业出版社，1982：118-119.

[12]　J Archard，W Hirst.　The Wear of Metals under Unlubricated Conditions [J].　Proceedings of the Royal Society of London.　Series A，Mathematical and Physical Sciences，1956，236（1206）：397-410.

[13]　王存山. 宽带激光熔覆 Ni-WC/Co 复合涂层组织及性能研究 [D]. 长春：中国科学院长春光学精密机械研究所，1999.

[14]　J Liu，S Yang，W Xia，et al.　Microstructure and wear resistance performance of Cu-Ni-Mn alloy based hardfacing coatings reinforced by WC particles [J].　Journal of Alloys & Compounds. 2016，654：63-70.

[15]　U Ozsarac，F Findik，M Durman，The wear behaviour investigation of sliding bearings with a designed testing machine [J].　Materials & Design. 2007，28（1）：345-350.

[16]　张永振. 材料的干摩擦学 [M]. 北京：科学出版社，2012：103-104.

[17]　张宁. WC 颗粒增强钢基复合材料的组织及性能研究 [D]. 北京：中国矿业大学，2015.

[18]　许金沙. 外载作用下激光熔覆 WC/Ni 复合涂层的疲劳断裂行为研究 [D]. 上海：华东理工大学，2014.

[19]　J S Xu，X C Zhang，F Z Xuan，et al.　Tensile properties and fracture behavior of laser cladded WC/Ni composite coatings with different contents of WC particle studied by in-situ tensile testing [J].　Materials Science and Engineering：A，2013，560：744-751.

[20]　曹楚南. 电化学阻抗谱导论 [M]. 北京：科学出版社，2002：86-87.

[21]　J Lei，C Shi，S Zhou，et al.　Enhanced corrosion and wear resistance properties of carbon fiber reinforced Ni-based composite coating by laser cladding [J].　Surface and Coatings Technology，2018，334：274-285.

［22］ 李荻. 电化学原理.［M］. 3 版. 北京：北京航空航天大学出版社，2008：92-93.

［23］ H Myalska，R B Swad，R Rozmus，et al. STEM analysis of WC-Co coatings modified by nano-sized TiC and nano-sized WC addition［J］. Surface and Coatings Technology，2017，318：279-287

［24］ 张光钧，朱屹峰，吕灵宾. 钢表面激光搭接熔覆镍基纳米 WC/Co 复合涂层的显微组织［J］. 金属热处理，2008（10）：40-46.

［25］ 花国然. 基于激光扫描的纳米陶瓷涂层及纳米结构块体制备技术的基础研究［D］. 南京：南京航空航天大学，2003.

［26］ C Y Cui，X D Li，C Fang，et al. Effects of Marangoni convection on the embedding dynamic behavior of SiC nano-particles into the Al molten pool during laser micro-melting［J］. Materials & Design，2018，143：256-267.

［27］ 毛卫民，朱景川，郦剑，等. 金属材料结构与性能［M］. 北京：清华大学出版社，2008：91-92.

［28］ 许金泉. 材料强度学［M］. 上海：上海交通大学出版社，2009：88-89.

［29］ J Morris. Stronger，tougher steels［J］. Science，2008，320（5879）：1022-1023.

［30］ 胡赓祥，蔡珣，戎咏华. 材料科学基础［M］. 上海：上海交通大学出版社，2010：83-84.

［31］ M Calcagnotto，Y Adachi，D Ponge，et al. Deformation and fracture mechanisms in fine and ultrafine-grained ferrite/mnartensite dual-phase steels and the effect of aging［J］. Acta Materialia，2011，59（2）：658-670.

［32］ F C Wang，Q M Wang，J Shi，et al. Effect of microstructural refinement on the toughness of low carbon martensitic steel［J］. Scripta Materialia，2008，58（6）：492-495.

［33］ 赵玉涛，戴起勋，陈刚. 金属基复合材料［M］. 北京：机械工业出版社，2007：90-91.

［34］ W Weibull. A statistical theory of the strength of materials［J］. Proceeding of the Royal Swedish Institute of Engineering Research，1939，151：45-68.

［35］ P Zhang，Z Liu. Enhancing surface integrity and corrosion resistance of laser cladded Cr-Ni alloys by hard turning and low plasticity burnishing［J］. Applied Surface Science，2017，409：169-178.

［36］ K. D Ralston N Birbilis，C H J Davies. Revealing the relationship between grain size and corrosion rate of metals［J］. Scripta Materialia，2010，63（12）：1201-1204.

第5章
激光熔覆稀土增强复合涂层

5.1 引言

WC 颗粒可有效改善 Ni45 涂层的耐磨性能，但耐冲击性能仍需进一步提高。现有研究表明，稀土具有细化晶粒与增强韧性的作用，常用的稀土分为纯稀土和稀土氧化物两类。目前稀土在激光熔覆领域的研究主要集中在涂层硬度、耐磨性及耐腐蚀性方面，对于提高涂层耐冲击性能的研究相对较少。本章选择稀土纯钇与稀土氧化钇作为 Ni45 粉末的添加物，研究两种稀土对涂层组织与性能的影响。对比分析添加纯钇与氧化钇的 Ni45 粉末在熔化过程中的熔池特性，并结合涂层磨损、冲击、拉伸及腐蚀性能测试得到纯钇与氧化钇对 Ni45 合金涂层组织与性能的影响机理.

为完成上述研究内容目的，选取 0.2％、0.4％、0.6％、0.8％ 和 1.0％ 五种不同添加量（质量分数）❶ 的纯钇与氧化钇，研究稀土添加量对涂层组织与性能的影响，进而解决"稀土元素及其氧化物对熔池流动状态的影响机理"与"稀土对激光熔覆复合涂层耐冲击性能的影响机理"两个科学问题。

5.2 纯钇对涂层组织与性能的影响

5.2.1 对涂层宏观形貌的影响

图 5.1 为不同纯钇添加量的涂层表面形貌。可见，随着纯钇添加量的增加，涂层表面质量逐渐下降，熔合不良现象越趋严重，表面粗糙度显著降低。但渗透检测并未发现涂层表面有裂纹形成（图 5.2）。

---

❶ 如无特殊说明，本章出现的添加量均以质量分数计。

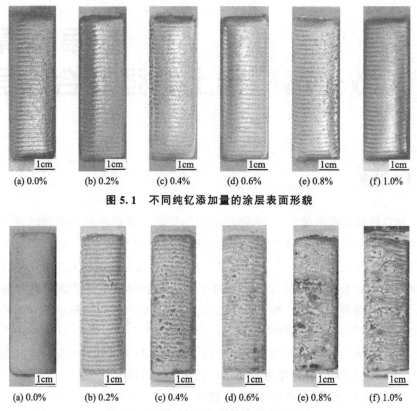

(a) 0.0%   (b) 0.2%   (c) 0.4%   (d) 0.6%   (e) 0.8%   (f) 1.0%

图 5.1   不同纯钇添加量的涂层表面形貌

(a) 0.0%   (b) 0.2%   (c) 0.4%   (d) 0.6%   (e) 0.8%   (f) 1.0%

图 5.2   不同纯钇添加量的涂层渗透形貌

鉴于渗透检测的局限性,在金相显微镜下对熔覆层横截面做了进一步观察。同样在涂层内部亦未发现有气孔、裂纹等冶金缺陷(图 5.3)。此外,经金相腐蚀的各熔覆道轮廓清晰可见。由于激光多层熔覆产生的热累积增加了熔池的激光吸收率,从而使图中涂层的顶部单层厚度要高于底部单层厚度,且随着钇添加量(质量分数)的增加,这种差别越趋明显。同时,搭接区面积也有所增大。

5.2.2   对涂层微观组织的影响

5.2.2.1   不同纯钇添加量的涂层物相分析

图 5.4 所示为不同纯钇添加量的涂层 X 射线衍射图谱。可见,钇元素的添加并未改变 Ni45 涂层中的物相种类,其仍是由 γ-Ni、$M_{23}C_6$ 和 Ni_3B 相所组成。

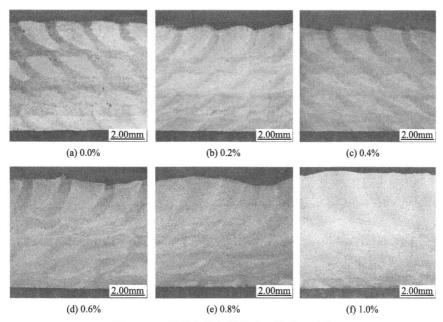

(a) 0.0%　　　　　　　　(b) 0.2%　　　　　　　　(c) 0.4%

(d) 0.6%　　　　　　　　(e) 0.8%　　　　　　　　(f) 1.0%

图 5.3　不同纯钇添加量的涂层横截面形貌

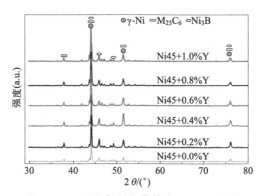

图 5.4　不同纯钇添加量的涂层 XRD 图谱

5.2.2.2　纯钇添加量对涂层微观组织的影响

　　为详细讨论纯钇对涂层组织的影响，采用扫描电镜对不同纯钇添加量的涂层界面、顶部与搭接区进行微观形貌分析，具体测试位置如图 5.5 所示。为了彰显组织变化特征，侧重规律性探讨，选取 0.0%、0.4%、0.8%和 1.0%四种具有代表性的纯钇添加量进行分析，探讨其内在的规律性与机理。

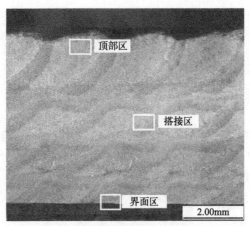

图 5.5　涂层微观组织分析区域

（1）纯钇添加量对涂层界面区组织的影响

图 5.6 为不同纯钇添加量的涂层界面区的微观形貌。当钇添加量为 0.4％时，涂层界面区组织与图 5.6(a) 所示的纯 Ni45 涂层十分相似，仍是

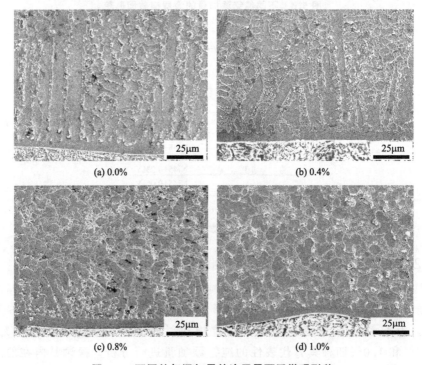

(a) 0.0%　　　　　　　　　　　　(b) 0.4%

(c) 0.8%　　　　　　　　　　　　(d) 1.0%

图 5.6　不同纯钇添加量的涂层界面区微观形貌

由平面晶和在其上外延生长的柱状树枝晶所组成，但有所不同的是柱状树枝晶明显缩短变细，且共晶组织数量有所增加［图 5.6(b)］。

当添加量增至 0.8％时，平面晶之上的柱状树枝晶进一步细化，共晶组织数量持续增加［图 5.6(c)］。当添加量进一步增至 1.0％时，平面晶之上凝固组织形态发生明显变化，由柱状树枝晶演化为等轴树枝晶，但晶粒尺寸有所增加。同时共晶组织的分布区域有所减小，并在其上析出许多亮白色颗粒物［图 5.6(d)］。

(2) 纯钇添加量对涂层搭接区组织的影响

不同纯钇添加量的涂层搭接区组织形貌，如图 5.7 所示。当钇添加量低于 0.8％时，位于图中虚线右上部的搭接区组织相比纯 Ni45 涂层并未发生明显变化，皆是由大致垂直熔合线边缘方向生长的柱状树枝晶和共晶组织所构成，只是柱状树枝晶随着钇添加量的增加而略有细化［图 5.7(a)～(c)］。

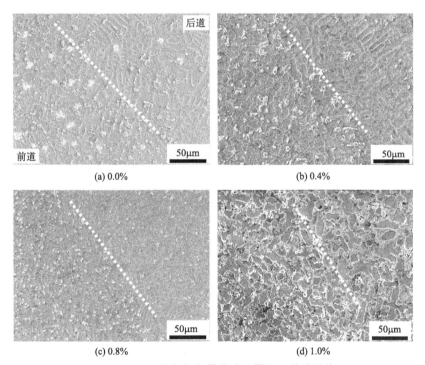

(a) 0.0%　　　　　　　　　　　　(b) 0.4%

(c) 0.8%　　　　　　　　　　　　(d) 1.0%

图 5.7　不同纯钇添加量的涂层搭接区微观形貌

但当添加量超过 0.8％后，柱状树枝晶开始演化为等轴树枝晶［图 5.7

(d)]。此外，由图还可发现，各涂层热影响区（虚线左下部）中亮白色颗粒数量明显高于搭接区。同时，随着钇添加量增加，热影响区中白色颗粒数量在整体上呈现逐渐增多的变化趋势。

（3）纯钇添加量对涂层顶部区组织的影响

图 5.8 为不同纯钇添加量的涂层顶部微观形貌。

由图 5.8(a) 可知，纯 Ni45 涂层顶部形成了粗大的柱状树枝晶，共晶区还析出了数量较多的大尺寸颗粒相。在当钇添加量为 0.4％时，涂层中的初生枝晶被缩短变细，共晶组织分布范围有所增加 ［图 5.8(b)］。当添加量达到 0.8％时 ［图 5.8(c)］，涂层晶粒逐渐转变为等轴树枝晶，共晶组织数量明显增多，白色颗粒析出相数量有所减少。在添加量增至 1.0％时，涂层晶粒又出现粗化现象 ［图 5.8(d)］。与此同时，白色颗粒相析出量再次增加。

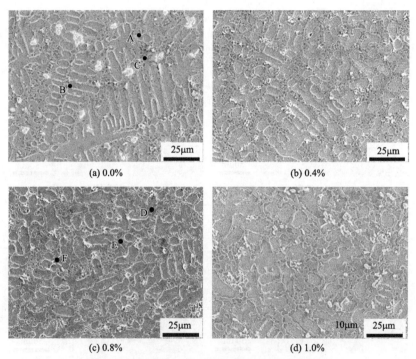

图 5.8　不同纯钇添加量的涂层顶部微观形貌

为分析纯钇对涂层组织中元素分布的影响，对添加 0.8％纯钇的涂层试样进行 EDS 元素分析，见表 5.1。

表 5.1　不同纯钇添加量的涂层 EDS 元素分析结果

添加量/%	测试点	元素质量分数/%					
		Ni	Cr	Fe	Si	C	B
0.0	A	68.12	7.96	11.00	2.21	2.54	8.18
	B	67.82	9.45	6.53	1.28	5.91	8.96
	C	2.69	49.11	2.88	0.11	36.39	8.81
0.8	D	71.24	7.01	9.74	2.12	2.51	8.24
	E	63.86	11.12	7.54	1.92	5.34	10.71
	F	5.95	49.54	2.75	0.21	36.85	8.24

初生枝晶（测试点 D）中 Ni 含量升高，而 Cr 含量有所下降。但共晶组织（测试点 E）中 Cr 元素含量明显增加，同时 Ni 元素的质量百分数下降。此外，亮白色颗粒（测试点 F）中所含 Cr 元素与 C 元素基本与纯 Ni45 涂层相同，证明此颗粒仍为 $Cr_{23}C_6$。此外，含 0.8% 纯钇涂层共晶组织中 Cr、Fe、Si、B 元素都明显高于纯 Ni45 涂层。这可能是由于 Y 元素能阻碍上述元素进入初生枝晶，导致各元素向晶间共晶组织富集。

5.2.3　对熔池流动状态与凝固组织的影响机理

5.2.3.1　纯钇添加量对熔池形貌及流动状态的影响

由于 Y 元素具有较强的化学活性，进入熔池后会与氧气以及熔融金属元素发生化学反应，化学反应是一个能量变化的过程，必然会对熔池状态产生一定影响。因此，同样采用高速摄像对添加不同质量百分比纯钇的熔池进行表征，所得形貌如图 5.9 所示。图中横坐标仍为时间间隔 T，纵坐标为添加量 M_Y。由图可见，随纯钇添加量的增加，熔池亮度明显增强，表明熔池温度显著提高。

为分析含纯钇熔池温度的变化规律，同样采用热辐射谱测试方法对熔池进行分析，所测数据曲线如图 5.10 所示。由图可见，纯钇的谱线强度呈现出随添加量增加而逐渐增大的趋势，证明热辐射强度逐渐增强。纯钇添加量大于 0.2% 后，谱线在 600~610nm 波长范围出现不同程度的显著尖峰。根据光的波长分布范围可知，590~620nm 属于橙光范围，620~780nm 属于红光范围，尖峰位置正处在橙光范围内。根据热辐射谱原理可知，谱线强度越高则代表发射谱线位置的温度越高。因此可以判定，随着纯钇添加量的增加，熔池温度逐渐上升。

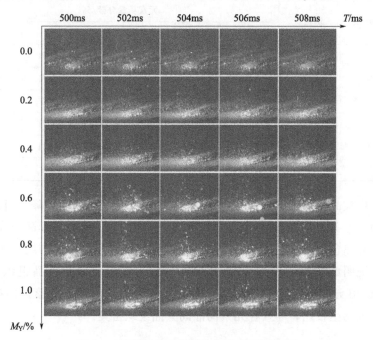

图 5.9　不同纯钇添加量的熔池高速摄像图

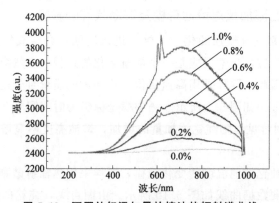

图 5.10　不同纯钇添加量的熔池热辐射谱曲线

　　为分析纯钇对熔池流动性的影响，同样选取各纯钇添加量熔池中的亮点作为参照点（图 5.11），而该点相对参考线的移动速度则为熔池流动速度，如图 5.12 所示。添加纯钇后的熔池流速随添加量的增加而逐渐增大。当添加量达到 1.0％时，熔池获得最快的流速。

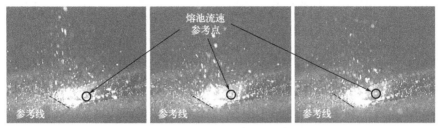

图 5.11　含纯钇熔池流速计算参考点

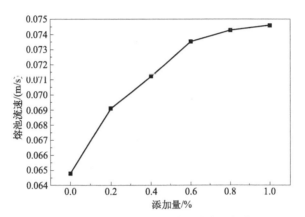

图 5.12　不同纯钇添加量的熔池流速折线图

5.2.3.2　纯钇对熔池流态的影响机理

前述纯钇熔池的亮度与热辐射强度均显著强于未添加纯钇熔池。这主要是由于 Y 元素进入熔池后会与 O 元素发生氧化反应形成氧化钇并放出热量，化学反应式如下：

$$4Y + 3O_2 \longrightarrow 2Y_2O_3 \tag{5-1}$$

虽然熔池受到氩气的保护能够减少氧气与 Y 元素发生反应的量，但高速摄像与热辐射谱证实上述反应较为剧烈，证明少量的 O 元素与 Y 元素反应就可以放出大量的热量。由图 4.17 可知，这些热量会在熔池中促进熔液的快速流动，并且随着 Y 元素添加量的增加而逐渐增强。由于 Y 元素反应所形成的热量持续增加，从而大大提高了熔池的流动速度。此外，由于 Y 元素在 Ni 和其他相中的分配系数小（<0.02%），其所具有的高表面活性能有效降低 Ni45 合金熔液的表面张力，对熔池流动具有一定促进作用。

由于熔池中的流体是由无数互相平行的流体层组成的，相距 dx 的二相邻流体层，以速度 v 和 $v+dv$ 同向流动，两层流体之间将产生一种内摩擦力，力图阻止两流体层的相对运动。内摩擦力 F 由牛顿黏性定律确定[1]：

$$F = -\eta A \frac{dv}{dx} \tag{5-2}$$

式中，F 为内摩擦力，N；A 为相邻两液层的接触面积，m^2；dv/dx 为垂直于流体流动方向上的速度梯度，s^{-1}；η 为动力黏度系数，$kg/(m \cdot s)$。

由上式可知，液层内摩擦力与动力黏度系数成正比。而对于大多数金属熔体，其黏度会随熔体温度变化而改变，根据阿伦尼乌斯指数关系式可以得到黏度与熔体温度间的关系[2,3]：

$$\eta = C \exp\left(\frac{E_\eta}{RT}\right) \tag{5-3}$$

式中，C 为阿伦尼乌斯常数，min^{-1}；T 为热力学温度，K；R 为摩尔气体常数，其值为 $8.314 J/mol \cdot K$；E_η 为与温度无关的黏流活化能常数，J/mol。

由上式可知，黏度随着温度的升高而降低，升高温度有利于克服熔体中质点流动的能碍（即黏流活化能）。在微观上主要是由于温度的升高会增加液体分子动能和分子间距，使两液流层间分子接触面积减小，降低内摩擦阻力。由于化学活性较强的纯钇在熔池中会快速发生氧化反应或与 Ni 元素形成金属间化合物，因此不会以粉末颗粒形态增加熔池黏度。但由熔池流态分析可知，Y 元素的氧化过程会显著提高熔池温度，从而降低熔池中熔体黏度，进而减小熔体各液流层间内摩擦阻力，加速熔池流动。

5.2.3.3 纯钇对 Ni45 涂层微观组织的影响机理

根据上述熔池流态分析可以得知，由于 Y 元素较强的表面活性能有效促进熔池流动，并与纯钇的氧化反应共同作用，使熔池流速显著提高，导致涂层界面处外延生长的柱状晶逐渐转变为非外延生长的胞状晶。同时，快速流动的熔池还会减弱晶粒自下而上的生长趋势，界面区晶粒逐渐转变为胞状晶结构。

此外，Y 元素与 O 元素在高温条件下会反应形成 Y_2O_3，这一反应产物会作为异质形核的核心，如图 5.13 所示。根据式(5-1)可知，4mol 的 Y 元素只能形成 2mol 的氧化钇，并且在氩气的保护下氧元素含量相对较低，因此熔池中无法形成较多的 Y_2O_3 异质形核点，导致其通过异质形核质点细化涂层组织的能力相对较弱。

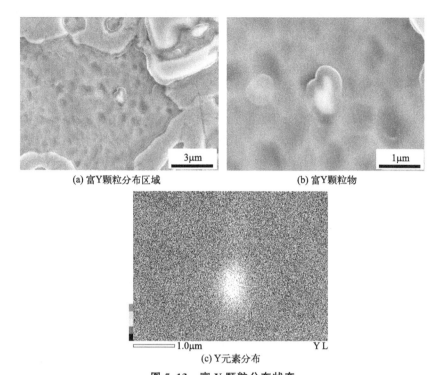

(a) 富Y颗粒分布区域　　　　　　　　(b) 富Y颗粒物

(c) Y元素分布

图 5.13　富 Y 颗粒分布状态

由于 Y 元素是表面活性元素，可以增大熔池凝固时结晶核心产生速率。由于激光熔池具有快速冷却凝固的特点，从而会使熔池具有较大的过冷度，因此熔池中的熔融金属属于过冷熔体，当过冷熔体结晶时，其结晶核心的形成速率由下式确定[4,5]：

$$I = K_0 \exp\left(-\frac{\Delta F_A + \Delta F^*}{k_B T}\right) \tag{5-4}$$

式中，ΔF_A 为原子扩散能；K_0 为动力学常数；k_B 为 Bolzman 常数；T 为热力学温度；ΔF^* 为临界核心形核功，其值为：

$$\Delta F^* = \frac{16\pi\gamma_{ls}^3 T_m^2}{3\Delta H_m^2 \Delta T^2} \tag{5-5}$$

式中，γ_{ls} 为液体与基体之间的表面能；T_m 为平衡熔点；ΔH_m 为熔化潜热；ΔT 为 T_m 以下的过冷度。

当液体表面积增量为 dA 时，其与液体表面张力 σ_s 的乘积 $\sigma_s \cdot$ dA 为表面积增大过程中表面张力所做的功，并等于液体表面自由能的增加量。因此，液体单位面积的表面能 γ_{ls} 的数值与表面张力 σ_s 值相同。结合式（5-1）与式（5-2）可知，结晶形核率受表面张力 σ_s 和过冷度 ΔT 的影响。由熔池流态影响机制可知，Y 元素良好的表面活性会降低表面张力，因此能增加熔池中的结晶形核率，从而提高晶粒形成速率，达到细化晶粒的目的。

过冷度 ΔT 则与固液界面前沿的溶质浓度及温度有关。图 5.14 为固液界面元素分布示意图。由图可见，Y 元素会阻碍溶质原子（Cr、Fe、B、Si 等元素）进入固溶体，溶质原子被不断排挤至固液界面前沿形成溶质边界层 B_L，使溶质浓度从界面到熔体逐渐减小，从而增加界面前沿液相中溶质原子的浓度梯度[6]。

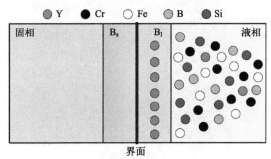

图 5.14　固液界面元素分布[6]

B_s—固相边界层；B_l—液相边界层

同时，这些在固液界面富集的溶质原子会在凝固过程中逐渐形成共晶组织。因此，随着 Y 含量的增加会使更多溶质原子向固液界面聚集，从而增加共晶组织的分布[7,8]。通过表 5.1 中数据可知，含钇涂层的共晶组织中 Cr、Fe 等元素含量明显高于未添加钇的涂层，从而证实了上述元素分布原理。

根据凝固原理可知，熔融合金凝固时的界面前沿溶质浓度与局部平衡凝固温度存在如下关系[5]：

$$T_1(C_0) - T_1 = m(C_0 - C_1) \tag{5-6}$$

式中，$T_1(C_0)$ 为初始合金成分的液相线温度；T_1 为液相的局部平衡凝固温度；m 为斜率；C_0 为初始合金的液相浓度；C_1 为局部平衡凝固时的液相浓度。

固液界面溶质浓度高于固相内部，并且液相中溶质浓度由边界层 B_l 向液相逐渐降低（图 5.14），因此得到图 5.15(a)。同时，由于熔液处在由内部热流形成的温度梯度所施加的不同温度 T_q 之下，当 T_q 的梯度小于 T_1 的梯度时，就会形成图 5.15(b) 中的成分过冷区（斜线阴影部分）。将图 5.15 (a) 与图 5.15(b) 相结合，得到表示液相温度与溶质浓度关系的图 5.15 (c)，即式(5-5)。由图 5-15(c) 可知，合金液相平衡凝固温度 T_1 随着液相浓度 C_1 沿 Z 方向的降低而升高。

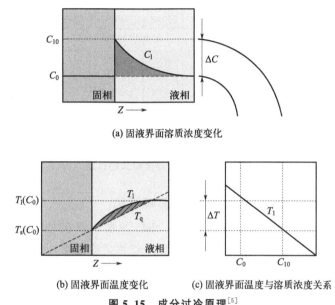

(a) 固液界面溶质浓度变化

(b) 固液界面温度变化　(c) 固液界面温度与溶质浓度关系

图 5.15　成分过冷原理[5]

因此，溶质原子与 Y 原子的大量富集增加了界面区液相的溶质浓度 C_1，导致界面前沿的浓度梯度增加，从而增加液相的温度梯度，使成分过冷度增加。图 5.16 为成分过冷对凝固模式的作用示意图。由图可见，随着成分过冷度的逐渐增加，界面组织由胞状凸起逐渐形成具有二次枝晶臂的树枝晶，并最终形成细小等轴晶。同时，由于 Y 元素会吸附在液-固界面前沿或原子边界，从而使正在生长的晶体与熔液界面形成一层吸附薄膜，阻碍溶质原子向固相内扩散，从而抑制晶粒生长并使溶质原子在凝固后聚集于晶界附近[9]。上述分析表明，添加适量的 Y 元素能有效提高结晶形核率并阻碍晶粒生长，从而达到细化晶粒的目的。

然而，虽然熔池流动速率会随纯钇添加量的增加而增大，但当过多的 Y 元素（1.0%）进入熔池后会反应放出大量的热，使熔池温度显著升高，这将使熔池内温度梯度升高，冷却速率与过冷度降低，导致形核率下降并使初生枝晶充分生长而粗化。

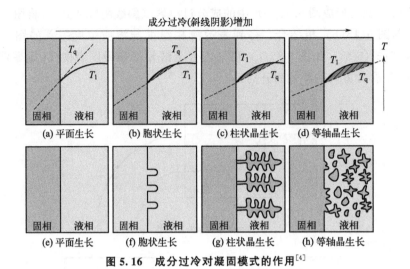

图 5.16 成分过冷对凝固模式的作用[4]

5.2.3.4 纯钇对涂层硬质析出相的影响机制

根据微观组织分析可以发现，在纯 Ni45 涂层中存在大尺寸且数量较多的富 Cr 硬质析出相［图 5.17(a)］。这种颗粒相是涂层在持续的热作用条件下形成的。由于晶粒生长取向受熔池温度梯度与冷却方向控制，因此熔池凝固形成的晶粒具有不同的晶粒取向指数[10]。当两个距离较近的相邻晶粒均表现出较大的取向指数时，两晶粒的晶界会形成较多的自由体积，因此会导致 C 元素与 Cr 元素向这些自由体积形成的空位区域富集。

由于实验采用的为多层多道激光熔覆方式，因此在进行新熔道的熔覆过程时会对已形成的下部熔覆层产生强烈的热影响，使整个熔覆涂层长时间处在较高的温度区间（大于 500℃），使晶界长时间具有较高的能量，因此导致处于晶界附近的 C 原子与 Cr 原子活跃度增大，从而大量形成 $Cr_{23}C_6$ 析出相。

由于 Y 元素会向固液界面前沿富集（图 5.14），并最终聚集于晶界附近的自由空位，降低晶界能并阻碍 Cr 元素与 C 元素向晶界富集，使这两种元素转而进入晶粒间形成共晶组织，从而缓解 $Cr_{23}C_6$ 在晶界的析出倾向，并扩大涂层中的共晶组织区域[11]。此外，Y 元素能有效增加碳的活性，提高碳在熔体中的溶解度，从而减少 $Cr_{23}C_6$ 的产生[12]，如图 5.17(b) 所示。但当纯钇添加量达到 1.0% 时，涂层硬质析出相明显增多［图 5.17(c)］，这主要是由于过量的纯钇会使熔池温度急剧升高，从而对涂层产生较强的热作用，增加 $Cr_{23}C_6$ 的析出倾向，但硬质相数量仍低于未添加纯钇的涂层。

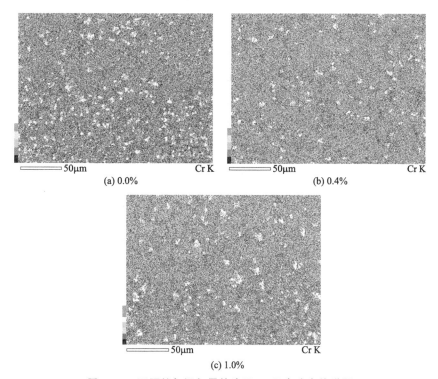

(a) 0.0%　　　　　　　　　　(b) 0.4%

(c) 1.0%

图 5.17　不同纯钇添加量的涂层 Cr 元素分布能谱图

5.2.4　对涂层性能的影响

5.2.4.1　纯钇添加量对涂层显微硬度的影响

图 5.18 为不同纯钇添加量的涂层显微硬度。由图 5.18(a) 可见，各涂层显微硬度沿层深方向分布较为均匀。由图 5.18(b) 可见，随着钇添加量的增加，涂层显微硬度逐渐提高。纯钇添加量为 1.0％时，涂层硬度最大（560.7HV$_{0.5}$），较纯 Ni45 涂层硬度（488.4HV$_{0.5}$）提高 14.80％。根据前述微观组织分析可知，纯钇添加量小于 1.0％时，涂层晶粒逐渐细化。根据 Hall-Petch 关系式(4-18) 可知，晶粒细化能有效减小晶粒直径 d，因此使流变应力 σ_ε 增大。此外，逐渐增加的 Y 元素会与 Ni 元素形成更多的金属间化合物，与晶粒细化共同作用使涂层硬度升高。

5.2.4.2　纯钇添加量对涂层耐磨性能的影响

在干摩擦磨损条件下，涂层磨损率随钇添加量变化关系如图 5.19 所示，涂层磨损率随纯钇添加量的增加而逐渐下降。当添加量达到 1.0％时，

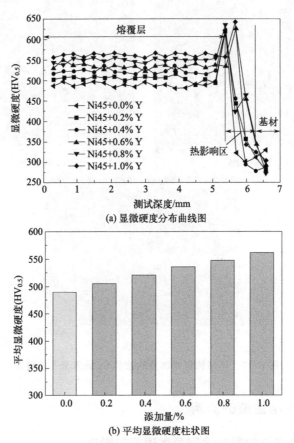

(a) 显微硬度分布曲线图

(b) 平均显微硬度柱状图

图 5.18 不同纯钇添加量的涂层显微硬度

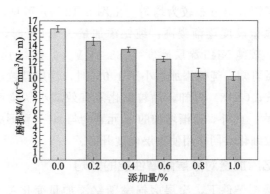

图 5.19 不同纯钇添加量的涂层磨损率

涂层磨损率（10.72×10^{-6} mm/N·m）较纯 Ni45 涂层（16.41×10^{-6} mm/N·m）降低 34.67％。上述数据表明，纯钇在提高耐磨损性能方面具有积极作用。

　　在 SEM 下对各涂层磨损面进行观察发现，涂层皆出现材料转移和犁沟（图 5.20）。随着纯钇添加量的增加，涂层磨损表面的黏着磨损现象逐渐减少，而犁沟数量逐渐增多，犁沟宽度与深度逐渐减小。由于 Y 元素具有较强的化学活性，其会与 Ni 元素在晶界共晶区形成硬度较高的金属间化合物，从而进一步提升涂层硬度。结合 Archard 关系式（4-12）可知，随着纯钇添加量的增加，涂层硬度逐渐升高，涂层黏着磨损率逐渐降低，使涂层耐磨性随着钇添加量的增加而逐渐增强。

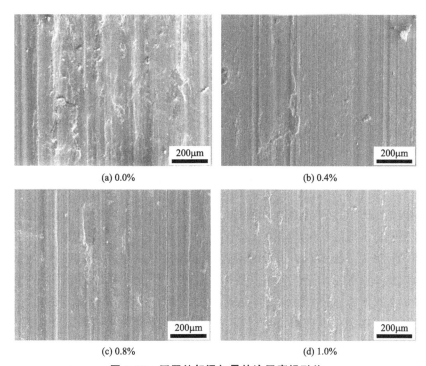

图 5.20　不同纯钇添加量的涂层磨损形貌

　　同时，扩大共晶区使晶界得到明显强化，导致晶界附近的位错具有较强的滑移倾向，从而提高晶粒内部发生位错滑移的可能性，而弥散分布于共晶区的金属间化合物会使涂层在磨损过程中更好地抵抗配磨轮表面微凸体与摩擦副内磨粒的切割作用，使得犁沟逐渐变得窄而浅[13,14]。此外，含 0.8％纯钇涂层中硬质析出相数量明显较少，析出相尺寸明显减小。由于大尺寸硬质析出相会在磨损过程中脱落形成磨粒，加剧涂层表面的磨损，所以减少涂层中大尺寸硬质相的析出量，能有效改善涂层耐磨性能[15]。

5.2.4.3 纯钇添加量对涂层力学性能的影响

（1）纯钇添加量对涂层耐冲击性能的影响

图 5.21 为不同纯钇添加量的涂层冲击韧性。由图可见，随钇添加量的增加，涂层冲击韧性逐渐升高，并在添加量为 0.8％时达到最大值（8.75J/cm^2），较纯 Ni45 涂层提高约 27.18％。而后涂层冲击韧性开始降低，但仍高于纯 Ni45 涂层。

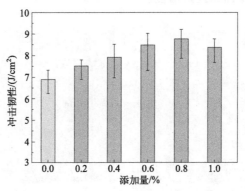

图 5.21　不同纯钇添加量的涂层冲击韧性

图 5.22 为不同纯钇添加量的涂层冲击断口表面形貌。添加 0.4％纯钇的涂层断口呈现出较为清晰的柱状树枝晶断裂形态，其近似于纯 Ni45 涂层的断口形貌 [图 4.27(b)]。当纯钇添加量增至 0.8％时，由于晶粒被细化，柱状树枝晶形态特征变得模糊 [图 5.22(b)]。但随着添加量的进一步增加，初晶的生长形态演化为粗大的等轴树枝晶，导致各晶界解离面开始变大，其等轴树枝状轮廓再次变得清晰 [图 5.22(c)]。上述结果表明，晶粒尺寸对涂层的冲击韧性有着重要的作用，即晶粒越细小，涂层的冲击韧性越高。

（2）纯钇添加量对涂层拉伸性能的影响

图 5.23 为不同纯钇添加量的涂层拉伸性能。由图 5.23(a) 可见，各涂层无明显塑性变形，表明涂层断裂类型为脆性断裂。

由图 5.23(b) 可见，添加纯钇后的 Ni45 涂层抗拉强度有所升高。随着纯钇添加量的增加，涂层的抗拉强度呈先升高后下降的趋势。当添加量达到 0.8％时涂层具有最大的抗拉强度（722.96MPa），较纯 Ni45 涂层提高

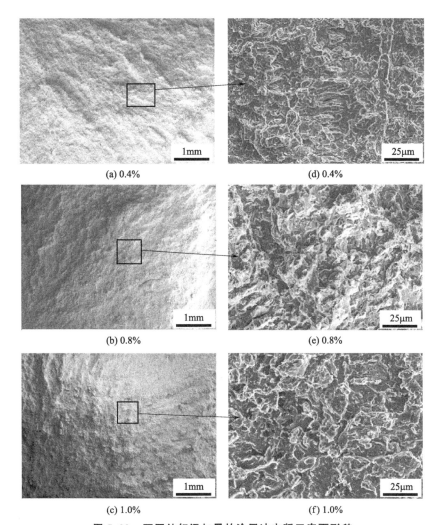

(a) 0.4%　　　　　　　　　　　　(d) 0.4%

(b) 0.8%　　　　　　　　　　　　(e) 0.8%

(c) 1.0%　　　　　　　　　　　　(f) 1.0%

图 5.22　不同纯钇添加量的涂层冲击断口表面形貌

11.01%。当纯钇添加量达到 1.0% 时，抗拉强度有所下降。

图 5.24 为不同纯钇添加量的涂层拉伸断口形貌。由图可以看出，涂层断口微观形貌呈现出与冲击断口相同的沿晶断裂特征。

（3）含纯钇涂层冲击与拉伸断裂机理分析

① 晶粒细化对涂层冲击与拉伸性能的影响。根据断口形貌与微观组织特征可以得出，当纯钇添加量在 0.2%～0.8% 范围内时，涂层晶粒逐渐细化，冲击韧性与抗拉强度升高。同时，晶粒细化效果最佳的涂层试样

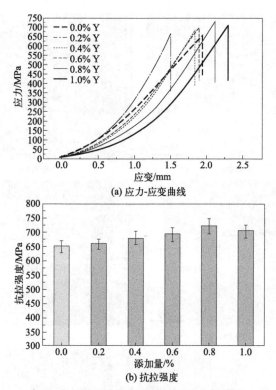

(a) 应力-应变曲线

(b) 抗拉强度

图 5.23　不同纯钇添加量的涂层拉伸性能

（0.8％纯钇）的断口形貌呈现出密集的小尺寸沿晶断裂面，上述现象充分说明晶粒细化对涂层冲击与拉伸性能具有显著影响。

　　根据晶体学原理，晶粒的晶界存在着晶界能。通过增加晶界的总能量可以显著提高晶界发生断裂所需的能量[16]。由于 Y 元素细化涂层晶粒时能减小晶粒尺寸并降低晶界的平直化程度，进而有效增加晶界面积，实现晶界总能量的增加，提高材料力学性能[17]。同时，更多细小晶粒在外力作用下可以降低晶粒内部和晶界附近的应变差，减少应力集中，使材料均匀受力，不易形成裂纹[18]。

　　此外，由式（4-19）可知，添加 Y 元素对涂层的细化作用能减小晶粒直径 d，还能有效提高解离断裂强度 σ_f 值。同时，细化晶粒会减少小角度晶界的数量，并使大角度晶界增多。由式（4-20）可知，小角度晶界的晶界能随位向差增加而增大（图 4.65），使解离裂纹穿过晶界所消耗的能量增加。

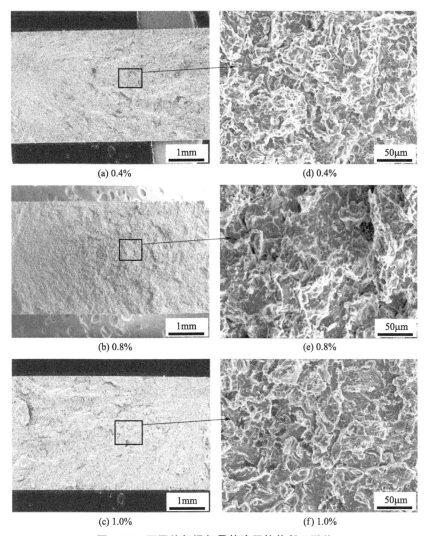

(a) 0.4%　　　　　　　　　　(d) 0.4%

(b) 0.8%　　　　　　　　　　(e) 0.8%

(c) 1.0%　　　　　　　　　　(f) 1.0%

图 5.24　不同纯钇添加量的涂层拉伸断口形貌

　　同时，大角度晶界会使裂纹在晶界处偏转，从而消耗大量能量。上述表明，Y 元素细化晶粒能增加大角度晶界数量，从而改变裂纹扩展路径，大量消耗裂纹尖端进一步扩展的能量，最终使涂层冲击韧性与抗拉强度得到提高。

　　② 硬质析出相对涂层冲击与拉伸性能的影响。由涂层微观组织可知，未添加稀土的 Ni45 涂层中析出大量富 Cr 的硬质析出相。由于这些硬质析出相主要富集于晶界与共晶区，因此会极大地降低晶界结合能并形成应力集中

点。当冲击与拉伸载荷作用时，大量弥散分布的大颗粒硬质相会产生较多的微空洞，从而使涂层发生沿晶断裂，降低涂层的冲击韧性与抗拉强度[19]。因此，通过减少硬质相的析出量可以有效改善涂层的拉伸与冲击性能。

添加纯钇后涂层冲击韧性与抗拉强度的增长幅度在 0.4% 之后明显趋缓。结合微观组织特征可以发现，当纯钇添加量大于 0.4% 后，涂层中硬质相的析出量增多。因此证明，出现上述变化趋势是由于逐渐增加的硬质析出相与细化的组织对涂层冲击性能和拉伸性能产生了完全相反的作用。由于晶粒细化可有效提高涂层性能，而共晶区中存在的硬质析出相会导致晶界产生应力集中，两者综合作用降低了涂层力学性能的提升幅度。

当添加量小于 0.8% 时，涂层中硬质析出相数量与分布范围远小于逐渐增加的晶界与共晶区面积，所以仍可以实现涂层性能的提升。但当添加量大于 0.8% 后，由于晶粒尺寸的增大，导致晶界与共晶区面积减小，而此时涂层中的硬质相数量明显增多，从而使涂层冲击韧性与抗拉强度显著降低。

同时，当过多的 Y 元素进入熔池后会在晶界形成大量尺寸较大且分布不均匀的氧化钇颗粒，这些大尺寸的氧化钇颗粒会在晶界引起严重的应力集中[20]。同时，Y 元素会与 Ni 元素形成许多金属间化合物，增加涂层脆性，进而降低冲击与拉伸性能。

5.2.4.4　纯钇添加量对涂层电化学腐蚀特性的影响

（1）不同纯钇添加量的涂层动电位极化曲线分析

为探究纯钇对 Ni45 涂层耐腐蚀性能的影响，采用动电位极化曲线方法进行分析，得到如图 5.25 所示曲线图。由图可见，含纯钇涂层的钝化区电压范围在 −0.65～0.01V 之间。

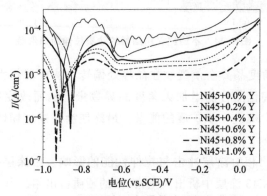

图 5.25　不同纯钇添加量的涂层极化曲线

　　随着纯钇添加量的增加，涂层钝化区范围逐渐扩大。当添加量为 0.8％时，涂层获得最大的钝化区电压范围（－0.63～0.0V）。对极化曲线进行数据处理得到如图 5.26 所示的腐蚀电流密度。添加纯钇的涂层腐蚀电流密度随添加量的增加呈现先下降后上升的趋势。其中，含 0.8％纯钇涂层腐蚀电流密度（7.14μA/cm²）较纯 Ni45 涂层（10.58μA/cm²）降低 32.51％。

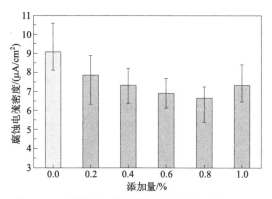

图 5.26　不同纯钇添加量的涂层腐蚀电流密度

　　（2）不同纯钇添加量的涂层电化学阻抗分析

　　通过进一步的电化学阻抗分析得到如图 5.27 所示的 Nyquist 阻抗谱，测试频率范围为 0.01～100000Hz。随着纯钇添加量的增加，曲线弧半径（即表示涂层阻抗大小）呈现先增大后减小的趋势。当添加量小于 0.8％时，涂层表现出最大阻抗。当添加量大于 0.8％时，涂层阻抗下降。

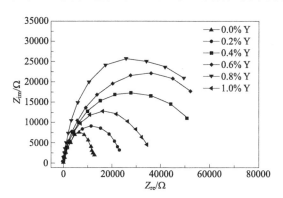

图 5.27　不同纯钇添加量的涂层电化学阻抗谱

　　通过 Nyquist 图可以获得阻抗 Bode 图，如图 5.28 所示。

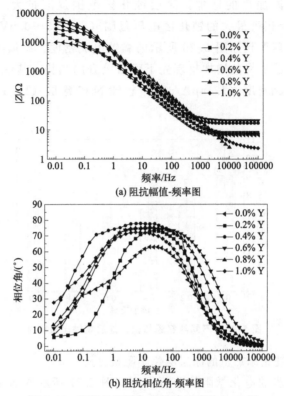

(a) 阻抗幅值-频率图

(b) 阻抗相位角-频率图

图 5.28　不同纯钇添加量的涂层阻抗 Bode 图

其中，图 5.28(a) 为阻抗幅值-频率图，随着纯钇添加量增加，阻抗值呈现出与阻抗圆弧半径相同的变化趋势。其中，含 0.8％涂层具有最大阻抗值（58885Ω），是纯 Ni45 涂层阻抗值的 5.67 倍。图 5.28(b) 为阻抗相位角-频率图。含纯钇涂层最大相位角范围为 72.0°～78.0°，相位角最大值为 77.97°。最大相位范围所对应的频率范围为 5.9～23.7Hz，最大相位角频率为 5.87Hz。此外，含纯钇涂层的相位角在低频区的下降速度较慢，证明其表面形成了稳定性良好的钝化膜，在腐蚀过程中难以击穿，从而表现出更好的耐腐蚀性。

（3）含纯钇涂层腐蚀形貌与电化学腐蚀机理分析

为深入分析纯钇对 Ni45 涂层耐腐蚀性能的影响机理，对涂层腐蚀表面进行微观分析，如图 5.29 所示。由图可见，腐蚀表面形成许多凹孔，在搭接区形成明显的带状腐蚀现象。由于搭接区析出大量富 Cr 颗粒物，且析出量明显多于涂层内部，导致搭接区出现严重的贫 Cr 现象，从而使该区发生更为严重的腐蚀。随着纯钇添加量的增加，涂层表面腐蚀坑数量逐渐减少，搭接区宽度逐渐收窄。当添加量达到 0.8％时［图 5.29(c)］，涂层表现出最小的腐蚀程度。当纯钇添加量继续升高后［图 5.29(d)］，涂层表面腐蚀坑数量增多，搭接区腐蚀程度增加。为进一步深入分析含纯钇涂层的腐蚀机理，对涂层表面进行局部微观腐蚀形貌分析，如图 5.30 所示。可见，涂层中枝晶与二次枝晶臂都在腐蚀作用下形成微孔，对图 5.30(a) 中未发生明显腐蚀的区域进行局部放大得到图 5.30(b)。可以发现，初生枝晶沿晶界发生轻微腐蚀现象，证明腐蚀优先发生于晶界。此外，对发生严重腐蚀的区域进行局部放大后发现［图 5.30(c)］，晶粒被腐蚀形成微孔，而微孔边缘的共晶组织依然存在。

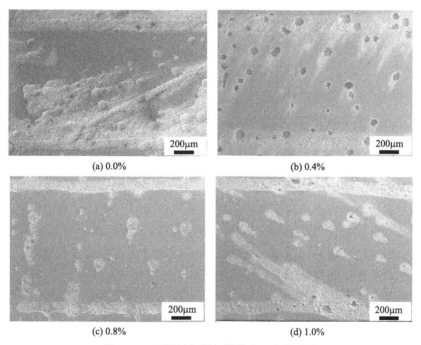

(a) 0.0%　　　　　　　　　　　　(b) 0.4%

(c) 0.8%　　　　　　　　　　　　(d) 1.0%

图 5.29　不同纯钇添加量的涂层腐蚀形貌

上述现象主要是因为 Cr 元素主要富集于共晶组织内，并与涂层中的 C 原子相互作用形成 $M_{23}C_6$ 型碳化物，从而降低了初生枝晶在晶界处的 Cr 元素含量，并逐渐形成贫 Cr 区域[21]。Cr 元素作为涂层中主要的抗腐蚀元素，它的析出直接导致晶界的耐腐蚀性降低，并且在晶间发生优先腐蚀。同时，由于共晶组织富集大量的 Cr 元素，因此较初生枝晶具有更好的耐腐蚀性。

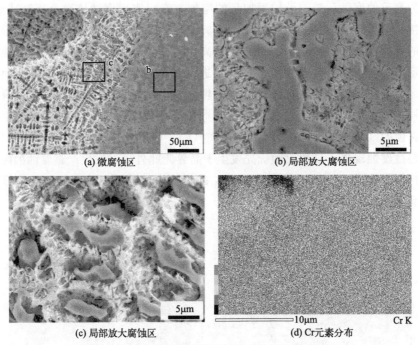

(a) 微腐蚀区

(b) 局部放大腐蚀区

(c) 局部放大腐蚀区

(d) Cr元素分布

图 5.30　含纯钇涂层微腐蚀区形貌及元素分布

　　为清晰分析这种腐蚀方式的腐蚀过程，图 5.31 为不同腐蚀程度的微观腐蚀形貌。其中，图 5.31(a) 可以视为腐蚀开始不久的形貌，只在局部形成轻微晶界腐蚀。而后腐蚀逐渐加剧形成图 5.31(b) 形貌，此时可以清晰地发现晶界已被严重腐蚀并开始腐蚀内部晶粒。腐蚀继续加剧至图 5.31(c)，由于较多的晶粒被不断腐蚀而逐渐形成图中密集的微孔。最终，密集分布的微孔在不断加剧的腐蚀作用下发生扩展、合并形成如图 5.31(d) 所示的凹坑。

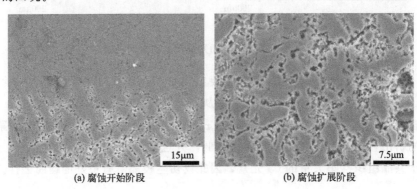

(a) 腐蚀开始阶段

(b) 腐蚀扩展阶段

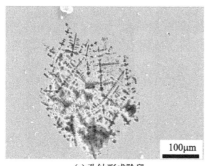 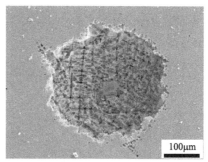

(c) 孔蚀形成阶段　　　　　　　　　(d) 孔蚀完成阶段

图 5.31　含纯钇涂层腐蚀过程

综合上述相关数据与分析得出，纯钇对 Ni45 涂层中硬质析出相的减少与组织细化具有一定作用，并且使 Ni45 涂层的耐磨性略有改善，但对 Ni45 涂层的耐腐蚀性、冲击韧性与抗拉强度的提高幅度较小，不能实现显著改善涂层耐冲击性能的目的。因此，在下节中将研究氧化钇对 Ni45 涂层组织与性能的影响，力求实现涂层耐冲击性能的显著提高。

5.3　氧化钇对涂层组织与性能的影响

5.3.1　对涂层宏观形貌的影响

图 5.32 为不同氧化钇添加量的 Ni45 涂层表面形貌。由图可见，随着氧化钇添加量的增加，涂层表面逐渐出现一些小凹坑，并且数量与大小逐渐增加。但含氧化钇涂层表面质量明显优于含纯钇涂层（图 5.1）。经渗透着色剂检测同样未发现裂纹产生（图 5.33）。

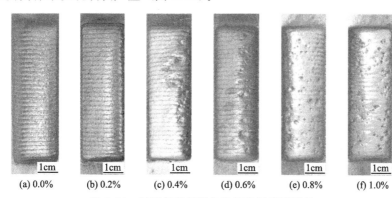

(a) 0.0%　　(b) 0.2%　　(c) 0.4%　　(d) 0.6%　　(e) 0.8%　　(f) 1.0%

图 5.32　不同氧化钇添加量的涂层表面形貌

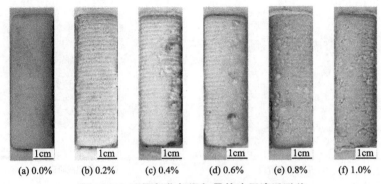

(a) 0.0%　　(b) 0.2%　　(c) 0.4%　　(d) 0.6%　　(e) 0.8%　　(f) 1.0%

图 5.33　不同氧化钇添加量的涂层渗透形貌

采用金相显微镜对涂层横截面进行观察（图 5.34）。可见，涂层内部也未产生气孔、裂纹等缺陷。同样由于热累积使涂层的顶部单层厚度高于底部单层厚度。其中，随着氧化钇添加量的增加会使涂层单层厚度及熔化深度减小。

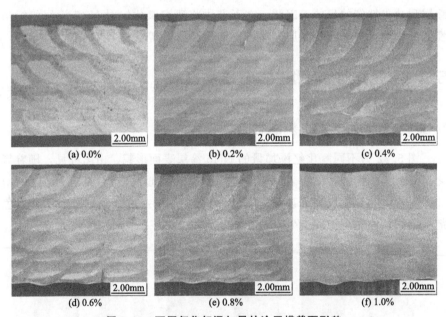

(a) 0.0%　　　　　　　(b) 0.2%　　　　　　　(c) 0.4%

(d) 0.6%　　　　　　　(e) 0.8%　　　　　　　(f) 1.0%

图 5.34　不同氧化钇添加量的涂层横截面形貌

5.3.2　对涂层微观组织的影响

5.3.2.1　不同氧化钇添加量的涂层物相分析

图 5.35 为不同氧化钇添加量的涂层 X 射线衍射图谱，可见，氧化钇的

添加同样未改变 Ni45 涂层的相组成，仍由 γ-Ni、$M_{23}C_6$ 与 Ni_3B 相组成。

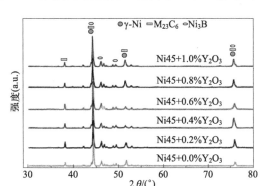

图 5.35　不同氧化钇添加量的涂层 XRD 图谱

5.3.2.2　氧化钇添加量对涂层晶粒组织的影响

为了分析氧化钇对涂层微观组织的影响，并与前述含纯钇涂层进行对比，同样对含氧化钇涂层的界面、顶部及搭接区进行微观形貌分析，具体分析区域及所要重点分析的氧化钇添加量与含纯钇涂层相同（图 5.5）。

（1）氧化钇添加量对界面区组织的影响

对不同氧化钇添加量的涂层界面区进行 SEM 形貌分析，如图 5.36 所示。与纯 Ni45 涂层界面区对比［图 5.6(a)］可以发现，随着氧化钇添加量的增加，涂层界面柱状晶组织得到细化。在添加量为 0.4％时［图 5.36 (a)］，涂层柱状晶尺寸最小。

当氧化钇添加量继续增加时，柱状晶尺寸逐渐增大，表明相比于纯钇，氧化钇在低添加量条件下对涂层具有更好的细化作用。当添加量增加至 0.8％～1.0％时，含氧化钇涂层界面之上仍然呈现较为明显的外延生长趋势，界面存在较多柱状晶组织。而纯钇则可以有效抑制涂层界面的柱状晶生长（图 5.6）。这可能与氧化钇和纯钇对熔池温度与晶粒形态影响的差异有关。

（2）氧化钇添加量对搭接区组织的影响

图 5.37 为不同氧化钇添加量的涂层搭接区微观形貌。由图可见，当氧化钇添加量为 0.4％时，搭接区组织较纯 Ni45 涂层及含纯钇涂层［图 5.7 (a)、(b)］更加细化。同时，白色颗粒相数量与尺寸也明显减小。但当氧化钇添加量大于 0.4％后，搭接区组织逐渐粗化。此外，处于虚线左下方的热影响区中白色颗粒相数量逐渐增多。

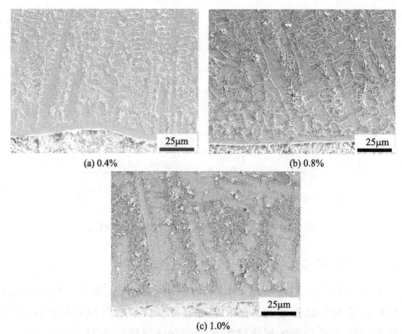

(a) 0.4% (b) 0.8%

(c) 1.0%

图 5.36 不同氧化钇添加量的涂层界面微观形貌

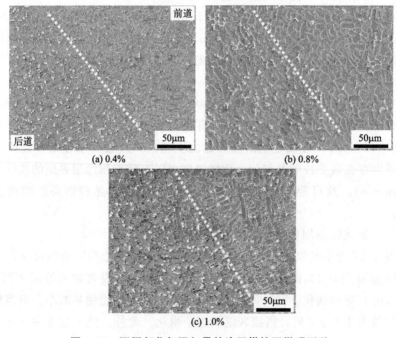

(a) 0.4% (b) 0.8%

(c) 1.0%

图 5.37 不同氧化钇添加量的涂层搭接区微观形貌

（3）氧化钇添加量对顶部区组织的影响

对不同氧化钇添加量的涂层顶部区进行微观分析，得到如图 5.38 所示形貌。涂层组织随着氧化钇添加量的增加先细化后粗化。当添加 0.4％氧化钇后 [图 5.38(a)]，晶粒组织较纯 Ni45 涂层 [图 5.8(a)] 与添加 0.4％纯钇的涂层 [图 5.8(b)] 有显著改善，树枝状与柱状晶粒消失，形成了均匀分布的细小晶粒。

同时，在细化的晶粒边界形成了分布面积较大的共晶组织，在共晶区析出的颗粒物数量和尺寸明显减少。随着氧化钇添加量增加到 0.8％ [图 5.38(b)]，组织发生明显粗化，并形成了较大的树枝晶，颗粒析出物逐渐增多。当添加 1.0％氧化钇时 [图 5.38(c)]，涂层中形成粗大的柱状晶，并呈现出最小的共晶区面积，在其表面分布着数量较多的颗粒析出物。

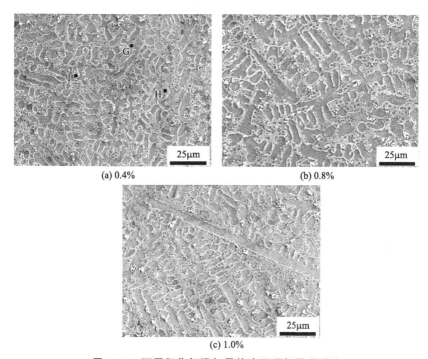

(a) 0.4%　　　　　　　　　　(b) 0.8%

(c) 1.0%

图 5.38　不同氧化钇添加量的涂层顶部微观形貌

为分析上述各组织特征中的元素分布与物相组成情况，对含 0.4％氧化钇涂层进行 EDS 元素分析（表 5.2）。由表可知，初生枝晶（测试点 G）中 Ni 元素含量高于共晶组织（测试点 H），但前者 Cr 元素含量明显低于后者。此外，亮白色颗粒（测试点 I）中较高的 Cr 元素与 C 元素也表明此颗粒为

$Cr_{23}C_6$。同时，涂层共晶组织中 Cr、Fe、Si、B 元素同样高于纯 Ni45 涂层，但低于含纯钇涂层（见表 5.1）。

表 5.2 不同氧化钇添加量的涂层 EDS 元素分析结果

添加量/%	测试点	元素质量分数/%					
		Ni	Cr	Fe	Si	C	B
0.4	G	71.14	6.24	10.45	2.01	2.43	8.02
	H	64.65	12.25	7.02	1.32	5.21	9.24
	I	6.25	49.21	2.56	0.11	36.45	8.45

综上所述，含氧化钇涂层的组织在界面具有明显的生长趋势，柱状晶组织较多但尺寸较小。同时，适量的氧化钇能有效减少涂层中硬质颗粒相的析出并减小颗粒相的尺寸。值得注意的是，当添加过多的氧化钇后，涂层晶粒组织均呈现明显粗化现象。与含纯钇涂层微观组织相对比可以发现（图 5.8），添加少量的氧化钇可以获得更为细化的晶粒组织。

5.3.3 对熔池流动状态与凝固组织的影响机理

5.3.3.1 氧化钇添加量对熔池形貌及流动状态的影响

为对比纯钇与氧化钇对熔池状态影响的差异，同时分析氧化钇添加量对 Ni45 粉末熔化过程的影响，同样对熔覆过程熔池形态进行高速摄像表征。同样按 2ms 的时间间隔选取五张稳定熔池形貌的图片，并按照氧化钇添加量逐渐增加的顺序自上而下排列，形成如图 5.39 所示的坐标图。

其中横坐标为时间间隔 T，纵坐标为添加量 $M_{Y_2O_3}$。由图可见，随着氧化钇添加量的增加，熔池亮度逐渐增强，熔池大小逐渐增大。与添加纯钇的熔池相对比可以发现（图 5.9），添加量为 0.6%～1.0% 范围的氧化钇熔池亮度要小于该添加量范围的纯钇熔池亮度。

为分析氧化钇对熔池温度的影响，同样对含氧化钇熔池进行热辐射谱测试，所测数据曲线如图 5.40 所示。由图可见，含氧化钇熔池的谱线强度呈现出随添加量增加而逐渐增大的趋势，证明热辐射强度逐渐增强。由于谱线强度越高代表发射谱线位置的熔池温度越高，因此熔池温度会随着氧化钇添加量的增加而逐渐上升。结合含纯钇熔池热辐射谱曲线（图 5.10）可以发现，含氧化钇熔池的谱线强度均小于含纯钇熔池，证明含氧化钇熔池温度低于含纯钇熔池。

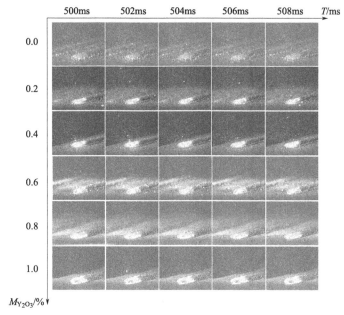

图 5.39　不同氧化钇添加量的熔池高速摄像图

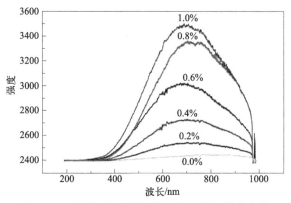

图 5.40　不同氧化钇添加量的熔池热辐射谱曲线

图 5.41 为含氧化钇熔池流速计算参考点，通过计算不同时刻熔池内亮点与参考线的距离得到各氧化钇添加量所对应熔池的参考点移动速度，如图 5.42 所示。

参考点移动速度可近似代表熔池流动速率。随着添加量的增加，熔池流动速率逐渐加快。当添加量在 $0.6\%\sim1.0\%$ 范围，熔池流动速率增加的趋势逐渐趋缓。与含纯钇熔池流动速率对比可以发现（图 5.12），含氧化钇熔池流速显著低于含纯钇熔池流速。

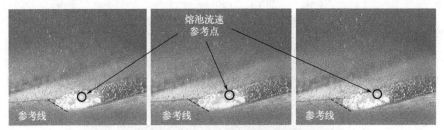

图 5.41　含氧化钇熔池流速计算参考点

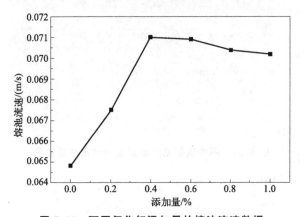

图 5.42　不同氧化钇添加量的熔池流速数据

5.3.3.2　氧化钇对熔池流态的影响机制

根据氧化钇熔池高速摄像形貌可知，氧化钇添加量少于 0.6％时，会促进熔池流动（图 5.42）。由于氧化钇粉末颗粒直径较小，在球磨过程中会附着在颗粒直径较大（45～109μm）的 Ni45 粉末表面，如图 5.43(a) 所示。对图 5.43(a) 中方框区域进行 EDS 面扫描分析发现，附着颗粒富含 Y 元素，因此证明了前述氧化钇的附着现象。由于氧化钇附着在粉末上会使颗粒表面粗糙度增加，进而提高了激光在粉末颗粒间发生偏折的次数，从而会增加粉末对激光的吸收率[22]。因此，粉末会吸收更多激光能量，从而增加熔池内的热量，该现象通过熔池亮度与热辐射强度的变化规律得到证实。

根据第 4 章中提到的熔池反应影响熔池流动的理论，升高的温度会提高熔池的流动速度。当添加少量氧化钇（小于 0.6％）后，熔池内温度和流速逐渐上升。同时，由式(5-2) 和式(5-3) 可知，黏度随着温度的升高而降低，从而降低内摩擦阻力，同样能够促进熔池流动。

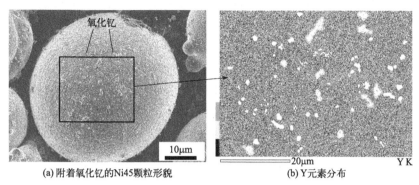

(a) 附着氧化钇的Ni45颗粒形貌　　　(b) Y元素分布

图 5.43　氧化钇附着在 Ni45 颗粒表面形貌

此外，虽然氧化钇难熔且不易分解，但在熔池高温条件下还是会有一小部分氧化钇发生分解反应形成少量 Y 元素与 O_2[12]。这些 Y 元素仍可以降低熔池表面张力和界面能，从而在一定程度上可以促进熔池的对流作用。当添加量大于 0.4% 后，进入熔池且不发生分解反应的氧化钇逐渐增多，进而会使熔池黏度略有增加，导致熔池流速有所下降。

但由于氧化钇在 Ni45 粉末表面的附着量有限，无法大幅提升粉末颗粒对激光的吸收率，从而在熔池内不会产生多于含纯钇熔池的热量。同时，氧化钇分解进入熔池的 Y 元素量较少，对熔池表面张力与界面能的促进作用也弱于纯钇。因此，含氧化钇熔池的流动速率低于含纯钇熔池。

5.3.3.3　氧化钇对涂层微观组织的影响机制

根据上述熔池作用机理得知，添加少量氧化钇（小于 0.6%）有助于提高熔池流动速率，并可以将熔池中上部高温区的热量迅速传导至靠近基体的低温区，从而缓解熔池的定向冷却，导致界面柱状晶数量减少，尺寸减小。这也解释了少量添加氧化钇使界面组织改善的原因。同时，熔池的加速流动会增加冷却速率，从而加速熔池凝固并缩短晶粒生长时间，使晶粒细化。

但是，根据熔池流速分析（图 5.12 与图 5.42）可知，氧化钇添加量较多（0.6%～1.0%）的熔池流速略有下降，且明显低于同添加量的纯钇熔池，这就使含氧化钇熔池界面与上部的热交换率相对较低，导致含氧化钇熔池界面温度梯度较大，冷却速度较低。因此在熔池凝固过程中较含纯钇熔池具有更强的外延生长趋势，进而形成柱状树枝晶。同时，由于熔池温度逐渐升高，进而延长熔池存在时间，使晶粒可以充分生长，导致涂层组织逐渐粗化。

为分析氧化钇在涂层组织中的分布状态对晶粒的影响，对添加 0.4％氧化钇的 Ni45 涂层晶粒进行高倍 SEM 与元素分析，得到图 5.44。可见，在晶界分布着些许细小颗粒物，对该处组织进行 EDS 面扫描分析［如图 5.44(b) 所示］可以发现，晶粒内部含有富 Y 的小颗粒物，证明氧化钇可以作为异质形核的质点。由于氧化钇具有较高的化学稳定性，在熔池中不与其他金属发生反应，且仅有少部分会发生高温分解，其中较大部分以异质形核质点形式存在于晶粒中。而纯钇不能形成较多的氧化钇，导致添加氧化钇产生的形核质点数会明显多于纯钇。

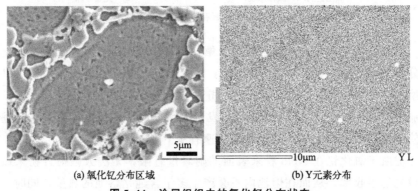

(a) 氧化钇分布区域　　　　　　　　　(b) Y元素分布

图 5.44　涂层组织内的氧化钇分布状态

同时，少量氧化钇分解形成的 Y 元素可以降低表面张力，增加熔池凝固过程中的结晶形核速率［由式(5-4) 与式(5-5) 可得］，从而促进熔池中的液态 Ni45 合金发生形核，增加晶粒形核点，在凝固过程中形成更多晶粒，实现涂层组织的均匀细化[23]。此外，图 5.44 中晶界边缘的富 Y 颗粒表明，氧化钇会在熔池凝固过程中向固液界面前沿移动，阻碍晶粒的快速长大[24]。此外，氧化钇分解形成的 Y 元素会阻止熔池中 Cr、Fe 等金属元素进入初生相 γ-Ni 中，导致更多的金属元素聚集于晶界附近，形成共晶组织。由界面元素分布 (图 5.14) 与成分过冷凝固原理 (图 5.16) 可知，金属元素的富集会增大界面前沿成分过冷度，从而使晶粒转变为细小的等轴晶。

通过纯钇与氧化钇对微观组织影响的研究可以发现，适量的稀土对涂层组织具有显著的细化作用，但是添加量过多后，会明显起到相反作用。由于氧化钇会形成更多的异质形核质点，因此其对涂层的细化作用强于纯钇。此外，由于纯钇在熔池中放出较氧化钇更多的热量，在加快熔池流动改善晶粒定向生长的同时，增加了熔池温度，导致冷却速率降低，从而延长晶粒生长时间，导致最终形成的晶粒尺寸明显大于含氧化钇涂层。

5.3.3.4 氧化钇对涂层硬质颗粒析出相的影响机制

图 5.45 为不同氧化钇添加量的涂层硬质析出相分布状态。由图可见，当添加 0.4%氧化钇后，涂层中硬质相数量与尺寸较纯 Ni45 涂层［图 5.45 (a)］有明显降低。前述表明，氧化钇具有较强的异质形核与抑制晶粒生长的作用，在细化晶粒的同时增加了晶界及共晶组织分布范围，增加 Cr 元素分布均匀性。同时，氧化钇分解形成的 Y 元素会阻碍 Cr 元素与 C 元素向晶界移动并增加 C 在熔体中的溶解度[11,12]。上述过程可以有效抑制 $Cr_{23}C_6$ 的析出。

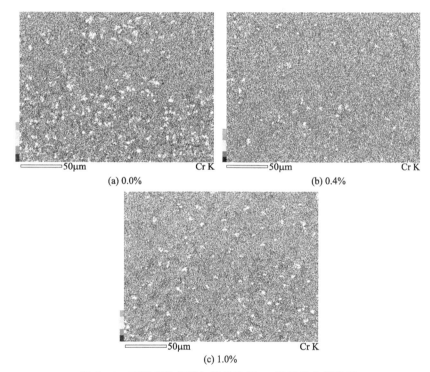

(a) 0.0%　　　　　　　　(b) 0.4%

(c) 1.0%

图 5.45 不同氧化钇添加量的涂层 Cr 元素分布能谱图

此外，根据熔池流动状态分析可知，添加 0.6%～1.0%氧化钇的熔池亮度与热辐射强度（图 5.39 与图 5.40）低于相同添加量条件下的含纯钇熔池（图 5.9 与图 5.10）。因此含氧化钇熔池的存在时间要短于含纯钇熔池，使得 Cr 元素与 C 元素在熔池凝固过程中有更短的析出时间，进而不利于 $Cr_{23}C_6$ 的形成。同时，由于含氧化钇熔池温度低于含纯钇熔池，因此含氧化钇熔池对涂层的热影响作用更小，从而缓解硬质相的析出。相比于含纯钇涂层（图5.17），含氧化钇涂层仅会析出少量尺寸较小的硬质相颗粒。当氧化钇添加量达到1.0%时［图5.45(c)］，涂层硬质析出相明显增多。这主要是由于过量的氧化钇会使熔池温度升高，从而对涂层产生较强的热作用，增加$Cr_{23}C_6$的析出倾向，但硬质相数量与尺寸仍低于纯Ni45涂层与含纯钇涂层。

5.3.4 对涂层性能的影响

5.3.4.1 氧化钇添加量对涂层显微硬度的影响

图5.46为不同氧化钇添加量的涂层显微硬度。由图可见，涂层显微硬度随氧化钇添加量的增加而逐渐升高，沿层深方向分布也较为均匀。其中，含0.4%氧化钇涂层硬度（$HV_{0.5}$）平均值为508.8，较纯Ni45涂层［488.4

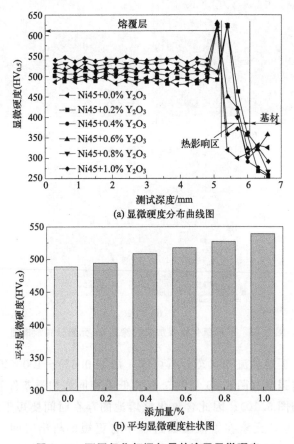

图5.46 不同氧化钇添加量的涂层显微硬度

$[HV_{0.5}]$仅提高 4.18%。这主要是由于少量氧化钇对组织的细化作用使涂层硬度略有提升。当添加量达到 1.0%时，涂层表现出最大平均硬度值[约 539.2($HV_{0.5}$)]，较纯 Ni45 涂层仅提高 10.40%。这主要是因为当氧化钇添加量较多时，富集于晶界的氧化钇会增加晶界脆性，从而使硬度明显升高。此外，由于氧化钇分解形成的 Y 元素相对较少，因此与涂层中金属元素形成的金属间化合物少，导致在相同添加量条件下含氧化钇涂层硬度低于含纯钇涂层。

5.3.4.2 氧化钇添加量对涂层耐磨性能的影响

图 5.47 为不同氧化钇添加量的涂层磨损率。由图可见，随着氧化钇添加量的增加，涂层磨损率先减小后增大。当添加量为 0.4%时，涂层磨损率（15.94×10^{-6} mm/N·m）较纯 Ni45 涂层（16.41×10^{-6} mm/N·m）仅降低 2.86%。当氧化钇添加量增大到 0.8%时，含氧化钇涂层的磨损率下降至最低值（12.08×10^{-6} mm/N·m）。与前述含纯钇涂层磨损率（图 5.19）相比，含氧化钇涂层具有更高的磨损率，证明含氧化钇涂层耐磨性能低于含纯钇涂层。

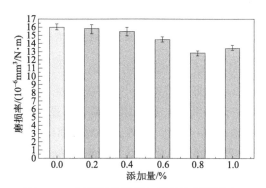

图 5.47 不同氧化钇添加量的涂层磨损率

图 5.48 为不同氧化钇添加量的涂层磨损形貌。由图可以看出，磨损形式主要以磨粒磨损为主，伴有黏着磨损现象。当添加 0.4%氧化钇后[图 5.48(a)]，涂层磨损表面形成较宽且深的犁沟，并存在较为明显的黏着磨损特征。相比于纯 Ni45 涂层[图 5.20(a)]，其黏着磨损现象有所缓解。随着氧化钇添加量增加至 0.8%[图 5.48(b)]，磨损表面形成数量较多的细窄犁沟。当添加量达到 1.0%后，磨痕形貌中再次出现面积较大的黏着磨损区域，但犁沟宽度未明显变化。

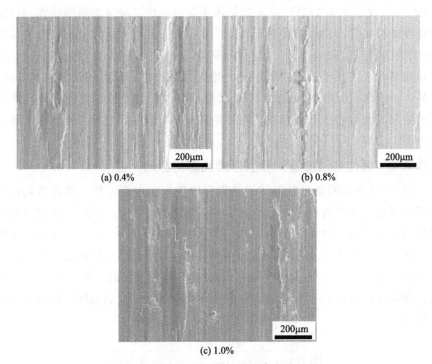

图 5.48　不同氧化钇添加量的涂层磨损形貌

　　根据含氧化钇涂层的微观组织分析结果，当氧化钇添加量为 0.4％时，涂层中晶粒明显细化，密集分布的细小晶粒使晶界与共晶组织增加。根据 Hall-Petch 关系式（4-18）可知，晶粒细化能有效强化晶界，提高位错在晶粒内部发生滑移的倾向性。同时，晶界数量的增加使微裂纹前端发生应力松弛，阻碍裂纹继续扩展，缓解涂层表面犁削和剥落现象。此外，根据前述硬质析出相分析结果可知，含 0.4％氧化钇涂层中硬质颗粒相数量与尺寸明显减小。由于涂层中大尺寸硬质颗粒显著减少，因此缓解了大颗粒相脱落所引起的剧烈磨损，对改善涂层耐磨性能具有一定积极作用[15]。但是，由涂层显微硬度数据显示，0.4％的氧化钇未显著提高涂层硬度。因此，根据 Archard 关系式（4-12）可知，涂层黏着磨损率未明显减少。随着氧化钇添加量的增加，导致富集于晶界的氧化钇增多，从而阻碍晶界的位错滑移并增加晶界脆性，使涂层硬度逐渐升高，降低涂层黏着磨损率。但当添加量达到 1.0％时，其改善涂层抗磨性能的效果有所减弱。这主要是由于添加 1.0％氧化钇的涂层具有尺寸较大的晶粒，从而减少晶界的密集程度，加剧了位错滑移，导致涂层磨损率上升。由于含氧化钇涂层硬度低于含纯钇涂层，因此前者相比于后者表现出更为显著的黏着磨损现象（图5.20与图5.48），导致含氧化钇涂层耐磨性低于含纯钇涂层。

5.3.4.3　氧化钇添加量对涂层力学性能的影响

（1）氧化钇添加量对涂层耐冲击性能的影响

图5.49为不同氧化钇添加量的涂层冲击韧性。由图可见，随氧化钇添加量的增加，涂层冲击韧性呈现先升后降的趋势。其中，含0.4%氧化钇的涂层表现出最大的冲击韧性（10.5J/cm²），较纯Ni45涂层（6.88J/cm²）提高52.61%。添加量大于0.4%之后，涂层冲击韧性逐渐下降。当达到1.0%时，涂层冲击韧性值（9.5J/cm²）较纯Ni45涂层提高约38.08%。此外，与含纯钇涂层相比（图5.20），含氧化钇涂层具有更高的冲击韧性。

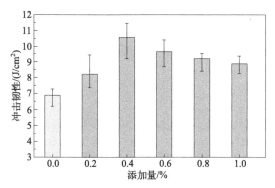

图5.49　不同氧化钇添加量的涂层冲击韧性

图5.50为不同氧化钇添加量的涂层冲击断口形貌，由图5.50(a)～(c)中断口的低倍宏观形貌可以看出，涂层断口呈人字纹或河流状的台阶，证明涂层发生脆性断裂。对断口进行微观分析可以发现［图5.50(d)～(f)］，在断口上明显呈现出显著的沿晶断裂特征。当氧化钇添加量为0.4%时［图5.50(d)］，涂层断口呈现密集的细小断面。根据微观组织形貌可知，上述现象是由于涂层在添加氧化钇后会形成尺寸细小的晶粒，因此在发生沿晶断裂时会形成尺寸明显减小的断裂面。

随着添加量增加至0.8%时［图5.50(e)］，涂层断口的小断面尺寸增大，断面数量减少。这主要是由于0.8%氧化钇对涂层晶粒的细化作用减弱，晶粒尺寸较含0.4%氧化钇的涂层有所增大，因此形成面积较大的小断面。当添加量达到1.0%［图5.50(f)］，涂层断口上形成的断裂面显著增大，并出现明显的柱状沿晶断裂形貌，这与过量氧化钇导致的微观组织粗化现象有关。

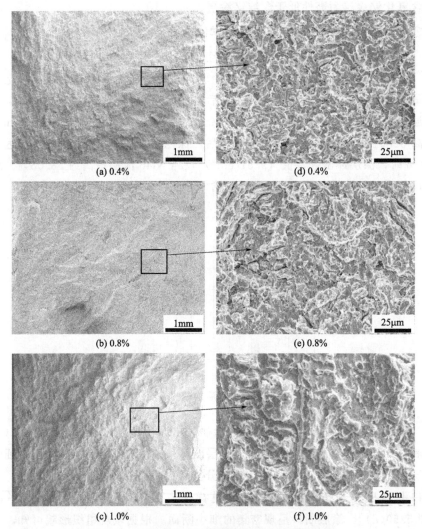

(a) 0.4%　　　　　　　　　　　　　(d) 0.4%

(b) 0.8%　　　　　　　　　　　　　(e) 0.8%

(c) 1.0%　　　　　　　　　　　　　(f) 1.0%

图 5.50　不同氧化钇添加量的涂层冲击断口形貌

(2) 氧化钇添加量对涂层拉伸性能的影响

对含氧化钇涂层进行拉伸试验，得到如图 5.51(a) 所示的拉伸应力-应变曲线，可以看出涂层试样均未出现屈服极限，证明涂层发生脆性断裂。

图 5.51(b) 为不同氧化钇添加量的涂层抗拉强度。由图可见，添加氧化钇能使涂层抗拉强度高于纯 Ni45 涂层。此外，与含纯钇涂层相比[图 5.23(b)]，含氧化钇涂层具有更高的抗拉强度。随着氧化钇添加量的增

加，涂层抗拉强度先升高后下降。当添加 0.4％氧化钇时，涂层抗拉强度达
到 779.8MPa，较纯 Ni45 涂层（651.26MPa）提高约 16.48％。

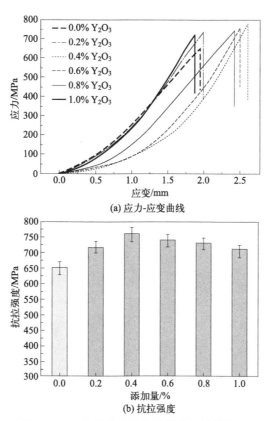

(a) 应力-应变曲线

(b) 抗拉强度

图 5.51　不同氧化钇添加量的涂层拉伸性能

图 5.52 为不同氧化钇添加量的涂层拉伸断口形貌。由图可以看出，涂
层断口微观形貌呈现出与冲击断口相同的沿晶断裂形式。

上述数据表明，在涂层中添加 0.4％的氧化钇能有效提高 Ni45 涂层的
冲击韧性与抗拉强度，因此证明添加少量氧化钇对提升涂层耐冲击性能有显
著作用。

（3）含氧化钇涂层冲击与拉伸断裂机理分析

① 晶粒细化对涂层冲击与拉伸性能的影响。根据前述分析可以得出，
添加少量的氧化钇可有效细化晶粒，使涂层的冲击韧性与抗拉强度显著升
高。同时，断口形貌呈现出密集的小尺寸沿晶断裂面。由式（4-19）可知，
细化晶粒能有效提高解离断裂强度 σ_f 值。根据晶体学原理，晶粒尺寸减小

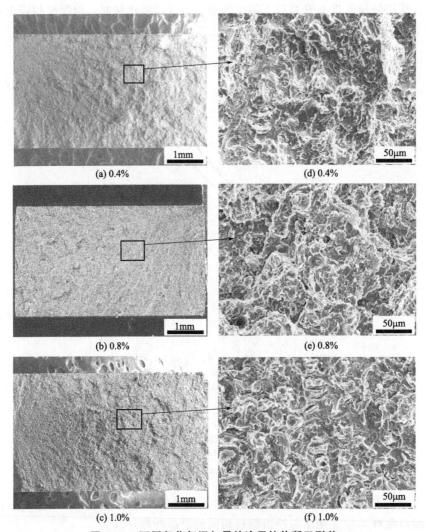

(a) 0.4%   (d) 0.4%

(b) 0.8%   (e) 0.8%

(c) 1.0%   (f) 1.0%

图 5.52   不同氧化钇添加量的涂层拉伸断口形貌

能有效降低晶界的平直化程度，并显著增加晶界面积，从而提高晶界总能量[16,17,25]。此外，由于晶界处原子排列不规则，在常温下晶界会对位错的运动起阻碍作用。因此，随着晶粒细化而增加的晶界数量可以有效阻碍位错滑移，从而将受力产生的塑性变形限定在一定范围内，使塑性变形均匀化，提高涂层的韧性。

同时，涂层在受到冲击与拉伸力作用后会首先出现微观裂纹，裂纹在内部扩展过程会受到晶界与共晶组织的阻碍作用。此外，由式(4-20)可知，小角度晶界会增加解离裂纹穿过晶界所消耗的能量。同时，大角度晶界增加裂纹偏转次数，从而消耗更多能量（图 4.65）。由于含 0.4％氧化钇涂层组织较含纯钇涂层更加细化均匀，因此前者断裂强度 σ_f 及晶界能均高于后者。最终使涂层具有更高的冲击韧性与抗拉强度。

② 硬质析出物对涂层冲击与拉伸性能的影响。根据氧化钇对涂层硬质析出相的影响规律可以发现（图 5.45），添加 0.4％氧化钇能有效降低硬质析出相的数量与尺寸，从而显著缓解涂层中由于大尺寸硬质相所带来的较大应力集中。此外，数量减少且尺寸较小的硬质析出相能降低在冲击与拉伸作用下涂层所形成的微空洞数量与大小，从而增加断裂面的受力面积，使涂层的冲击韧性与抗拉强度得到显著提升。

当氧化钇添加量大于 0.4％后，由微观组织可以发现，涂层晶粒发生粗化，同时析出较大尺寸的硬质相，使得涂层内部再次形成较大的应力集中，并在外力作用下形成数量较多的大尺寸微空洞。此外，过多的氧化钇进入熔池后会在晶界大量聚集，增加晶界脆性并阻碍位错滑移产生位错塞积，增加应力集中程度。上述过程共同作用，使涂层内部瞬间产生裂纹并快速扩展，从而使涂层冲击韧性与抗拉强度逐渐下降。

综上所述，由于氧化钇在细化晶粒及降低硬质析出相数量与大小方面较纯钇具有更为优异的效果。因此，氧化钇能更有效地提高涂层冲击与拉伸性能。

5.3.4.4　氧化钇添加量对涂层电化学腐蚀特性的影响

（1）不同氧化钇添加量的涂层动电位极化曲线分析

为分析氧化钇对 Ni45 涂层耐腐蚀性能的影响，采用动电位极化曲线方法进行分析得到如图 5.53 所示曲线图。由图可见，极化曲线阳极区同样会形成钝化区，且钝化区电压范围在 $-0.62 \sim 0.05 V$ 之间。

在添加量达到 0.4％时，涂层获得最大的钝化区（$-0.63 \sim 0.05 V$）。随着氧化钇添加量的继续增加，涂层钝化区范围逐渐缩小。

对图 5.53 中极化曲线经数据处理得到如图 5.54 所示的腐蚀电流密度。由图可见，添加氧化钇后，腐蚀电流密度随添加量的增加会先降低后升高。其中，含 0.4％氧化钇涂层具有最小的腐蚀电流密度（$4.63 \mu A/cm^2$），较纯 Ni45 涂层（$10.58 \mu A/cm^2$）降低 56.24％。与前述含纯钇涂层相比（图 5.26），含氧化钇涂层表现出更小的腐蚀电流密度，证明含氧化钇涂层具有更好的耐腐蚀性能。

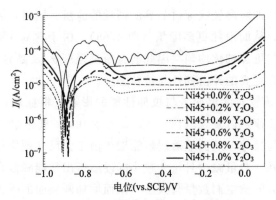

图 5.53 不同氧化钇添加量的涂层极化曲线

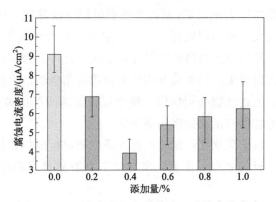

图 5.54 不同氧化钇添加量的涂层腐蚀电流密度

（2）不同氧化钇添加量的涂层电化学阻抗分析

通过电化学阻抗分析得到图 5.55 的 Nyquist 阻抗谱，其测试频率范围为 0.01～100000Hz。当氧化钇添加量为 0.4％时，涂层表现出最大的电容电弧半径，因此具有最大的阻抗。同时，含氧化钇涂层的阻抗弧半径要明显大于含纯钇涂层（图 5.27）。由 Nyquist 图可得阻抗 Bode 图，如图 5.56 所示。其中，图 5.56(a) 为阻抗幅值-频率图，当添加量为 0.4％时，涂层表现出最大阻抗值（79815Ω），分别是纯 Ni45 涂层阻抗值（10378Ω）与含纯钇涂层最大阻抗值（58885Ω）的 7.69 倍和 1.36 倍。

图 5.56(b) 为阻抗相位角-频率图。涂层最大相位角范围为 73.0°～84.0°，相位角最大值为 83.93°（含 0.4％氧化钇涂层）。最大相位角范围所对应的频率范围为 8.4～32.6Hz，最大相位角对应频率为 32.58Hz。同时，含氧化钇涂层相对于含纯钇涂层具有更大的相位角范围（图 5.28），因此具

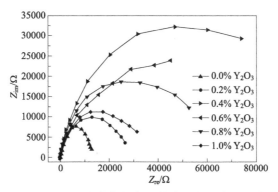

图 5.55　不同氧化钇添加量的涂层电化学阻抗谱

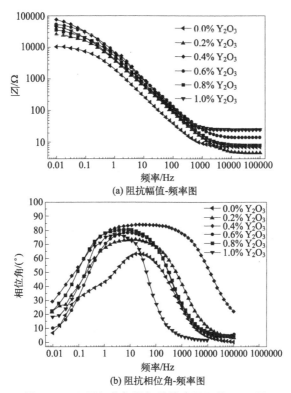

(a) 阻抗幅值-频率图

(b) 阻抗相位角-频率图

图 5.56　不同氧化钇添加量的涂层阻抗 Bode 图

有更强的电容特性。此外，含氧化钇涂层的相位角在低频区具有更慢的下降速度，说明其表面形成的钝化膜具有更好的稳定性，在腐蚀过程中难以击穿，从而表现出更强的耐腐蚀性。上述分析表明，含氧化钇涂层耐腐蚀性明显优于含纯钇涂层与纯 Ni45 涂层。

（3）含氧化钇涂层腐蚀形貌与电化学腐蚀机理分析

为深入分析添加氧化钇对 Ni45 涂层耐腐蚀性能的影响机理，对涂层腐蚀表面进行微观分析，如图 5.57 所示。由图可以看出，腐蚀形貌以孔蚀为主并在搭接区形成带状腐蚀区。由于含氧化钇涂层在搭接区同样会析出大量富 Cr 的硬质相颗粒，从而使搭接区发生更为严重的腐蚀破坏。与纯 Ni45 涂层的腐蚀形貌相对比可以发现，添加 0.4％氧化钇 ［图 5.57(a)］ 的涂层表面腐蚀坑明显减少，同时在搭接区呈现出较小的腐蚀宽度。

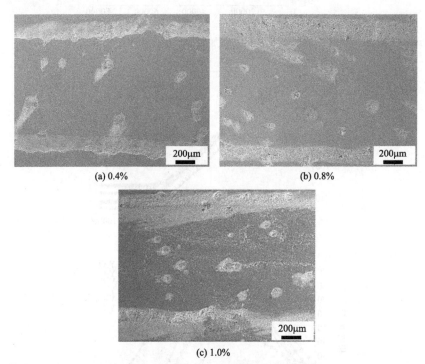

(a) 0.4%

(b) 0.8%

(c) 1.0%

图 5.57　不同氧化钇添加量的涂层腐蚀形貌

添加量大于 0.4％ ［图 5.57(b)、（c)］ 的 Ni45 涂层均形成较多的腐蚀坑与较大的搭接区腐蚀宽度。为了进一步分析涂层腐蚀机理，对含 0.4％氧化钇涂层腐蚀表面进行局部放大观察，得到如图 5.58 所示形貌。由图可见，含氧化钇涂层与含纯钇涂层具有相似的微观腐蚀形貌（图 5.30)，涂层的枝晶与二次枝晶臂都在腐蚀作用下形成微孔，因此说明其腐蚀破坏机理基本相同。

同时，含氧化钇涂层表面的微腐蚀孔要小于含纯钇涂层 ［图 5.30(a)］，证明了含氧化钇涂层的微观腐蚀倾向弱于含纯钇涂层。通过轻度腐蚀区的局

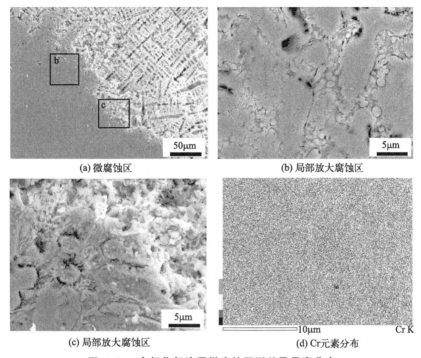

(a) 微腐蚀区　　　　　　　　　　　(b) 局部放大腐蚀区

(c) 局部放大腐蚀区　　　　　　　　(d) Cr元素分布

图 5.58　含氧化钇涂层微腐蚀区形貌及元素分布

部放大图可以看出 ［图 5.58(b)］，初生枝晶同样发生沿晶界的轻微腐蚀。此外，对严重腐蚀区域进行局部放大与 EDS 面扫描分析 ［图 5.58(c)、(d)］进一步发现，含氧化钇涂层局部腐蚀程度弱于含纯钇涂层（图 5.31）。

　　由于氧化钇对涂层组织具有更优异的细化作用，涂层晶粒尺寸明显小于含纯钇涂层，从而增加共晶组织的分布面积，并提高 Cr 元素分布均匀性。此外，氧化钇较纯钇能更有效抑制富 Cr 硬质相的析出，从而减少初生枝晶与共晶区 Cr 元素的损失，缓解晶界的贫 Cr 现象，导致涂层迅速形成钝化膜并抑制腐蚀过程，使涂层具备更为优异的耐腐蚀性能。但当氧化钇添加量过多后，涂层中晶粒尺寸增加，析出的硬质颗粒相增多，导致晶界与共晶区面积减小，贫 Cr 现象加剧，从而降低涂层的耐腐蚀性。

5.4　本章小结

　　本章分析了稀土对 Ni45 涂层的熔池熔化特性及微观组织的作用机制，研究了稀土对涂层的耐磨耐蚀及相关力学性能的影响机理，得到如下几点重要结论：

① 熔池流态分析表明，由于纯钇在熔池中发生氧化反应放出大量的热，使熔池具有较快的流动速率。但氧化钇在熔池中产生的热量较低，导致熔池流速低于含纯钇熔池。上述研究结果解决了"稀土元素及其氧化物对熔池流动状态的影响机理"这一科学问题。

② 微观组织分析表明，虽然纯钇具有抑制涂层晶粒生长的作用，但由于纯钇熔池温度较高，因此熔池存在时间较长，延长了晶粒生长时间，使涂层未得到显著细化。对于含氧化钇涂层来说，由于氧化钇可作为异质形核点，增加形核率，从而细化组织并抑制硬质相析出。添加 0.4％氧化钇时，涂层晶粒尺寸更小，同时共晶组织较大且分布均匀，表明氧化钇对涂层细化效果高于纯钇。

③ 耐磨性能测试表明，由于纯钇在细化涂层组织的同时，会与涂层中 Ni 元素形成金属间化合物，并析出较多硬质颗粒相，使含纯钇涂层磨损率下降。添加 1.0％时，涂层磨损率最小，较纯 Ni45 涂层降低 34.67％。对于含氧化钇涂层来说，由于氧化钇会向晶界富集，能有效阻碍位错滑移，但未与 Ni 元素形成较多金属间化合物，涂层硬质相数量也明显减少，导致含氧化钇涂层耐磨性低于含纯钇涂层。

④ 冲击与拉伸性能测试表明，由于含纯钇涂层组织相对粗大，内部硬质相相对较多，同时存在大量金属间化合物，增加涂层脆性与应力集中，不利于涂层冲击与拉伸性能的提高。含 0.8％纯钇的涂层冲击韧性与抗拉强度较纯 Ni45 涂层仅提高 11.01％和 27.18％。由于氧化钇能显著细化涂层组织并减少硬质析出相，提高晶间断裂所需能量，减少应力集中点，使含 0.4％氧化钇的涂层具有最大冲击韧性与抗拉强度，较纯 Ni45 涂层提高 52.61％与 16.48％。综上所述，含氧化钇涂层耐冲击性强于含纯钇涂层。上述研究结果解决了"稀土对激光熔覆复合涂层耐冲击性能的影响机理"这一科学问题。

⑤ 耐腐蚀性能测试表明，由于含纯钇涂层晶粒粗大且伴有大量硬质相析出，不能有效缓解贫 Cr 现象，使涂层耐腐蚀性未显著提升。含 0.8％纯钇涂层腐蚀电流密度较纯 Ni45 涂层仅降低 32.51％。由于添加氧化钇能有效抑制富 Cr 相析出并显著细化组织，使含 0.4％氧化钇涂层具有最小的腐蚀电流密度，较纯 Ni45 涂层降低 56.24％。上述表明，含氧化钇涂层耐腐蚀性强于含纯钇涂层。

综上所述，添加 0.4％氧化钇的 Ni45 涂层具有最佳的耐冲击与耐腐蚀性能，耐磨性能较纯 Ni45 涂层略有提升。因此选择 0.4％氧化钇作为优选添加物。

参考文献

［1］ 梁德旺，赵瑛著. 流体力学基础［M］. 北京：航空工业出版社，1998：164-165.

［2］ E H Viscosity. Plasticity，and Diffusion as Examples of Absolute Reaction Rates ［J］. Journal of Chemical Physics，1936，4：283-291.

［3］ J F Kincaid，H Eyring，A E Stearm. The Theory of Absolute Reaction Rates and its Application to Viscosity and Diffusion in the Liquid State［J］. Chemical Reviews，1941，28：301-365.

［4］ 柯伸道. 焊接冶金学.［M］. 2 版. 北京：高等教育出版社，2012：99-100.

［5］ 库尔兹，费希尔. 凝固原理［M］. 李建国，胡侨丹，译. 北京：高等教育出版社，2010：76-77.

［6］ 李桂荣，王宏明，赵玉涛，等. 稀土钇对 7055 铝合金熔炼和凝固过程的作用机制［J］. 稀有金属材料与工程，2010，39（001）：80-84.

［7］ K. L Wang，Q B Zhang，et al. Microstructural characteristics of laser clad coatings with rare earth metal elements［J］. Journal of Materials Processing Technology，2003，139：448-452.

［8］ L Jun，W H Ping，L M Ping，et al. Effect of yttrium on microstructure and mechanical properties of laser clad coatings reinforced by in situ synthesized TiB and TiC ［J］. Journal of Rare Earths，2011，29（5）：85-91.

［9］ C Wang，H Li. Influence of Yttrium on Microstructure and Properties of Ni-Al Alloy Coatings Prepared by Laser Cladding［M］，Proceedings of the 8th Pacific Rim International Congress on Advanced Materials and Processing. John Wiley & Sons，Inc. 2013：116-117.

［10］ 李慧，夏爽，周邦新，等. 镍基 690 合金中晶界碳化物析出的研究［J］. 金属学报，2011，47（7）：853-858.

［11］ F Y Hung，Z Y Yan，L H Chen，et al. Microstructural characteristics of PTA-overlayed NbC on pure Ti［J］. Surface & Coatings Technology，2006，200（24）：6881-6887.

［12］ Y S tian，C Z chen，L X chen，et al. Effect of RE oxides on the microstructure of the coatings fabricated on titanium alloys by laser alloying technique. Scripta Materialia，2006，54（5）：847-856.

［13］ H Wang，H Wang，Q Zhao，et al. Investigation on hot corrosion behaviour of Aluminum Rare Earth coating in mixed sulphate at 1050℃［J］. Corrosion Science，

2018，135：99-106.

[14] W Liu，B Liu，J Li，et al. Effects of characteristics of Y_2O_3 commercial powders on structural and optical properties of Nd：YAG ceramics ［J］. Ceramics International，2014，40（7）：11399-11404.

[15] 《金属机械性能》编写组. 金属机械性能. 修订本 ［M］. 北京：机械工业出版社，1982：118-119.

[16] 胡赓祥，蔡珣，戎咏华. 材料科学基础 ［M］. 上海：上海交通大学出版社，2010：83-84.

[17] 李文超. 冶金与材料物理化学 ［M］. 北京：冶金工业出版社，2001：78-79.

[18] 王有铭，个曼云，丰光. 钢材的控制轧制和控制冷却 ［M］. 北京：冶金工业出版社，2009：142-143.

[19] 钟群鹏 赵子华. 断口学（精）［M］. 北京：高等教育出版社，2006：125-126.

[20] 张凤英，陈静，谭华，等. 稀土钕对激光快速成形 TC4 合金组织及性能的影响 ［J］. 稀有金属材料与工程，2007，（08）：107-111.

[21] 马颖澈，李硕，郝宪朝，等. 2 种 N 含量不同的 690 合金中晶界碳化物及晶界 Cr 贫化研究 ［J］. 金属学报，2016，（8）：980-986.

[22] 陈君，张群莉，姚建华，等. 材料表面粗糙度对激光吸收率影响的研究 ［J］. 激光技术，2008，32（06）：624-627.

[23] 杨庆祥，高聿为，廖波，等. 夹杂物在中高碳钢堆焊金属中成为初生奥氏体非均质形核核心的探讨 ［J］. 中国稀土学报，2000，018（002）：138-141.

[24] H C Li，D G Wang，C Z Chen，et al. Effect of CeO_2 and Y_2O_3 on microstructure，bioactivity and degradability of laser cladding $CaO\text{-}SiO_2$ coating on titanium alloy ［J］. Colloids and Surfaces B：Biointerfaces，2015，127：15-21.

[25] H P Chang，S Dong，et al. Assessment of mechanical properties and fatigue performance of a selective laser melted nickel-base superalloy Inconel 718 ［J］. Materials Science and Engineering：A，2019，759：278-287.

第6章
脉冲激光熔覆复合涂层

6.1 引言

前述研究表明，Ni45 涂层的各项性能均得到不同程度的提升，但 Ni45 涂层中仍存在大量的硬质析出相颗粒。这些析出相分布于晶界与共晶区，仍会对涂层的力学性能产生不利的影响。由于脉冲激光对熔池的搅拌作用会增加熔池冷却速率，因此有望通过脉冲激光实现对熔池凝固过程的调控，以减少硬质相的析出，改善涂层组织与性能。为此，需重点分析脉冲激光频率对熔池熔化特性、晶粒组织的作用机理，了解脉冲激光频率对 Ni45 合金涂层内部与搭接区硬质析出相颗粒分布状态的影响规律，解决"复合涂层微观组织和硬质析出相的调控机理"这一科学问题。讨论脉冲激光频率对涂层相关力学性能的影响机理，最终得到使涂层具有理想性能的脉冲频率。

研究中所使用的脉冲激光是通过控制电子光闸定时开关对前述连续激光斩波而形成的一种矩形脉冲激光，为同一光源的不同输出模式。

6.2 脉冲激光对涂层宏观形貌与微观组织的影响

6.2.1 脉冲激光功率对单道涂层宏观形貌的影响

前期大量工艺研究发现，脉冲占空比对激光熔覆涂层质量的影响窗口非常小，在选择与连续激光相同的熔覆速度 300mm/min 时，较小的占空比很难实现良好形貌涂层的制备，同时斩波形成的脉冲激光能量损失严重。而较大的占空比形成的熔覆层质量又与连续激光区别不大。因此，研究直接选取占空比为 50% 的脉冲激光进行激光熔覆试验，只研究脉冲激光频率对涂层质量的影响。

　　首先进行单道熔覆试验，寻找匹配的激光功率，以期达到与前述连续激光熔覆层相同的理想宏观形貌。虽然占空比为50%的脉冲激光平均激光功率在理论上是连续激光的50%，但由于热积累等因素的影响，实际熔覆过程中并不需要将脉冲激光功率提升一倍即可获得与连续激光熔覆层相同或相近的宏观形貌。为此，先选定脉冲激光占空比为50%、脉冲频率为80Hz，激光扫描速度与连续激光最优工艺相同（为300mm/min），研究脉冲激光对熔覆层熔宽和熔高的影响，获得该条件下理想的脉冲激光峰值功率，使熔覆层熔宽、熔高与连续激光最优工艺条件相当。以下正文部分所述脉冲激光功率均指其峰值功率。图6.1与图6.2为上述条件下不同功率脉冲激光熔覆Ni45合金涂层宏观与横截面形貌图。

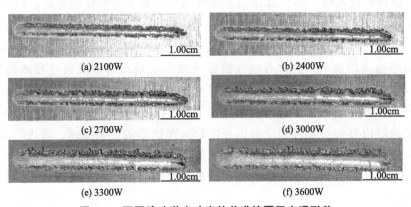

图6.1　不同脉冲激光功率的单道熔覆层宏观形貌

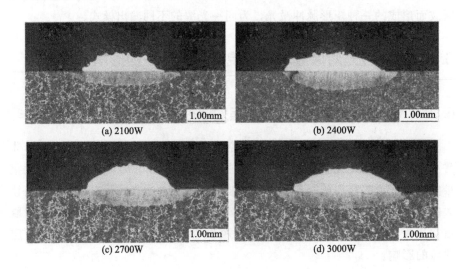

(e) 3300W　　　　　　　　　　(f) 3600W

图6.2　不同脉冲激光功率的单道熔覆层横截面形貌

由图可见，随着脉冲激光功率的增加，单道熔覆层的熔宽与熔高逐渐增大，测得熔高与熔宽数据见表6.1。表中数据显示，脉冲功率为3600W时，熔宽与熔高分别为3.89mm和0.91mm。该数据与第3章Ni45涂层激光熔覆最优工艺所得宏观形貌参数（熔宽3.83mm、熔高0.86mm）基本一致。故选择脉冲激光功率为3600W。

表6.1　不同脉冲激光功率的单道熔覆层形貌尺寸

参数	脉冲激光功率/W					
	2100	2400	2700	3000	3300	3600
熔宽/mm	2.01	2.30	2.42	2.89	3.35	3.89
熔高/mm	0.47	0.52	0.57	0.63	0.78	0.91

6.2.2　脉冲激光频率对涂层宏观形貌的影响

采用前节确定的3600W激光功率和300mm/min扫描速度进行Ni45涂层的脉冲激光熔覆试验。图6.3为不同脉冲频率条件下的激光熔覆涂层表面形貌。

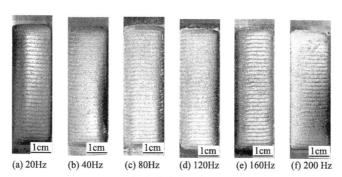

(a) 20Hz　(b) 40Hz　(c) 80Hz　(d) 120Hz　(e) 160Hz　(f) 200 Hz

图6.3　不同频率脉冲激光熔覆层宏观形貌

由图可见，涂层均具有良好的表面质量。同时，各参数涂层均无裂纹产生，如图 6.4 所示。

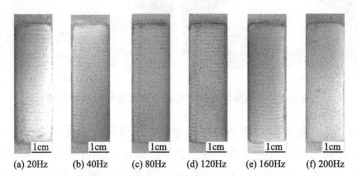

(a) 20Hz   (b) 40Hz   (c) 80Hz   (d) 120Hz   (e) 160Hz   (f) 200Hz

图 6.4   不同频率脉冲激光熔覆层渗透形貌

图 6.5 为不同频率脉冲激光熔覆层横截面形貌。由图可见，脉冲频率由 20Hz 向 200Hz 转变时，顶部熔覆层的熔化深度逐渐降低，在 160Hz 之后基本趋于稳定。同时，涂层中搭接区与层间交界区宽度也随脉冲频率的增加而减小。

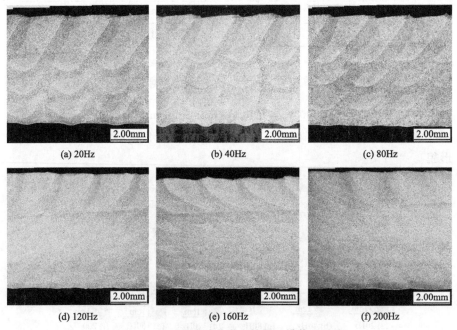

(a) 20Hz   (b) 40Hz   (c) 80Hz

(d) 120Hz   (e) 160Hz   (f) 200Hz

图 6.5   不同频率脉冲激光熔覆层横截面形貌

6.2.3　脉冲激光频率对涂层微观组织的影响

为详细分析脉冲激光频率对涂层微观组织的影响，采用扫描电镜对不同频率脉冲激光熔覆层的界面、顶部与搭接区进行微观形貌分析，具体测试位置如图 6.6 所示。

根据图 6.5 所示横截面形貌，相邻频率对微观组织的影响不是很显著，选取具有代表性的 20Hz、80Hz 和 200Hz 三种脉冲频率及连续激光进行对比分析。

（1）脉冲激光频率对涂层界面区组织的影响

首先对不同频率脉冲激光熔覆层界面微观组织进行 SEM 分析，如

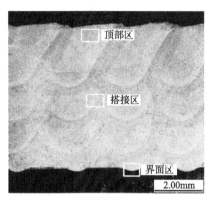

图 6.6　脉冲激光熔覆涂层微观组织分析区域

图 6.7 所示。随着脉冲频率的增加，涂层界面组织逐渐由胞状晶向柱状晶转变，胞状晶组织逐渐减少，柱状晶组织逐渐增多。

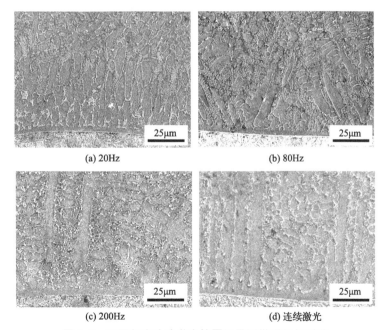

(a) 20Hz

(b) 80Hz

(c) 200Hz

(d) 连续激光

图 6.7　不同频率脉冲激光熔覆层界面微观组织形貌

当脉冲频率为 20Hz 时，界面组织含有大量非外延生长的胞状晶。随着脉冲频率的增加（80Hz），晶粒逐渐向外延生长模式转变，胞状晶减少，粗大的柱状晶增加。当脉冲频率达到 200Hz 时，界面分布着粗大的柱状晶与胞状晶，并基本接近于连续激光熔覆层的界面组织形貌［图 6.7(d)］。

（2）脉冲激光频率对涂层搭接区组织的影响

接下来对涂层搭接区微观组织进行 SEM 观察，得到如图 6.8 所示形貌。图中虚线左下方为激光二次加热形成的热影响区，右上方为激光重熔区。由图可见，搭接热影响区析出了与前述第 4、5 章相似的硬质相颗粒。如图 6.8(a) 所示，20Hz 涂层搭接区存在大量硬质析出相。

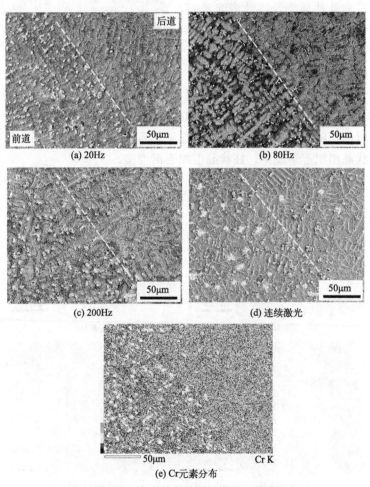

图 6.8　不同频率脉冲激光熔覆层搭接区微观组织形貌

当脉冲频率达到 80Hz 时 [图 6.8(b)]，涂层搭接区硬质相数量明显减少，并且硬质相的尺寸也显著减小。但是，当脉冲频率升高至 200Hz 时 [图 6.8(c)]，搭接区硬质相数量又再次增多，颗粒尺寸显著增大，并基本接近于连续激光熔覆层搭接区形貌 [图 6.8(d)]。根据 80Hz 涂层搭接区 EDS 面扫描 [图 6.8(e)] 分析可知，硬质相主要为富 Cr 颗粒物 $Cr_{23}C_6$。

（3）脉冲激光频率对涂层顶部区组织的影响

图 6.9 为不同频率脉冲激光熔覆层顶部微观形貌。随脉冲频率的增加，涂层中初生枝晶粗化，共晶区逐渐缩小。当脉冲频率为 20Hz 时 [图 6.9(a)]，涂层中形成细小等轴晶，局部区域形成尺寸较小的树枝晶。同时，共晶组织分布均匀，并使涂层总共晶面积增大。此外，共晶区的亮白色硬质析出相的尺寸较小，数量相对较多。

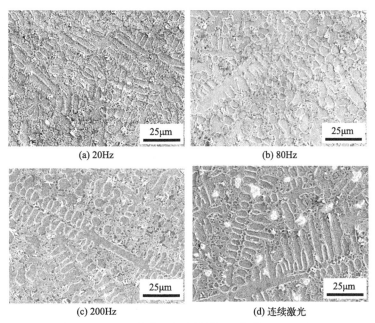

(a) 20Hz　　　　　　　　　　(b) 80Hz

(c) 200Hz　　　　　　　　　(d) 连续激光

图 6.9　不同频率脉冲激光熔覆层顶部微观组织形貌

随着脉冲频率增加至 80Hz [图 6.9(b)]，等轴晶粒尺寸未出现明显增加，局部还存在个别尺寸较大的柱状晶粒。但是，共晶区析出的硬质相明显减少。当脉冲频率达到 200Hz 时 [图 6.9(c)]，涂层形成更粗大的柱状树枝晶，并在共晶区析出大量尺寸较大的硬质相，这与连续激光熔覆层的顶部形貌相似 [图 6.9(d)]。

由上述微观组织分析可知，随着脉冲频率的增加，涂层晶粒尺寸呈增长趋势，即低脉冲频率更有利于形成细小的等轴枝晶，而高脉冲频率则有利于形成柱状枝晶。

6.2.4 脉冲激光频率对熔池流动状态与凝固组织的影响

6.2.4.1 脉冲激光频率对熔池形貌及温度变化的影响

为深入分析脉冲频率对激光熔覆涂层组织与硬质析出相的影响机理，同样采用高速摄像对脉冲激光熔池进行表征，并进行熔池温度场数值模拟分析。由于研究所使用的脉冲激光是通过控制电子光闸定时开关斩波而形成的一种矩形脉冲，为便于描述分析，以 20Hz 脉冲频率波形图为例（图 6.10），将脉冲激光峰值部分定义为波峰，峰底部分定义为波谷。由图可见，脉冲激光功率在脉冲波峰与波谷处发生周期性变化。

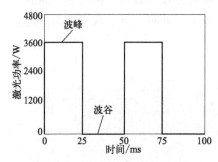

图 6.10 脉冲激光波形示意图

以两个脉冲周期为选取区间，按图 6.11(a)～图 6.13(a) 中的时间节点进行采集，得到不同脉冲频率熔池高速摄像形貌。图 6.11 为脉冲频率 20Hz 的熔池形貌，由于脉冲激光功率随脉冲频率发生周期性交替变化，不同时刻熔池形态也产生了规律性改变。

当激光加载至第 25ms 时，熔池亮度达到最大，随后激光处在脉冲波谷范围，熔池亮度逐渐降低。至 50ms 时，熔池亮度达到最小值。当下一个脉冲周期开始后，熔池再次出现并逐渐增大，至 75ms 时熔池尺寸和亮度再次达到最大，随后激光再次进入脉冲波谷范围，熔池亮度降低。当 100ms 时，熔池凝固。熔池形貌、亮度及温度随着脉冲周期发生循环往复的变化。上述现象是因为 20Hz 的脉冲波峰持续时间相对较长，熔池会吸收更多激光能量，使熔池温度显著升高，表现出的特征就是熔池亮度明显增强。当激光在波谷被长时间关闭时，熔池温度显著下降，使熔池亮度明显降低。

对于 80Hz 的脉冲激光熔池（图 6.12）来说，出现与 20Hz 脉冲激光熔池相同的周期性变化规律。同时，由于脉冲周期缩短，在下一个脉冲开关前熔池处于未完全凝固状态 [图 6.12(d) 与图 6.12(f)]。此外，处在脉冲波峰时的熔池亮度有所下降 [图 6.12(c) 与图 6.12(e)]。这是由于 80Hz 的脉冲波峰时间显著缩短，熔池所能吸收的激光能量减少，导致熔池温度降低，熔池亮度减弱。同时由于波谷时间缩短，熔池冷却时间减少，导致亮度未发生显著下降。

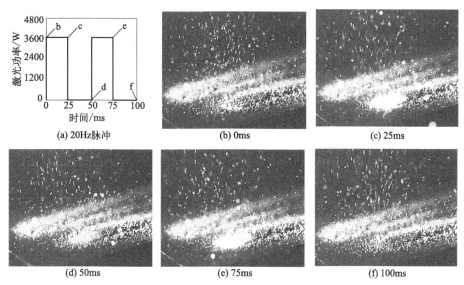

图 6.11　20Hz 脉冲激光熔池高速摄像形貌

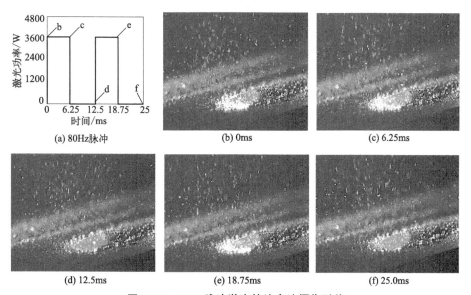

图 6.12　80Hz 脉冲激光熔池高速摄像形貌

当脉冲频率达到 200Hz（图 6.13）时，熔池亮度明显下降。同时，由于脉冲周期极小（仅为 5ms），导致熔池亮度在下一个脉冲开光前基本未发生明显变化，证明熔池状态基本未变。

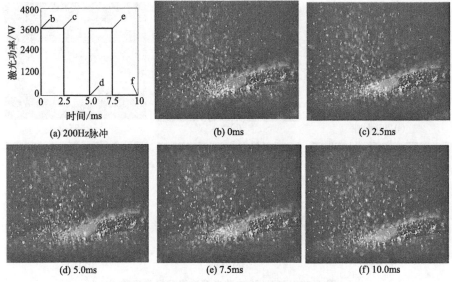

(a) 200Hz脉冲   (b) 0ms   (c) 2.5ms

(d) 5.0ms   (e) 7.5ms   (f) 10.0ms

图 6.13   200Hz 脉冲激光熔池高速摄像形貌

上述现象是由于 200Hz 的脉冲波峰与波谷时间极短，熔池在波峰所能吸收的激光能量明显低于 20Hz 和 80Hz 时，进而使熔池温度显著下降，熔池亮度减弱。而极短的波谷时间又会使熔池来不及冷却，导致熔池亮度基本未发生变化。

为分析不同脉冲频率对熔池温度变化的影响，采用熔池温度场数值模拟分析方法得到如图 6.14 所示的温度场云图。可见，脉冲频率对 1400℃ 以上的熔池高温区范围（紫色区）具有一定影响。脉冲频率为 20Hz 时，图 6.14（a）中激光波峰作用时熔池最高温度达到 1946℃，熔池高温区直径较大（约 2.43mm），而激光停止后的波谷段熔池温度快速降至 1388℃ ［图 6.14（b）］，熔池高温区直径快速缩小（约 1.67mm）。

随着脉冲频率增加至 80Hz，脉冲波峰作用下的熔池温度下降至 1812℃ ［图 6.14（c）］，波谷段温度降幅减小 ［图 6.14（d）］，熔池高温区尺寸明显缩小。当脉冲频率增加至 200Hz，熔池波峰段温度明显降低，而波谷段温度较波峰段未发生显著下降，导致脉冲波峰段与波谷段的熔池高温区基本接近。根据第 3 章连续激光熔覆热源校核结果，200Hz 脉冲波谷作用时，熔池温度

（1722℃）略高于连续激光熔覆熔池温度（1692℃）。

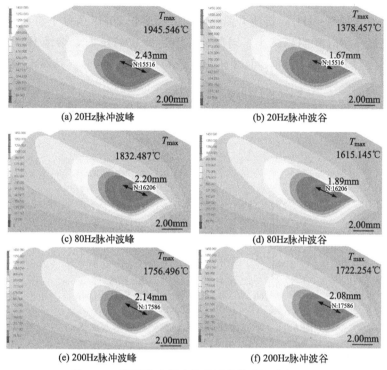

(a) 20Hz脉冲波峰　　　　　　　　　　(b) 20Hz脉冲波谷

(c) 80Hz脉冲波峰　　　　　　　　　　(d) 80Hz脉冲波谷

(e) 200Hz脉冲波峰　　　　　　　　　(f) 200Hz脉冲波谷

图 6.14　不同脉冲频率作用下的熔池温度场云图

　　根据上述模拟结果提取熔池瞬时热循环曲线，如图 6.15 所示。与脉冲频率 20Hz 时相似，不同脉冲频率激光熔池瞬时温度均表现出周期振荡规律，随着脉冲频率的增大，温度起伏变化的幅度与时间逐渐降低，热循环次数逐渐增多，熔池温度曲线逐渐近似于连续激光熔池温度。当脉冲频率为

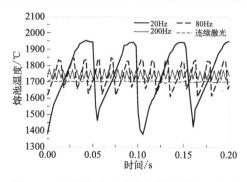

图 6.15　不同频率脉冲激光熔池热循环曲线

20Hz 时，随着脉冲激光功率周期的起伏变化，熔池瞬时温度迅速升高至峰值温度后在一段时间范围内保持相对稳定，随后迅速下降至最低温度。随着脉冲频率增加至 80Hz，熔池升温与降温的幅度较 20Hz 条件下有明显下降，同时高温停留时间明显减小。当脉冲频率达到 200Hz 时，熔池升温与降温的变化近似于三角波分布，且变化幅度达到最小值。同时，其熔池温度未出现明显的高温停留时间。

为分析脉冲激光频率对熔池温度的影响，对熔池进行热辐射谱测试，所测数据曲线如图 6.16 所示。

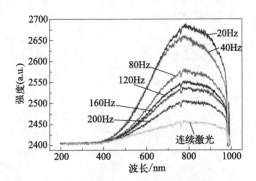

图 6.16 不同频率脉冲激光熔池热辐射谱曲线

由图可见，脉冲频率在 20Hz 时，熔池具有最大的热辐射强度。随着脉冲频率的增加，热辐射强度逐渐减弱，使熔池最高温度逐渐下降。因此可以证明上述高速摄像与数值模拟分析结果的准确性。

6.2.4.2 脉冲激光频率对熔池凝固组织演变的作用机理

由于熔池金属的凝固组织形态通常受到熔池温度梯度 G 与晶粒生长速率 R 的影响，且晶粒生长速度基本等同于凝固速率。其中，凝固形成的晶粒大小与熔体冷却速率密切相关，冷却速率是温度梯度 G 与晶粒生长速率 R 的乘积（$G \times R$），晶粒形态的变化则由温度梯度 G 与凝固速率的比值（G/R）决定。

为了分析不同脉冲频率对激光熔覆 Ni45 涂层组织变化的作用机理，对各频率模拟熔池的底部和顶部进行温度采集。测量相同时间沿底部向顶部单位距离的熔池温度，得到温度梯度 G，℃/mm。同时，测量相同位置熔池底部和顶部单位时间的温度，得到冷却速率 $G \times R$，℃/s。随后，冷却速率 $G \times R$ 与温度梯度 G 的比值即为凝固速率 R，mm/s，进而得到温度梯度 G 与凝固速率 R 的比值即为形貌参数 G/R，℃·s/mm²。所得数据见表 6.2。

表 6.2　不同频率脉冲激光熔池顶部与底部的温度参数

脉冲频率/Hz	熔池位置	温度梯度 G/（℃/mm）	凝固速率 R/（mm/s）	冷却速率 $G \times R$/（℃/s）	形貌参数 G/R/℃·s/mm²
20	顶部	689.25	11.51	7926.38	59.94
	底部	1189.05	5.72	6777.59	208.61
80	顶部	685.05	6.68	4589.84	102.25
	底部	962.25	3.37	3271.65	283.01
200	顶部	668.05	5.41	3607.47	123.71
	底部	912.05	2.32	2097.72	396.54
连续激光	顶部	661.35	4.89	3240.62	134.97
	底部	716.55	1.91	1361.45	377.13

由表中数据可以看出，熔池底部的温度梯度明显高于顶部，而凝固速率明显低于顶部。同时，随着脉冲频率的增加，熔池底部和顶部的温度梯度与凝固速率逐渐降低。与连续激光熔池相比，脉冲激光熔池具有更大的凝固速率与冷却速率。根据图 6.17 中温度梯度 G 及凝固速率 R 对晶粒生长形态与晶粒大小的影响规律可知，冷却速率（$G \times R$）越大，晶粒则越细化。随着形貌参数 G/R 减小，晶粒形态从粗大的柱状晶向等轴晶转变。

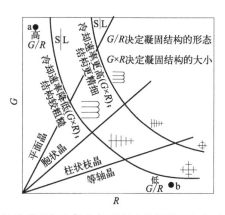

图 6.17　温度梯度与晶粒生长速率对晶粒形状与尺寸的影响[1]

因此，结合图 6.17 与表 6.2 中数据可以得知，20Hz 脉冲频率的熔池在底部和顶部表现出最快的冷却速率 $G \times R$（6777.59℃/s 和 7926.38℃/s）与最低的形貌参数 G/R（208.61℃·s/mm² 和 59.935℃·s/mm²），因此在凝固过程中界面晶粒尺寸较小且未出现粗大柱状晶组织，并在涂层顶部形成较多的细小等轴晶。随着脉冲频率增加至 80Hz，熔池底部和顶部的冷却速率 $G \times R$（3271.65℃/s 和 4589.84℃/s）与形貌参数 G/R（283.01℃·s/mm² 和 102.25℃·s/mm²）增大，导致凝固后涂层界面晶粒尺寸增大并形成较为明显的柱状晶组织。在涂层顶部出现树枝晶，且等轴晶尺寸有所增加。随着脉冲频率增加至 200Hz，熔池底部和顶部表现出最慢的冷却速率 $G \times R$（2097.72℃/s 和 3607.47℃/s）与最大的形貌参数 G/R（396.54℃·s/mm² 和 123.71℃·s/mm²），因此会在界面区形成较为粗大的柱状晶，在顶部形成明显长大的树枝晶组织。上述分析结果证明，随着脉冲频率的增加，涂层界面组织由非外延生长的细小晶粒向外延生长的柱状晶转变，顶部组织由细小均匀的等轴晶向粗大柱状树枝晶转变。

6.2.4.3 脉冲激光频率对涂层析出相形成及分布的作用

（1）脉冲激光频率对涂层搭接区析出相的作用

由图 6.15 可见，20Hz 频率的脉冲激光熔池在脉冲波峰具有较高的熔池温度，并存在稳定的单脉冲高温停留时间，因此会对涂层中的搭接区造成长时间的较强热影响作用。此外，由于熔池温度随脉冲周期发生明显的起伏变化，熔池周边区域在温度谷值已近似凝固状态，所以涂层会经历多次熔化-凝固-再熔化的过程，导致已凝固涂层受到多次循环热影响作用。由于熔池附近区域的温度在 700~800℃左右，因此长时间的热作用会使涂层在搭接区析出更多的硬质相颗粒[2]。随着脉冲频率增加至 80Hz，脉冲波峰作用时的熔池温度下降，高温停留时间明显缩短，因此对搭接区的热影响作用减弱，从而使搭接区硬质颗粒数减少。当脉冲频率达到 200Hz 时，虽然脉冲波峰作用时的熔池温度明显降低，同时不存在单脉冲高温停留时间，但较高的脉冲频率会使熔池长时间维持在相对稳定的温度区间，反而会增加搭接区受热影响作用的时间，导致大量硬质相颗粒物的析出[3,4]。

（2）脉冲激光频率对涂层内部析出相的作用机理

由于较低频率（20Hz）的脉冲熔池温度随脉冲起伏变化幅度较大，在低温区熔池发生部分凝固。因此，经过周期性的熔化与凝固作用，使熔覆层受到较为明显热影响作用，导致涂层内部析出硬质相颗粒。但是，根据熔池相关温度参数得知，较低的脉冲频率（20Hz）会增加熔池冷却速率，因此会产生更大的成分过冷，从而降低硬质相的临界形核尺寸，使涂层中析出细小的硬质颗粒[5]。随着脉冲频率增加至 80Hz，脉冲周期明显缩短，脉冲激光发生频繁的周期性起伏，使熔池在高温与低温间快速升降，从而增强对熔池的搅拌作用，使熔池中的 Cr 元素均匀分布。但由于熔池冷却速度降低，增加了部分 Cr 元素的析出时间，因此在涂层局部会产生少量颗粒尺寸较大的硬质相。当脉冲频率达到 200Hz 时，由于脉冲周期极度缩短，高温与低温的变化幅度极小，在宏观上熔池已接近连续激光熔池，因此熔池受到的搅拌作用显著降低。同时，熔池冷却速度明显下降，导致涂层中析出大量尺寸较大的硬质相颗粒[6,7]。

6.3　脉冲激光频率对涂层性能的影响

6.3.1　脉冲激光频率对涂层显微硬度的影响

同样采用维氏硬度测试方法对脉冲激光熔覆层进行显微硬度测试，数据如图 6.18 所示。随着脉冲频率的升高，涂层硬度逐渐降低。当脉冲频率为 20Hz 时，涂层平均显微硬度为 552.3（$HV_{0.5}$）。当脉冲频率增大到 80Hz 时，平均硬度下降至 528.8（$HV_{0.5}$）。随着频率继续增大至 200Hz，涂层硬度基本接近于连续激光熔覆层 [492（$HV_{0.5}$）]。较低频率的脉冲激光对硬度的提升主要来源于细晶强化与细小硬质析出相的弥散强化。随着脉冲频率达到 80Hz 时，涂层晶粒尺寸有所增加，细小硬质析出相减少，导致涂层硬度降低。当脉冲频率过高后（200Hz），会使涂层组织发生较大幅度的粗化，从而导致涂层硬度显著下降。

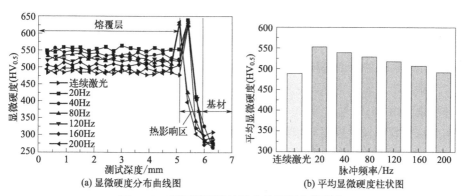

图 6.18　不同频率脉冲激光熔覆层显微硬度

6.3.2　脉冲激光频率对涂层耐磨性能的影响

对不同频率脉冲激光熔覆层进行耐磨性能测试，所得磨损率数据如

图 6.19 所示。由图可见，随着脉冲频率的增加，磨损率在逐渐增大，并逐渐向连续激光熔覆层磨损率数据靠近。当脉冲频率为 20Hz 时，涂层磨损率为 $11.33 \times 10^{-6} \mathrm{mm/N \cdot m}$，较连续激光熔覆层磨损率（$16.41 \times 10^{-6} \mathrm{mm/N \cdot m}$）降低 30.96%。

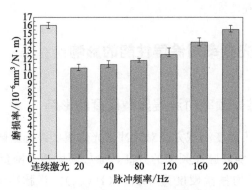

图 6.19　不同频率脉冲激光熔覆层磨损率

随着脉冲频率上升至 80Hz，涂层磨损率增加至 $12.04 \times 10^{-6} \mathrm{mm/N \cdot m}$，较连续激光熔覆层降低 26.63%。当脉冲激光频率继续升高至 200Hz 时，涂层磨损率（$16.03 \times 10^{-6} \mathrm{mm/N \cdot m}$）较连续激光熔覆层仅降低 2.32%。结合上述磨损数据可以发现，较低频率的脉冲激光熔覆涂层具有较高的硬度与细小的硬质相颗粒，涂层具有较好的耐磨性。而较高频率的脉冲激光熔覆涂层硬度较低，导致耐磨性较差。

为了深入讨论脉冲激光熔覆层的磨损机理，采用扫描电镜对不同频率脉冲激光熔覆层的表面磨损形貌进行分析，如图 6.20 所示。

涂层磨损形式主要以磨粒磨损为主，局部伴有少量磨损剥落现象。随着脉冲频率由 20Hz 增加至 200Hz，犁沟数量逐渐减少，犁沟宽度逐渐增加，剥落与黏着磨损形貌逐渐增多。根据涂层显微硬度数据显示，低脉冲频率（20Hz）激光熔覆涂层具有较高的硬度。因此，磨损过程中抵抗塑性变形能力较强，不易产生黏着磨损。同时，涂层的脆性较大，会在磨损过程中导致材料剥落形成磨屑，磨屑进入摩擦副中形成磨粒，导致磨粒磨损并形成犁沟，且涂层较大的硬度能有效抵抗磨粒切削，因而形成较窄的犁沟。

此外，根据微观组织分析得知，涂层晶粒尺寸较小，组织细化均匀，同时在共晶区或晶界处析出少量尺寸较小的硬质析出相。由于组织细化作用使涂层相同面积内的晶粒数量增加，密集分布的细小晶粒产生数量众多的晶

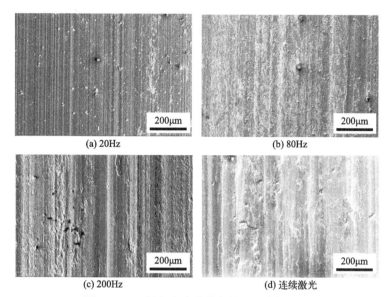

图 6.20　不同频率脉冲激光熔覆层磨损形貌

界，同时降低晶界平直化程度，提高晶界阻碍位错滑移的能力，使晶粒在外力作用下不易发生塑性变形[8]。在宏观上表现为涂层磨损率的下降。同时，由于晶界对位错的阻碍作用，导致位错会在晶粒内发生滑移，因而不易在晶界发生位错塞积。因此，存在于晶界与共晶区的细小硬质颗粒不会受到位错的挤压而形成应力集中，从而不会大量脱落进入摩擦副中。同时，这些弥散分布的小尺寸硬质析出相会形成弥散强化作用，增强涂层的耐磨损性能。

但是，随着脉冲频率增加至 80Hz，涂层中的晶粒尺寸增大，晶界与共晶区面积减少，从而降低晶界对位错滑移的阻碍作用。同时，涂层硬度随着脉冲频率的增加而减小，导致磨粒对材料表面切削宽度与深度增大，进而形成较深的犁沟并使局部黏着磨损现象加剧，使涂层耐磨性能下降。当脉冲频率增加至 200Hz，涂层硬度接近于连续激光熔覆层，且涂层中形成了与连续激光熔覆层相同的粗大树枝晶，从而大幅降低晶界阻碍位错运动的能力，加剧涂层黏着磨损。同时，涂层中大尺寸硬质析出相会大量脱落，加剧材料表面的磨损破坏，从而降低涂层耐磨性[9]。

6.3.3　脉冲激光频率对涂层力学性能的影响

（1）脉冲激光频率对涂层耐冲击性能的影响

图 6.21 为不同频率脉冲激光熔覆层的冲击韧性。由图可见，随脉冲频

率的增加，涂层冲击韧性呈先升高后降低的趋势。20Hz 脉冲激光熔覆涂层的冲击韧性（7.98J/cm²）较连续激光熔覆层（6.88J/cm²）提高 15.99%。

当脉冲频率增大至 80Hz 时，涂层的冲击韧性（8.94J/cm²）较连续激光熔覆层提高 29.94%。随着脉冲频率达到 200Hz，涂层冲击韧性（7.22J/cm²）接近连续激光熔覆层，仅提高 0.54%。上述数据表明，80Hz 脉冲频率能有效提高涂层耐冲击性能。

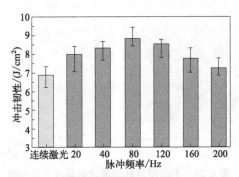

图 6.21　不同频率脉冲激光熔覆层冲击韧性

图 6.22 为不同频率脉冲激光熔覆层的冲击断口形貌。从宏观断口形貌［图 6.22(a) 至图 6.22(c)］可以发现，冲击断口表现出典型的脆性断裂特征，并存在大量的解理台阶。由微观断口形貌可以看出，相比于连续激光熔覆层［图 4.27(b)］，低脉冲频率（20Hz）激光熔覆涂层断口［图 6.22(d)］呈现出较为密集的细小断面。

结合微观组织形貌可以发现，小断面的大小与晶粒的尺寸基本接近，说明涂层的微观断裂形式为沿晶断裂。随着脉冲频率达到 80Hz［图 6.22(e)］，涂层表面形成的小断面尺寸有所增加。这主要是由于脉冲频率的增加使涂层中晶粒尺寸增大，导致涂层在冲击过程中发生沿晶断裂形成面积较大的晶粒断面。当脉冲频率达到 200Hz 时［图 6.22(f)］，断口与连续激光熔覆层［图 4.27(b)］相似，存在粗大的树枝状沿晶断面。

（2）脉冲激光频率对涂层拉伸性能的影响

图 6.23 为不同频率脉冲激光熔覆层拉伸性能。由图 6.23(a) 可见，各涂层试样在未发生塑性屈服现象的前提下被拉断，证明各涂层的断裂形式为脆性断裂。图 6.23(b) 为不同频率脉冲激光熔覆层的抗拉强度。

由图可见，在脉冲激光的作用下，Ni45 涂层的抗拉强度得到不同程度地提高。图 6.24 为不同频率脉冲激光熔覆层拉伸断口形貌。在断口宏观图

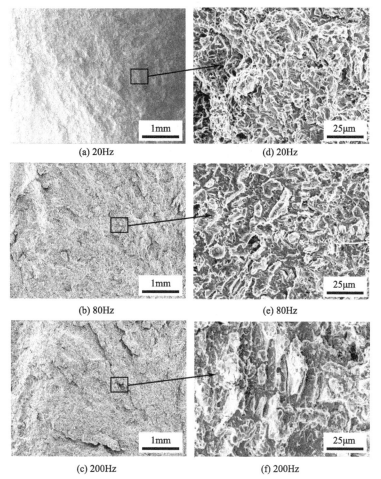

(a) 20Hz　　　　　　　　　(d) 20Hz

(b) 80Hz　　　　　　　　　(e) 80Hz

(c) 200Hz　　　　　　　　(f) 200Hz

图 6.22　不同频率脉冲激光熔覆层冲击断口形貌

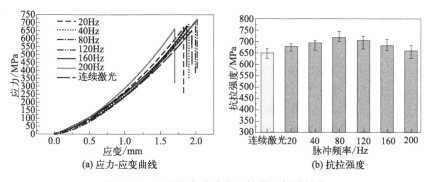

(a) 应力-应变曲线　　　　　　　　(b) 抗拉强度

图 6.23　不同频率脉冲激光熔覆层拉伸性能

中［图 6.24(a)～(c)］呈现出与冲击断口相似的河流状的台阶，证明在拉伸力作用下涂层同样发生脆性断裂。涂层断口微观形貌［图 6.24(d)～(f)］呈现出与冲击断口相同的沿晶断裂形式。

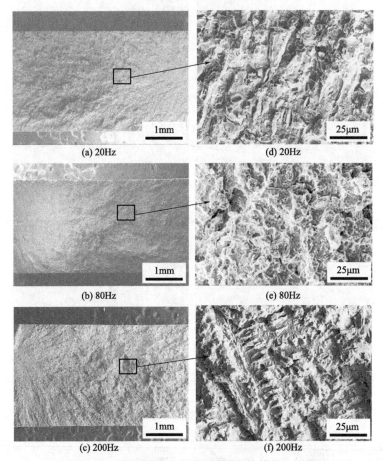

(a) 20Hz (d) 20Hz

(b) 80Hz (e) 80Hz

(c) 200Hz (f) 200Hz

图 6.24 不同频率脉冲激光熔覆层拉伸断口形貌

(3) 脉冲激光熔覆层冲击与拉伸断裂机理

通过上述数据分析可知，低频脉冲激光熔覆涂层的冲击韧性与抗拉强度明显偏低。随着脉冲频率的增加，涂层冲击韧性与抗拉强度先升高后降低，相关数据逐渐接近于连续激光熔覆层。

对于低脉冲频率（20Hz）激光熔覆涂层来说，由于涂层搭接区的晶界析出很多硬质析出相，从而会对涂层冲击与拉伸性能产生不利影响。由于硬质相较初生相具有更高的硬度，在冲击与拉伸载荷作用下不易发生变形，因此在其周围产生较大的应力集中后会形成裂纹，裂纹沿晶界逐渐扩展导致沿晶断裂。此外，硬质析出相会使涂层在外载作用下形成显微空洞，这些空洞随着析出相分布密度的升高而增多，从而缩小裂纹沿晶界扩展产生的形变区范围，降低裂纹扩展过程中的变形，导致涂层更容易发生沿晶断裂[10]。

但是由于低频脉冲对涂层晶粒组织具有显著的细化作用，晶粒尺寸明显小于连续激光熔覆层，从而形成密集分布的晶界与共晶区，降低了晶界平直化程度，提高晶界总能量。因此，在外力作用下晶界会对位错的运动起阻碍作用，从而增加晶粒发生沿晶断裂所需的能量[11]。此外，由于低脉冲频率（20Hz）熔覆涂层共晶区域均匀密集，使裂纹扩展路径偏转次数增多，进而会消耗较多的冲击能量。同时，涂层内部未形成过多的硬质析出相，且其分布密度要明显小于晶界与共晶区面积，因此断裂所需总能量仍然较高，从而在断裂过程中抵消了一部分硬质相带来的不利影响，在宏观尺度上表现出相对连续激光熔覆层更好的冲击与拉伸性能。

当脉冲频率增加至 80Hz 时，搭接区硬质相数量显著减少，在冲击与拉伸试验过程中涂层内形成的显微空洞的密度明显下降，并且造成裂纹快速扩展的应力集中点数量降低，从而需要更大能量使晶粒发生断裂。同时，涂层组织也未发生显著粗化现象，晶界与共晶区面积未大幅缩小，因此涂层仍具有较大的晶界总能量。上述两者共同作用使涂层冲击韧性与抗拉强度显著提升。

随着脉冲频率增加至 200Hz，晶粒组织发生明显粗化，同时在晶界形成更多尺寸较大的硬质相，这就直接导致晶界总能量降低，并增加显微空洞与应力集中点的数量。最终使涂层冲击韧性与抗拉强度下降。综上所述，在脉冲频率达到 80Hz 时所形成的 Ni45 涂层具有最佳的冲击与拉伸性能。

6.3.4　脉冲激光频率对涂层电化学腐蚀特性的影响

（1）脉冲激光频率对涂层动电位极化曲线的影响

为了探究不同脉冲频率对 Ni45 涂层耐腐蚀性能的影响，采用动电位极化曲线测试方法进行分析，如图 6.25 所示。各涂层所对应的极化曲线在不同电压范围的阳极区发生钝化现象。其中，脉冲频率达到 80Hz 时，涂层具有最大的钝化区电压范围（-0.65～-0.15V），从而表现出最佳的耐腐蚀性。当脉冲频率达到 200Hz 时，涂层的钝化区范围与连续激光熔覆层基本接近，证明其耐腐蚀性相对较差。

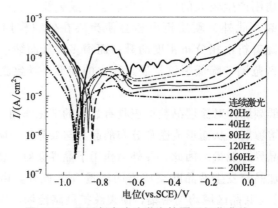

图 6.25   不同频率脉冲激光熔覆层极化曲线

对上述极化曲线进行数据拟合，得到如图 6.26 所示的各涂层腐蚀电流密度。由图可见，随着脉冲频率从 20Hz 增加至 200Hz，腐蚀电流密度呈现先下降后上升的趋势，说明低脉冲频率与高脉冲频率均不能实现涂层耐腐蚀性能的显著提高。其中，20Hz 涂层的腐蚀电流密度（$9.90\mu A/cm^2$）较连续激光熔覆层（$10.58\mu A/cm^2$）降低 6.43%。当脉冲频率达到 80Hz 时，涂层具有最小的腐蚀电流密度（$6.34\mu A/cm^2$），较连续激光熔覆层降低 40.08%。当脉冲频率增加到 200Hz 时，涂层腐蚀电流密度（$10.37\mu A/cm^2$）较连续激光熔覆层仅降低 1.98%。

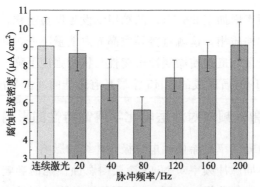

图 6.26   不同频率脉冲激光熔覆层腐蚀电流密度

（2）脉冲激光频率对涂层电化学阻抗谱的影响

图 6.27 为不同频率脉冲激光熔覆层 Nyquist 阻抗谱。由图可见，阻抗谱的变化规律和极化曲线的分析结果反映出相同的耐蚀性变化，即电容电弧

半径随脉冲频率的增加会先增大后减小。其中，半径最大的涂层所对应的脉冲频率为80Hz，表明该涂层具有最佳的耐腐蚀性。

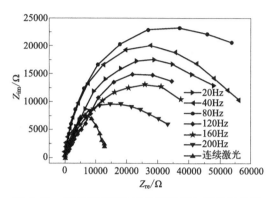

图6.27 不同频率脉冲激光熔覆层电化学阻抗谱

由 Nyquist 图可以得到阻抗 Bode 图，如图6.28所示。由图6.28(a) 可见，当脉冲频率为80Hz时，涂层表现出最大阻抗值（59940Ω），是连续激光熔覆层阻抗值（10378Ω）的2.24倍。当脉冲频率达到200Hz时，涂层具有最小阻抗值（30264Ω），并接近于连续激光熔覆层阻抗值。图6.28(b) 为阻抗相位角-频率图。

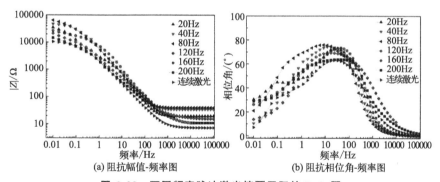

图6.28 不同频率脉冲激光熔覆层阻抗 Bode 图

由图可见，脉冲激光熔覆涂层的最大相位角范围为63.6°~76.1°，其所对应的频率范围为8.49~44.26Hz。其中，脉冲频率为80Hz的涂层具有最大相位角值（76.01°），其最大相位角频率为8.49Hz。上述数据证明，80Hz脉冲激光熔覆涂层具有更强的电容特性。同时，该涂层相位角在低频区的下降速度较慢，说明其表面形成的钝化膜具有更好的稳定性，从而表现出更强的耐腐蚀性。

(3) 脉冲激光熔覆层电化学腐蚀机理

为了深入了解脉冲激光熔覆涂层的腐蚀机理,采用扫描电镜对涂层腐蚀形貌进行微观分析。图 6.29 为脉冲激光熔覆涂层的电化学腐蚀形貌。由图可见,当脉冲激光频率为 20Hz 时 [图 6.29(a)],涂层搭接区发生较为严重的腐蚀,搭接区中间的涂层表面也产生了为数不多的小腐蚀坑。

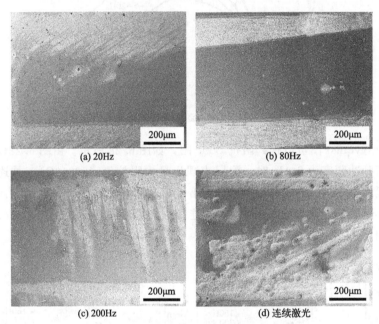

(a) 20Hz   (b) 80Hz

(c) 200Hz   (d) 连续激光

图 6.29　不同频率脉冲激光熔覆层腐蚀形貌

当脉冲频率增大至 80Hz [图 6.29(b)],搭接区腐蚀程度明显减弱,两搭接区中间的涂层未发生明显腐蚀。随着脉冲频率增加至 200Hz [图 6.29(c)],搭接区与涂层内部均发生较为严重的腐蚀,并且腐蚀程度接近连续激光熔覆层 [图 6.29(d)]。由于搭接区腐蚀面积小于熔覆道中间区域面积,所以涂层整体的腐蚀程度随脉冲频率的增加会先降低后增大。

根据熔池高速摄像与数值模拟分析可知,在低频条件下单脉冲能量高,持续时间长,因此会对搭接区产生更大的热作用。根据微观组织分析可以证实,这种较大的热影响导致涂层搭接区晶界析出更多 $Cr_{23}C_6$ 颗粒物,因此会加剧该区域的贫 Cr 程度。

同时,析出的富 Cr 硬质颗粒还会与 Ni 元素组成原电池,加速初生枝晶中 Ni 元素的腐蚀[12]。对于低脉冲频率下的熔覆道中部，晶粒组织被显著细化，同时增加了晶界与共晶区域的面积，且涂层仅析出少量的富 Cr 颗粒物，从而使涂层形成的钝化膜分布更均匀，在腐蚀过程中不易被击穿，提高涂层耐腐蚀性能。为了验证上述现象，对激光熔覆涂层腐蚀表面进行微观形貌与元素分析，如图 6.30 所示。初生枝晶发生明显腐蚀现象，并且部分晶粒的晶界位置出现腐蚀缝隙，证实涂层组织发生晶间腐蚀。根据 EDS 能谱分析也可以发现 [图 6.30(b)]，腐蚀后在表面存在大量富 Cr 颗粒物，并且主要分布于晶界处，表明富 Cr 析出物对提高涂层耐腐蚀性有不利影响。

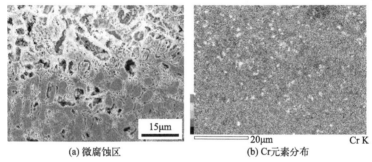

(a) 微腐蚀区　　　　　　　　　　(b) Cr元素分布

图 6.30　不同频率脉冲激光熔覆层微腐蚀区形貌及元素分布

随着脉冲频率增加至 80Hz，虽然涂层内部的晶粒发生了一定程度的长大，但在搭接区与涂层中的硬质相析出量降低，因此可以有效减弱晶界的贫 Cr 现象，从而缓解涂层腐蚀倾向。当脉冲频率增加至 200Hz 时，涂层中形成粗大的树枝晶，导致晶界平直化程度增加，晶界与共晶区面积减小，共晶区析出的硬质相增多。由于腐蚀电位不同，在硬质相（阴极）与初生相（阳极）间会发生电偶腐蚀，所以大量存在的硬质析出相会增加涂层表面的腐蚀原电池数量。同时，较大尺寸的析出颗粒还会增加单个原电池的阴极面积，使电化学腐蚀反应加剧。因此，涂层的耐蚀性随着硬质相数量和尺寸的增长而逐渐降低，从而使 200Hz 脉冲激光熔覆层表现出较差的耐腐蚀性。

6.4　本章小结

本章采用脉冲激光熔覆方法研究了不同脉冲频率对 Ni45 涂层组织与性能的影响。通过脉冲激光熔覆数值模拟仿真结合高速摄像与热辐射谱测试分析了熔池凝固机理，并对涂层进行耐磨、耐蚀、耐冲击与拉伸性能分析，得到如下结论：

① 通过脉冲激光熔覆有限元模拟，并结合高速摄像与热辐射谱分析表明，由于 20Hz 熔池冷却速率较快，使涂层晶粒明显细化，但低频脉冲峰值作用时间较长，熔池温度较高，在周期性重熔过程中对涂层产生较强的热影响，因而产生许多细小硬质析出相。随脉冲频率的增加，涂层晶粒逐渐增大。当频率达到 80Hz 时，由于脉冲峰值作用时间明显缩短，同时短脉冲激光对熔池产生搅拌作用，加速元素均匀分布，使涂层硬质析出相有所减少，从而解决了"复合涂层微观组织和硬质析出相的调控机理"这一科学问题。当频率达到 200Hz 时，脉冲波峰与波谷差值极小，从而使熔池长时间处在稳定高温区间，使涂层组织明显粗化并析出大量硬质相。

② 耐磨性能测试表明，由于 20Hz 涂层组织细化均匀，晶界与共晶区面积较大，能有效阻碍位错滑移，同时弥散分布的细小硬质析出相会产生弥散强化作用，使 20Hz 涂层磨损率较连续激光涂层降低 30.96%。频率达到 80Hz 和 200Hz 后，涂层晶粒粗化，晶界与共晶区面积减少，从而降低晶界对位错滑移的阻碍作用，使 80Hz 涂层磨损率较连续激光涂层降低 26.63%，而 200Hz 涂层磨损率较连续激光涂层仅降低 2.32%。

③ 冲击与拉伸性能测试表明，由于 20Hz 涂层组织细化均匀，密集分布的晶界提高了晶界总能量，但由于涂层中存在的少量硬质析出相会产生应力集中，使 20Hz 涂层冲击韧性与抗拉强度较连续激光涂层仅提高 15.99% 与 4.23%。80Hz 时，涂层硬质析出相明显减少，且晶粒未发生显著粗化现象，因此涂层仍具有较大的晶界总能量，使 80Hz 涂层的冲击韧性和抗拉强度较连续激光涂层提高 29.94% 与 10.38%。当频率达到 200Hz 时，晶粒组织明显发生粗化，同时在晶界再次形成许多硬质相，导致涂层冲击韧性和抗拉强度较连续激光涂层仅提高 0.54% 与 1.30%。

④ 耐腐蚀性能测试表明，由于较低频率的脉冲激光熔覆层晶界析出少量富 Cr 硬质相从而增加晶界贫 Cr 现象，使 20Hz 涂层的腐蚀电流密度较连续激光熔覆层仅降低 6.43%。随着频率的增加，虽然 80Hz 涂层晶粒发生小幅增大，但涂层中硬质相数量明显减少，使 80Hz 涂层具有最小的腐蚀电流密度，较连续激光熔覆层降低 40.08%。当脉冲频率达到 200Hz 时，涂层晶粒粗大，导致晶界与共晶区面积减小，并析出较多富 Cr 硬质相，不利于耐腐蚀性的提高，使涂层腐蚀电流密度较连续激光熔覆层仅降低 1.98%。

综上所述，脉冲频率为 80Hz 的激光熔覆涂层具有最佳的耐冲击与耐腐蚀性能，耐磨性能较纯 Ni45 涂层也略有提升。因此，选择 80Hz 作为优选脉冲激光频率。

参考文献

［1］　M C Flemings. Solidification Processing ［M］. New York：McGrawHill，1974.

［2］　马颖澈，李硕，郝宪朝，等. 2 种 N 含量不同的 690 合金中晶界碳化物及晶界 Cr 贫化研究 ［J］. 金属学报，2016，（8）：980-986.

［3］　Y Lee，N Mark. Effect of Fluid Convection on Dendrite Arm Spacing in Laser Deposition ［J］. Metallurgical and Materials Transactions B，2014，45（4）：1520-1529.

［4］　S Shang，C Jing. Microstructures and stress rupture properties of pulse laser repaired Inconel 718 superalloy after different heat treatments ［J］. Journal of Alloys and Compounds，2019，770：125-135.

［5］　K K Suresh. Analytical modeling of temperature distribution，peak temperature，cooling rate and thermal cycles in a solid work piece welded by laser welding process ［J］. Procedia Materials Science，2014，6：821-834.

［6］　S Nag，P Sardar，A Jain，et al. Correlation between ferrite grain size，microstructure and tensile properties of 0. 17 wt. % carbon steel with traces of microalloying elements ［J］. Materials Science and Engineering：A，2014，597：253-263.

［7］　H Zhang，Y Zou，Z Zou，et al. Comparative study on continuous and pulsed wave fiber laser cladding in-situ titanium-vanadium carbides reinforced Fe-based composite layer ［J］. Materials Letters，2015，139：255-257.

［8］　胡赓祥，蔡珣，戎咏华. 材料科学基础 ［M］. 上海：上海交通大学出版社，2010：83-84.

［9］　《金属机械性能》编写组. 金属机械性能. 修订本 ［M］. 北京：机械工业出版社，1982：118-119.

［10］　钟群鹏，赵子华. 断口学（精）［M］. 北京：高等教育出版社，2006：125-126.

［11］　H P Chang，S Dong，et al. Assessment of mechanical properties and fatigue performance of a selective laser melted nickel-base superalloy Inconel 718 ［J］. Materials Science and Engineering：A，2019，759：278-287.

［12］　L Liu，Y Li，F Wang. Influence of grain size on the corrosion behavior of a Ni-based superalloy nanocrystalline coating in NaCl acidic solution ［J］. Electrochimica Acta，2008，53（5）：2453-246.

第7章
主动轮齿面激光熔覆复合涂层

7.1 引言

前述章节分别介绍了工艺参数、WC 增强颗粒、稀土元素及脉冲激光频率对激光熔覆涂层成形、耐磨、耐冲击及耐腐蚀等性能的影响。但各内容仅为单因素作用，如何将各部分研究成果有机组合，并应用于大型齿圈齿面，提高其耐磨耐冲击性能，还需要以多因素综合调控为手段制备复合涂层，并进行相关性能测试分析，最后实现在大型齿圈齿面上的应用。

文中所提复合涂层包括两层含义，一是前述各研究成果的复合，将各部分研究内容所获得的最优工艺和成分复合应用于激光熔覆涂层制备，实现多因素一体化复合调控；二是涂层结构的复合。在具有一定冶金缺陷的铸钢齿面激光熔覆耐磨耐冲击涂层，均衡单一的涂层结构很难满足大型齿圈齿面的工作需求，因此必须采用非匀质的复合结构涂层。

本章依据第 2 章复合涂层结构与成分的设计原则，完成对复合涂层的激光熔覆制备，并通过微观分析和性能测试，研究复合涂层的综合性能及作用机理，完成"高厚度激光熔覆耐磨耐冲击涂层结构与成分设计"。最后根据实验室试验条件，对大型齿圈齿面激光熔覆工装夹具进行设计，完成主动轮齿圈齿面的激光熔覆耐磨耐冲击涂层的制备工作，并通过有限元分析方法研究齿面耐磨耐冲击涂层的应力分布状态，以期得到齿面复合涂层提高耐磨耐冲击性能的作用机制。

7.2 主动轮齿面激光熔覆复合涂层结构与成分设计

通过前述章节的研究表明，添加 10%（质量分数）纳米 WC 在有效

提高 Ni45 涂层耐磨性的同时，还能小幅提升涂层耐冲击性能；添加
0.4%（质量分数）氧化钇和采用 80Hz 脉冲激光熔覆工艺均可以显著提
高 Ni45 涂层的耐冲击与耐腐蚀性能。依据第 2 章中复合涂层结构设计原
则，为实现涂层耐磨性、耐蚀性与耐冲击性的有机结合，得到综合性能最
优的激光熔覆复合涂层，将前述优化后的工艺与粉末配比综合应用制备复
合层，即采用频率为 80Hz 脉冲激光与含有 10%（质量分数）纳米 WC 与
0.4%（质量分数）氧化钇的 Ni45 粉末，并定义为性能优化层，如图 7.1
(a) 所示。

　　为消除 ZG42CrMoA 基材表层冶金缺陷对耐磨耐冲击涂层的影响，并进
一步提升涂层耐冲击性能，采用高韧性与强润湿性的 Ni201 粉末制备界面连
接层与增韧层，并与上述性能优化层交替叠加形成如图 7.1(a) 所示的"三
明治"夹层式复合涂层。其中，Ni201 界面连接层与增韧层采用第 3 章优化
所得工艺参数进行制备。

　　此外，采用与图 7.1(a) 中性能优化层完全相同的工艺与粉末成分，制
备一种成分均匀的涂层结构，如图 7.1(b) 所示。该复合涂层仅仅是优化工
艺与成分的复合，其内部成分相同且均匀分布，因此将其定义为匀质复合涂
层。由于匀质复合涂层内部不存在 Ni201 增韧层，因此其主要作为对比分析
试样。通过匀质与夹层式复合涂层微观组织及力学性能的对比研究，分析两
者在提升耐磨耐冲击性能方面的差异。

　　为保证制备的涂层能应用于重型机械恶劣工况条件，涂层厚度控制在
5mm 左右，与大型齿圈图纸设计的齿面感应淬火硬化层深度（5mm）相一
致。各层厚度如图所示，由于涂层顶部主要承受磨损破坏，因此其设计层厚
要明显大于下部各层。

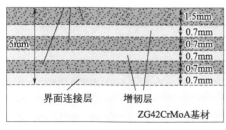
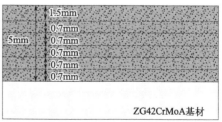

| (a) 夹层式复合涂层 | (b) 匀质复合涂层 |

图 7.1　激光熔覆复合涂层示意图

7.3 激光熔覆复合涂层的宏观形貌与微观组织

7.3.1 宏观形貌

图 7.2 与图 7.3 为夹层式复合涂层与匀质复合涂层表面宏观形貌。由图可见，熔覆层表面光洁平整，无残余粉末。经渗透剂检测可见，所得到的熔覆层无空隙，凹坑及裂纹产生。

(a) 表面形貌　　　　(b) 渗透剂检测形貌

图 7.2　夹层式复合涂层宏观形貌

(a) 表面形貌　　　　(b) 渗透剂检测形貌

图 7.3　匀质复合涂层宏观形貌

图 7.4 为激光熔覆复合涂层横截面形貌。可以看出，两复合涂层内部无裂纹、气孔以及夹渣等缺陷。图 7.4(a) 为夹层式复合涂层金相形貌。其中，浅绿色层为 Ni201 增韧层，深绿色层为性能优化层。Ni201 增韧层与性能优化层界面无层离现象，具有良好的冶金结合效果。图 7.4(b) 为匀质复合涂层金相形貌，与前述各章涂层形貌相似，其存在搭接区与层间交界区。

 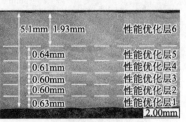

(a) 夹层式复合涂层　　　　(b) 匀质复合涂层

图 7.4　激光熔覆复合涂层横截面形貌

由于连续多层激光熔覆导致热量逐渐积累，使稀释率有所改变，引起层厚的波动，但各层厚度与设计尺寸基本接近，证明涂层达到设计要求。

7.3.2　微观组织

7.3.2.1　激光熔覆复合涂层物相

对图 7.4(a) 所示的夹层式复合涂层的第 1、4、5、6 层进行物相测试，得到如图 7.5(a) 所示的 XRD 图谱。其中，Ni201 层 1 由 γ-Ni、$M_{23}C_6$、MoNi 与 $MoNi_4$ 组成，且未出现 Ni_3B、W_2C 与 WC。这主要是由于 Ni201 粉末中含有 Mo 元素但无 B 元素，且未添加 WC。性能优化层 4 主要由 γ-Ni、$M_{23}C_6$ 与 Ni_3B 组成。同时，由于纳米 WC 的存在使衍射图谱出现 WC 衍射峰，部分 WC 在高温作用下形成 W_2C 相。

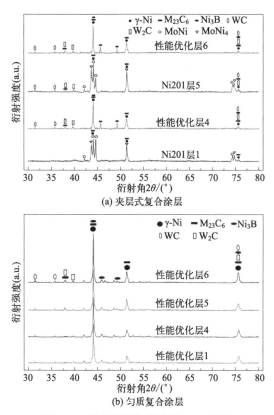

图 7.5　激光熔覆复合涂层 XRD 图谱

Ni201 层 5 中除了包含 Ni201 层 1 中已有物相外，还存在 WC 与 W_2C

相。这是由于 Ni201 层 5 采用的大稀释率使性能优化层 4 的材料部分混入层 5 中，从而出现 WC 与 W_2C 相。由于性能优化层 6 与性能优化层 4 采用相同工艺与粉末成分，因此两层具有相同物相。

同样对图 7.4(b) 的匀质复合涂层第 1、4、5、6 层进行物相测试，所得 XRD 图谱如图 7.5(b) 所示。由于匀质复合涂层与夹层式复合涂层的第 4、6 层的粉末成分与熔覆工艺均相同，因此具有相同物相。同样由 γ-Ni、$M_{23}C_6$、Ni_3B、WC 与 W_2C 组成。此外，由于匀质复合涂层中各层均采用完全相同的粉末与工艺进行制备，因此各层物相种类未发生变化。

7.3.2.2 匀质复合涂层微观组织

为分析匀质复合涂层不同区域微观组织的变化规律，对涂层界面结合

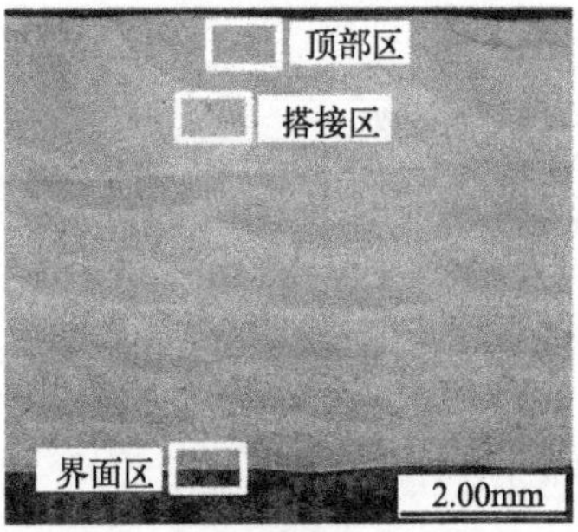

图 7.6　匀质复合涂层微观
组织分析区域

区、搭接区与顶部区进行微观形貌分析，具体测试位置如图 7.6 所示。

（1）界面区微观组织

对匀质复合涂层界面微观组织进行 SEM 分析，得到如图 7.7(a) 所示形貌。由图可见，涂层与基体形成了代表良好冶金结合的"白亮带"。

同时在界面区形成大量尺寸较小的胞状晶，并且仅包含少量小尺寸柱状晶。在共晶区同样析出富 Cr 与富 W 碳化物，但基本呈细小颗粒状，局部表现为网状分布，未形成大颗粒析出相。对界面组织进行 EDS 线扫描分析 [图 7.7(b)]，数据曲线如图 7.7(c) 所示，W 元素分布曲线发生剧烈波动现象，并且曲线峰值位置与共晶区析出颗粒物相对应。根据第 6 章中的分析，由于脉冲激光的作用，熔池在界面处温度梯度与凝固速度较连续激光熔覆层明显增加，从而提高冷却速率 $G \times R$，降低影响晶粒形状的 G/R，从而使晶粒明显细化。此外，结合第 5 章中氧化钇的作用可以得出，氧化钇在脉冲激光作用下会更均匀分布于熔池中，凝固过程中均匀聚集在晶界实现晶粒细化。此外，通过将脉冲的熔池搅拌作用与氧化钇对 Cr 元素均匀化调控作用相结合，显著增加熔池中 Cr 元素的分布均匀性，减少聚集析出倾向，从而使界面结合区仅形成细小的富 Cr 硬质相。

（2）搭接区微观组织

图 7.8 为匀质复合涂层搭接区形貌。由上述各章可知，搭接区是由于激光二次加热熔化所形成的激光重熔区域。从图中可以看出，搭接区同样存在

(a) 界面微观组织形貌

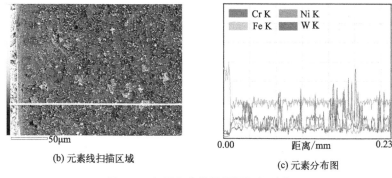

(b) 元素线扫描区域

(c) 元素分布图

图 7.7　匀质复合涂层界面组织形貌

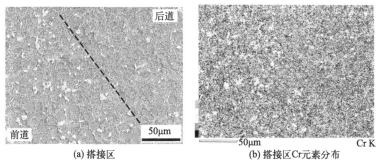

(a) 搭接区

(b) 搭接区 Cr 元素分布

图 7.8　匀质复合涂层搭接区微观形貌

与前述各章涂层中相同的硬质析出物。对比 EDS 面扫描分析形貌 [图 7.8
(c)] 可以看出，共晶组织析出的颗粒相同样包含 Cr、W、C 元素。所不同
的是，富 Cr 与富 W 颗粒物数量与大小较第 4 章含纳米 WC 涂层有明显下
降，并且分布相对均匀。由于析出颗粒相的减少，共晶组织面积较大且未出
现明显的细长骨架状形貌。以上现象主要是由于脉冲激光增强了熔池搅拌作
用与冷却速率，同时氧化钇的添加增加涂层共晶区面积，细化初生枝晶组织
并阻碍相关元素（Cr、W）的扩散，导致元素未发生大量析出，从而减少

颗粒相的尺寸与析出量。

（3）顶部微观组织

图 7.9 为匀质复合涂层顶部微观形貌。涂层组织中主要分布着等轴晶组织。与前述各章涂层组织相比，深灰色初生枝晶被明显细化，浅灰色共晶组织分布较为均匀，共晶组织析出的亮白色富 Cr 相颗粒与灰白色富 W 相块状组织数量较少，且颗粒尺寸较小。根据第 4 章微观分析可知，亮白色颗粒与灰白色块状物主要为 $Cr_{23}C_6$、WC 及 W_2C 的混合物，其中灰白色块状物中 WC 及 W_2C 含量相对较多。

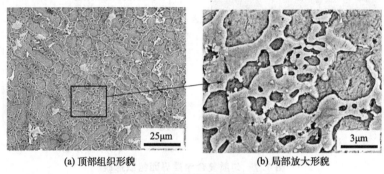

(a) 顶部组织形貌   (b) 局部放大形貌

图 7.9　匀质复合涂层顶部微观形貌

对图 7.9(a) 进行局部放大得到如图 7.9(b) 所示组织形貌。由图可见，纳米 WC 颗粒均匀分布于晶界与共晶区。由前述 4～6 章的分析结果可以得知，在脉冲激光作用下，涂层顶部具有较连续激光熔覆层更快的冷却速率 $G \times R$ 与更小的形貌参数 G/R，因此晶粒呈现等轴晶形貌。同时，脉冲激光使熔池的搅拌作用增强，增加氧化钇与纳米 WC 颗粒的分布均匀性，在凝固过程中使两者均匀分布于固液界面前沿，阻碍晶粒进一步长大，并且部分氧化钇会在增加的冷却速率条件下形成更多异质形核点，提高结晶形核率。在上述过程的共同作用下，晶粒组织得到显著细化。此外，氧化钇与脉冲激光共同作用抑制了 Cr、W 元素的析出，从而明显降低硬质颗粒相尺寸与析出量。

7.3.2.3　夹层式复合涂层微观组织

同样采用扫描电镜对夹层式复合涂层进行微观形貌分析，具体测试位置如图 7.10 所示。将其自下而上依次分为：涂层与基材形成的界面结合区；Ni201 界面连接层；Ni201 层与性能优化层形成的层间交界区以及顶层。由于各性能优化层与前述匀质复合涂层具有相同的工艺、组织与成分，因此不再进行详细描述。

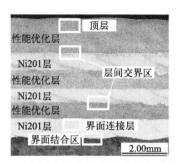

图 7.10　夹层式复合涂层微观组织分析区域

（1）界面结合区微观组织分析

图 7.11 为夹层式复合涂层中界面连接层与基材的结合区微观组织形貌，该区组织由平面晶过渡为胞状或柱状晶粒。通过 EDS 线扫描分析可以看出 [图 7.11(c)]，Fe 元素含量明显高于其他元素，并沿基体到界面层迅速下降，这主要是由于界面连接层所具有的较大稀释率会使大量 Fe 元素进入连接层内。

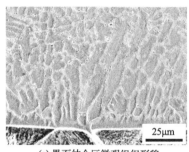

(a) 界面结合区微观组织形貌

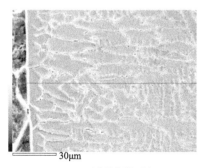

(b) 元素线扫描区域

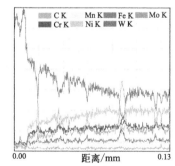

(c) 元素分布图

图 7.11　Ni201 界面结合区微观组织形貌及元素分布

除此之外，Ni 元素逐渐升高。在共晶区 W 元素与 Cr 元素曲线表现出较高的强度。同时，界面层中多处 Cr 元素峰值较高的位置与 W 元素峰值位置向吻合。

（2）界面连接层微观组织

图 7.12 为 Ni201 界面连接层微观组织形貌。由图可见，晶粒组织主要以等轴晶为主。其中，深灰色组织为初生相枝晶，在其边缘的浅灰色组织为共晶区。为研究初生枝晶与共晶组织元素分布状态，对选定区域进行 EDS 面扫描分析，元素分布结果如图 7.12(d) 所示。

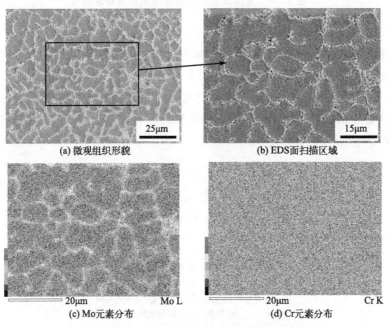

(a) 微观组织形貌	(b) EDS面扫描区域
(c) Mo元素分布	(d) Cr元素分布

图 7.12　Ni201 界面连接层微观组织形貌

在共晶区未出现明显的 Cr 元素富集，而 Mo 元素则在共晶区大量析出并聚集，同时 Mo 元素聚集区域显示 Ni 元素减少。由于 Mo 元素在 Ni 中的扩散能力弱于 Cr 元素，而在晶界的偏析倾向却明显强于 Cr 元素[1,2]。因此，Mo 元素会先于 Cr 元素向晶界富集，从而阻碍 Cr 元素向晶界扩散。同时粉末中仅含有 0.02%（质量分数）的 C 元素，因此在晶界与共晶组织中 Cr 元素与 C 元素所能形成的碳化物数量极少，从而未产生明显的富 Cr 硬质析出物[3]。

（3）层间交界区微观组织

为了详细分析 Ni201 层与性能优化层交界区的元素分布状态，分别针对

Ni201 层上部与下部的层间交界区进行微观分析。图 7.13 为 Ni201 层上部
交界区微观组织形貌。由图可以看出，交界区无气孔、夹杂、裂纹与层离等
缺陷，证明交界面两层的结合质量较好。Ni201 层靠近交界线（虚线）处的
组织主要以等轴晶为主，而性能优化层则具有较下部 Ni201 层更为粗大的
晶粒。

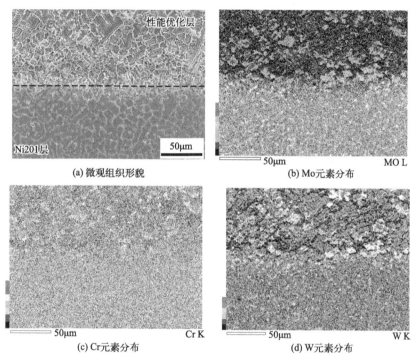

(a) 微观组织形貌　　　　　　　　　(b) Mo元素分布

(c) Cr元素分布　　　　　　　　　(d) W元素分布

图 7.13　Ni201 层上部交界区微观组织形貌

通过 EDS 面扫描分析可知，性能优化层含有大量 Cr 元素与 W 元素形
成的硬质析出相，但未大量进入下部 Ni201 层，而 Ni201 层中 Cr 元素未发
生显著偏析现象且分布均匀。而 Mo 元素则向上部性能优化层中发生元素偏
析，这同样证明了下部 Ni201 层中的 Mo 元素较上部性能优化层中的 Cr 元
素更容易发生偏析现象，并阻碍 Cr 元素向下部 Ni201 层扩散。因此，处于
下部的 Ni201 层共晶区在激光重熔作用下未出现大量富 Cr 与富 W 析出相颗
粒。另一方面，Mo 元素可以降低 C 元素的扩散速率，从而缓解 C 元素与
Cr 元素形成碳化物的可能性。

进一步分析 Ni201 层下部交界区，如图 7.14 所示。上部 Ni201 层中 Cr
元素分布均匀，少量 W 元素的存在是由于激光熔覆时下部性能优化层重熔

而使 W 元素进入上部 Ni201 层。同时，Mo 元素向下部性能优化层发生少量偏析。

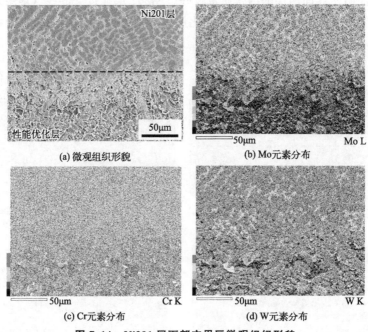

(a) 微观组织形貌

(b) Mo元素分布

(c) Cr元素分布

(d) W元素分布

图 7.14　Ni201 层下部交界区微观组织形貌

7.4　主动轮齿面激光熔覆复合涂层性能及相关机理

7.4.1　匀质复合涂层显微硬度

对匀质复合涂层进行显微硬度测试，并与前述第 4～6 章中所得到的最佳涂层进行对比，如图 7.15 所示。匀质复合涂层呈现出最大的显微硬度。由于 80Hz 脉冲激光、0.4%（质量分数）氧化钇和 10%（质量分数）纳米 WC 的共同作用使匀质复合涂层的晶粒得到更显著的细化，从而有效提升晶粒强度。同时，纳米 WC 颗粒还会在涂层中形成纳米 W_2C 和 $Cr_{23}C_6$ 两种硬质相。晶粒强度的提升与硬质相的增加均有利于提高涂层显微硬度。

对比分析 ZG42CrMoA 基材在不同表面处理方式条件下的显微硬度，如图 7.16 所示。未处理 ZG42CrMoA 基材的平均硬度（$HV_{0.5}$）为 260。对基材表面进行高频感应淬火处理后，淬火层显微硬度（$HV_{0.5}$）达到 796。对于在基材表面激光熔覆形成的匀质复合涂层来说，平均显微硬度（622）低于高频感应淬火层。

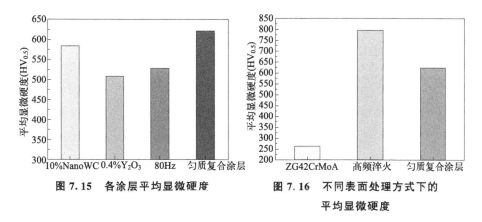

图 7.15　各涂层平均显微硬度　　　图 7.16　不同表面处理方式下的
平均显微硬度

7.4.2　匀质复合涂层耐磨性能与磨损机理

不同熔覆工艺涂层的磨损率如图 7.17 所示。匀质复合涂层具有最低的磨损率。由于纳米 WC 颗粒、氧化钇和脉冲激光均能提高涂层耐磨性能，因此匀质复合涂层较前述各最优涂层具有更好的耐磨性。

图 7.18 为不同表面处理方式试样磨损率。由图可见，未处理的 ZG42CrMoA 基材磨损率最大（$22.81 \times 10^{-6} mm^3/N \cdot m$）。当进行高频感应淬火处理后，基材磨损率下降至 $18.65 \times 10^{-6} mm^3/N \cdot m$。而匀质复合涂层的磨损率（$5.26 \times 10^{-6} mm^3/N \cdot m$）较高频感应淬火与未处理基材磨损率降低 72.80% 与 76.94%。

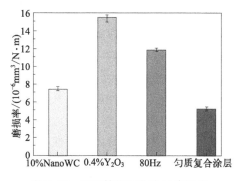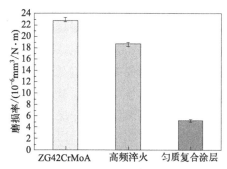

图 7.17　不同熔覆工艺涂层磨损率　　　图 7.18　不同表面处理方式试样磨损率

为分析各试样表面磨损机理，对各磨损表面进行 SEM 分析，所得形貌如图 7.19 所示。在干滑动磨损试验期间，ZG42CrMoA 基材磨损表面发生塑性变形和严重的黏着磨损。磨损试验的摩擦过程会产生纯剪切应力，从而产生位错滑动并在 ZG42CrMoA 上引起塑性变形[4]。由于基材的硬度远低于 GCr15 钢，因此金属材料会从基材传递至 GCr15 而产生黏着磨损。

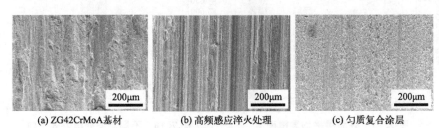

(a) ZG42CrMoA基材   (b) 高频感应淬火处理   (c) 匀质复合涂层

图 7.19   不同表面处理方式试样磨损形貌

与之相反的是，高频淬火基材的磨损表面有明显的犁沟，局部区域发现少量黏着磨损现象。在磨损过程中会产生磨屑并进入摩擦副成为磨粒，材料表面受磨粒的切割作用而形成犁沟，导致磨粒磨损。虽然高频淬火试样硬度明显高于匀质复合涂层，但由于其与 GCr15 的主要成分均为 Fe 元素，在高速磨损过程中具有相同元素的材料易发生元素互扩散，从而更易形成黏着磨损，因此导致高频淬火试样较匀质复合涂层发生更为严重的磨损破坏[5]。匀质复合涂层磨损表面犁沟明显减小，但存在密集分布的黏着磨损现象。通过磨痕局部 EDS 能谱分析可知（图 7.20），大量 Fe 元素与 O 元素分布于磨损表面，表明 GCr15 配磨轮向涂层表面产生材料转移，证明匀质复合涂层具有较好的耐磨性能。

根据微观组织分析结果，匀质复合涂层组织在脉冲激光、氧化钇与纳米 WC 复合作用下得到显著细化，使涂层硬度明显提升，进而降低黏着磨损率并能有效抵抗微凸体及磨粒对涂层的切削作用。细化的晶粒还会产生更为密集的晶界与网状共晶组织，从而能有效阻碍位错滑移。同时，脉冲激光对熔池的搅拌作用使纳米 WC 更加均匀地分布在晶界与共晶区，从而强化了其对位错的钉扎作用，进而减少材料的磨损量。此外，在脉冲激光与氧化钇的共同作用下使匀质复合涂层中的大尺寸硬质析出相明显减少，从而对提高涂层耐磨性具有积极作用。因此，匀质复合涂层具有更加优异的耐磨性能。

夹层式复合涂层的最外层与匀质复合涂层在微观组织、成分和硬度上均相同，为同一种熔覆层，且摩擦磨损试验最大磨损深度远小于最外层厚度

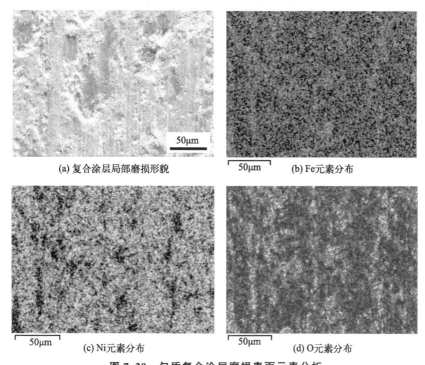

(a) 复合涂层局部磨损形貌　　(b) Fe元素分布

(c) Ni元素分布　　(d) O元素分布

图 7.20　匀质复合涂层磨损表面元素分析

1.5mm。磨损试验测试发现，夹层式复合涂层耐磨性能与匀质复合涂层相同，因此不再进行详细描述。

7.4.3　匀质与夹层式复合涂层的耐冲击性能

（1）匀质与夹层式复合涂层冲击韧性

对匀质与夹层式复合涂层进行冲击试验，并与前述第 4～6 章中具有最大冲击韧性的涂层试样进行对比分析。首先将夹层式复合涂层沿界面连接层与基材的结合面切下，并以图 7.21 中所示尺寸制成冲击试样。为了分析夹层结构对复合涂层耐冲击性能的强化机理，冲击方向为沿最上部性能优化层中心垂直向内。由于在复合涂层底部开 V 形口会减少冲击时的有效层厚，减弱 Ni201 层对复合涂层的作用，因此采用不开缺口的冲击样品。虽然前述各章的冲击样品均为 V 形缺口样品，但所测的冲击韧性是单位面积上的冲击功，表明未开缺口的夹层式复合涂层冲击韧性可以与前述各最有涂层进行对比分析。

各层冲击韧性数据如图 7.22 所示。匀质复合涂层冲击韧性（12.57J/cm²）大于前述各最优涂层。这主要是由于涂层中存在的氧化钇与脉冲激光共同作用，使 Cr 元素均匀分布于涂层中，导致涂层中硬质相的析出量明显减少，进而降低涂层组织中应力集中点的数量。同时，纳米 WC 颗粒均匀分布于复合涂层内，进而通过纳米 WC 的细晶强化与弥散强化作用提高涂层断裂所需的能量。通过上述过程的综合作用使匀质复合涂层具有更好的耐冲击性能。

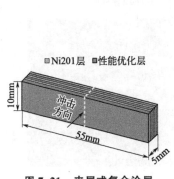

图 7.21　夹层式复合涂层冲击试样

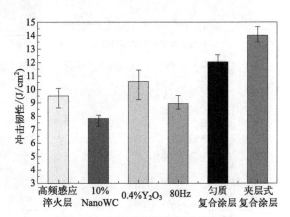

图 7.22　不同表面强化层冲击韧性

而夹层式复合涂层则表现出最优的冲击韧性（14.66J/cm²）。这与高韧性 Ni201 层有密切关系。为分析 Ni201 层对夹层式复合涂层耐冲击性能的强化机制，首先对涂层进行显微硬度测试，如图 7.23 所示。

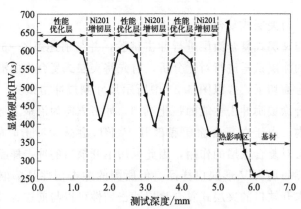

图 7.23　夹层式复合涂层硬度分布曲线

夹层式复合涂层的硬度值呈现高低起伏的趋势，由于最外层区域（约1.5mm）与匀质复合涂层有着相同的组织与成分，其硬度值近似于匀质复合涂层。同时，由于 Ni201 材料具有较高的韧性，使增韧层表现出最低的显微硬度。此外，处于两增韧层中间的性能优化层硬度明显低于最外层，这是因为性能优化层熔入了一定含量的增韧层材料，增加了优化层的韧性，导致硬度下降。

（2）匀质与夹层式复合涂层冲击断口形貌

对匀质与夹层式复合冲击断口进行 SEM 分析，得到如图 7.24 与图 7.25 所示断裂形貌。由图 7.24(a) 可见，匀质复合涂层的宏观断口呈现河流状脆性断裂特征，对局部选定区域进行微观形貌分析可以发现［图 7.24(b)］，涂层表现出显著的沿晶断裂特征，初生枝晶会形成较平整的断裂面，在共晶区出现断裂棱边。这主要是由于纳米 WC 颗粒与氧化钇在脉冲激光作用下使涂层组织得到显著细化，初生枝晶尺寸明显减小，共晶组织有所增加。因此，初生枝晶形成较小的断裂面，共晶区则形成密集的断裂棱边。

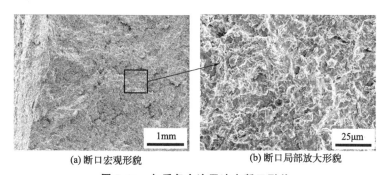

(a) 断口宏观形貌　　(b) 断口局部放大形貌

图 7.24　匀质复合涂层冲击断口形貌

由图 7.25(a) 可见，夹层式复合涂层断口表现出明显的分层现象，性能优化层与 Ni201 增韧层表现出不同的断裂形貌。其中，性能优化层表现出显著的台阶状形貌。

对 Ni201 增韧层与性能优化层交界区进行局部放大可以发现［图 7.25(b)］，交界区在冲击载荷下未发生层离现象，进一步对其上部复合层进行微观断口形貌分析可知［图 7.25(c)］，断裂形式与前述匀质复合涂层同为沿晶断裂。

而下部增韧层的断裂形貌则稍显不同，如图 7.25(d) 所示微观断口形貌可以看出，增韧层存在较深的等轴状韧窝以及撕裂棱，在高倍微观形貌

图 7.25(e) 中可以发现，等轴状韧窝中包含许多小韧窝。这主要是由于断裂过程中主裂纹会使晶粒在晶界产生大量位错，从而形成应力集中，导致大量微孔在裂纹尖端附近的缺陷处以位错塞积方式形核。在塑性应变作用下，形核的微孔会在位错运动的作用下逐渐长大。当塑性变形达到某个临界条件时，微孔会聚合长大并最终形成韧窝[6,7]。

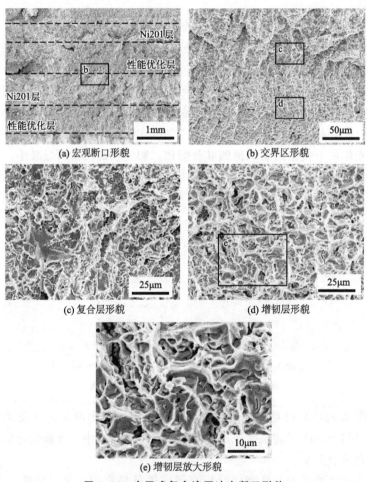

(a) 宏观断口形貌

(b) 交界区形貌

(c) 复合层形貌

(d) 增韧层形貌

(e) 增韧层放大形貌

图 7.25 夹层式复合涂层冲击断口形貌

由于韧窝的存在，表明增韧层断裂需要较大的塑性变形，因此会吸收大量能量，从而影响断裂韧性。而不同尺寸的韧窝所能吸收的能量有所差异，导致断裂韧性发生变化。将韧窝按高径比分为小尺寸韧窝与大尺寸韧窝，其中小韧窝的微观断裂韧性可由下式表示[8,9]：

$$K_{\mathrm{IC}}^{\mathrm{sd}} = \sqrt{E\sigma_{\mathrm{b}} M_1 D_{\mathrm{sd}}} \tag{7-1}$$

式中，小韧窝高径比 $M_1 = 0.5$；D_{sd} 为小韧窝直径；E 为材料弹性模量；σ_{b} 为抗拉强度。而大韧窝的微观断裂韧性则表示为：

$$K_{\mathrm{IC}}^{\mathrm{Id}} = \sqrt{E\sigma_{\mathrm{b}} M_2 D_{\mathrm{Id}}} \tag{7-2}$$

式中，大韧窝高径比 $M_2 = 1$；D_{Id} 为大韧窝直径。由上述大小韧窝所决定的涂层断裂韧性为：

$$K_{\mathrm{IC}} = \alpha (V_{\mathrm{sd}} K_{\mathrm{IC}}^{\mathrm{sd}} + V_{\mathrm{Id}} K_{\mathrm{IC}}^{\mathrm{Id}}) \tag{7-3}$$

式中，α 是与材料相关的常数；V_{sd} 和 V_{Id} 分别是小韧窝和大韧窝的体积分数。

结合式(7-3)与前述冲击断口形貌可知，由于增韧层断裂形成许多大小不一的韧窝，而性能优化层未形成韧窝，因此增韧层断裂韧性会高于性能优化层，从而提高整个复合涂层的冲击韧性。此外，由于富集于晶界的 Mo 元素抑制 Cr 元素与 C 元素的偏析使晶界未析出富 Cr 硬质相。因此，晶界处的应力集中点明显减少，从而改善了晶粒发生沿晶脆性断裂的倾向，进一步提高了复合涂层耐冲击性能。

（3）匀质与夹层式复合涂层拉伸性能

对上述进行冲击韧性对比的各涂层进行拉伸性能分析，如图 7.26 所示。其中，图 7.26(a) 为各涂层拉伸应力-应变曲线，可以看出各试样均发生脆性断裂。图 7.26(b) 为各试样抗拉强度对比图。

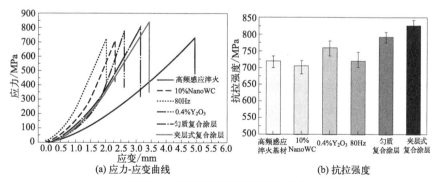

(a) 应力-应变曲线　　(b) 抗拉强度

图 7.26　不同表面强化层拉伸性能

由图 7.26 可见，夹层式复合涂层具有最大的抗拉强度（842.41MPa），其较匀质复合涂层与高频感应淬火层的抗拉强度（806.12MPa 与 734.85MPa）分别提高 4.50% 与 14.64%。

图 7.27 为匀质与夹层式复合涂层拉伸断口形貌。可见，两涂层拉伸断口呈现出与冲击断口相同的脆性断裂形式。

(a) 匀质复合涂层　　　　　　　　　　(b) 匀质复合涂层

(c) 夹层式复合涂层　　　　　　　　　(d) 夹层式复合涂层

图 7.27　匀质与夹层式复合涂层拉伸断口形貌

7.4.4　带基材复合涂层综合耐冲击性能

前述研究为单独激光熔覆复合涂层区域的耐冲击性能，但在涂层表面实际工作时，其会与基体共同抵抗外力的冲击作用，因此有必要对涂层加基材结构进行冲击性能测试与分析，评判其综合性能，从另一个角度评价涂层与基材的结合情况。冲击试样尺寸如图 7.28 所示。

（1）带基材涂层耐冲击性能分析

对带基材的高频淬火层、匀质与夹层式复合涂层试样进行冲击试验，并与未处理基材冲击韧性进行对比分析，如图 7.29 所示。

夹层式复合涂层试样冲击韧性（34.15J/cm²）大于匀质复合涂层（31.56J/cm²）与高频淬火基材（29.78J/cm²）。由于未处理 ZG42CrMoA 基材具有较低的硬度和较好的韧性，因此冲击韧性较高。上述数据表明，与高频感应淬火处理相比，夹层式复合涂层不仅能大幅提高基材耐磨性，还能有效改善耐冲击性能。

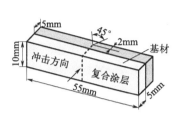

图 7.28　带基材涂层冲击试样尺寸

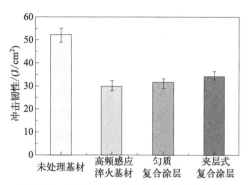

图 7.29　不同表面处理方式试样冲击韧性

（2）带基材涂层冲击断口与断裂机制分析

对带基材的匀质复合涂层进行断口分析，得到如图 7.30 所示断口形貌。由图 7.30（a）可见，断口呈现明显的河流状花样，属于典型的脆性断裂，并且具有明显分界现象。对图 7.30（a）界面上部区域局部放大得到图 7.30（b），可以看出上部涂层呈现沿晶断裂形貌，并且可以看到涂层与基材间有一条细窄的分界线。根据微观组织分析可知，这条分界线是涂层界面处的平面晶在断裂后所形成的断裂面。

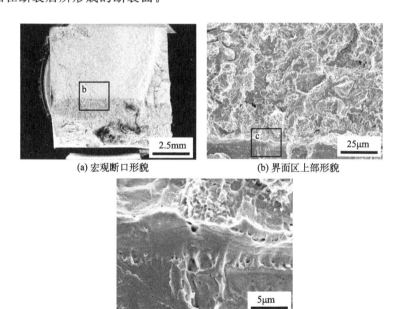

(a) 宏观断口形貌　　　　　　(b) 界面区上部形貌

(c) 界面微观形貌

图 7.30　匀质复合涂层基材冲击断口形貌

对分界线处进行局部微观分析可以发现［图7.30(c)］,在平面晶断裂面上形成一些细小的韧窝,这主要是由于此区域的基材与粉末材料在激光作用下发生熔化互扩散,平面晶中熔入大量基材的Fe元素,增加了界面区的韧性,从而导致韧窝的出现。

对带基材的夹层式复合涂层进行断口分析,得到如图7.31所示断口形貌。由图7.31(a)可见,涂层与基材间呈现出与前述匀质复合涂层断口相似的分界现象。对图7.31(a)分界区局部放大得到图7.31(b),可以看到在基材与上部涂层间同样存在界面分界线。

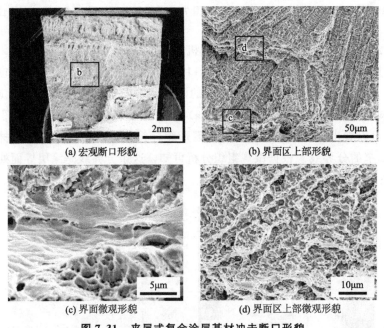

(a) 宏观断口形貌　　　　　　　　(b) 界面区上部形貌

(c) 界面微观形貌　　　　　　　　(d) 界面区上部微观形貌

图7.31　夹层式复合涂层基材冲击断口形貌

对分界线处进行局部微观分析可以发现［图7.31(c)］,界面断裂形貌较匀质复合涂层出现明显的凹陷现象,并且形成数量更多的细小韧窝,出现上述现象主要是由于夹层式复合涂层的Ni201界面连接层具有较匀质复合涂层更好的韧性。

此外,由于界面连接层具有第3章优化选择的较大熔深,导致界面结合区熔入较多的Fe元素,从而进一步提高了界面区的韧性,导致该处发生断裂时会产生更明显的塑性变形,进而形成深度较深的断裂面与数量较多的韧窝。对图7.31(b)界面上部区域进行局部放大可以发现,界面连接层呈现出明显的沿枝晶间扩展的枝晶断裂特征 [图 7.31(d)]。

图 7.32 为 ZG42CrMoA 基材冲击断口形貌。如图 7.32(b) 所示，断口密集分布着大量尺寸不一的韧窝，证明基材断裂形式为韧性断裂。

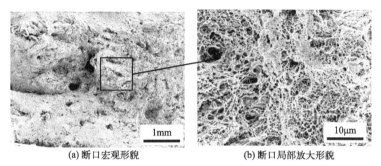

(a) 断口宏观形貌　　　　　　(b) 断口局部放大形貌

图 7.32　ZG42CrMoA 基材冲击断口形貌

图 7.33 为高频感应淬火处理基材冲击断口形貌。由图 7.33(b) 可见，高频感应淬火基材断口韧窝数量明显少于未处理基材，并且韧窝尺寸相对较大。此外，断口的局部区域还存在许多较为平整的小断面，证明高频感应淬火基材断裂形式为韧性与脆性的混合断裂。

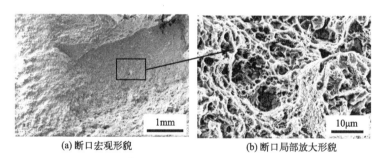

(a) 断口宏观形貌　　　　　　(b) 断口局部放大形貌

图 7.33　高频感应淬火处理基材冲击断口形貌

7.4.5　匀质复合涂层耐腐蚀性能

（1）涂层动电位极化曲线分析

对匀质复合涂层进行电化学腐蚀试验，并与前述最佳耐腐蚀性涂层进行对比分析，如图 7.34 所示。匀质复合涂层具有最低的腐蚀电流密度，证明其具有最佳的耐腐蚀性能。这主要是由于纳米 WC、氧化钇与脉冲激光的共同作用能更显著地细化涂层晶粒，增大共晶组织并减少硬质相析出，从而更有效地缓解贫 Cr 现象，提升抗腐蚀能力。

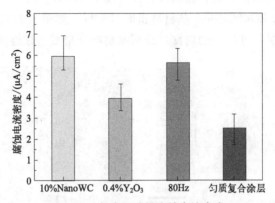

图 7.34   各涂层试样腐蚀电流密度

为分析匀质复合涂层对 ZG42CrMoA 表面耐腐蚀性能的改善效果，针对 ZG42CrMoA 基材、高频感应淬火基材与匀质复合涂层进行电化学腐蚀性能对比分析，得到如图 7.35 所示动电位极化曲线。由图可见，ZG42CrMoA 基材与高频淬火试样的钝化区明显小于匀质复合涂层，证明匀质复合涂层在阳极区具有良好的耐腐蚀性能。

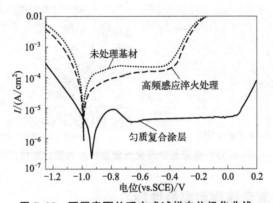

图 7.35   不同表面处理方式试样电位极化曲线

进一步利用极化曲线分析方法，得到如图 7.36 所示各试样腐蚀电流密度。由图可见，匀质复合涂层具有最小的腐蚀电流密度（$3.18\mu A/cm^2$），较 ZG42CrMoA 基材和高频淬火基材的腐蚀电流密度（$26.45\mu A/cm^2$ 和 $43.61\mu A/cm^2$）分别降低 87.98% 和 92.71%。上述数据表明，匀质复合涂层具有更优异的耐腐蚀性能，而高频淬火基材耐腐蚀性最差。

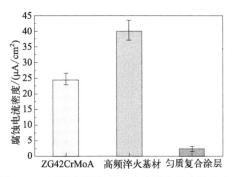

图 7.36 不同表面处理方式试样腐蚀电流密度

（2）涂层电化学阻抗谱分析

对匀质复合涂层，高频感应淬火基材与未处理基材进行电化学阻抗谱分析，得到如图 7.37 所示 Nyquist 阻抗谱。由图可见，匀质复合涂层圆弧半径远大于高频淬火与未处理基材，同样证明了匀质复合涂层具有良好的耐腐蚀性能。此外，未处理基材的圆弧半径略大于高频淬火基材，证明高频淬火处理对耐腐蚀性能有不利影响。

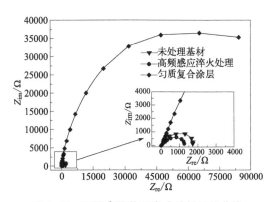

图 7.37 不同表面处理方式试样阻抗曲线

由 Nyquist 图得到阻抗 Bode 图，如图 7.38 所示。由图 7.38（a）可见，匀质复合涂层具有最大的阻抗幅值（72456Ω），分别达到高频感应淬火基材（1270Ω）与未处理基材（1717Ω）的 570.5% 和 422.0%。上述数据同样表明，匀质复合涂层能有效提高 ZG42CrMoA 基材的耐腐蚀性能。

图 7.38（b）为阻抗相位角-频率图。由图可见，匀质复合涂层的最大相位角为 74.0°，最大相位角频率为 8.49Hz。而高频淬火基材与未处理基材的最大相位角分别为 52.60° 与 55.26°，所对应最大相位角频率分别为 0.72Hz

和 1.76Hz。由于匀质复合涂层具有较大的相位角值，因此涂层呈现出更强的电容特性。同时，其相位角在低频区的下降速度明显低于高频淬火与未处理基材，证明其涂层表面形成了稳定性较强且难以被击穿的钝化膜。

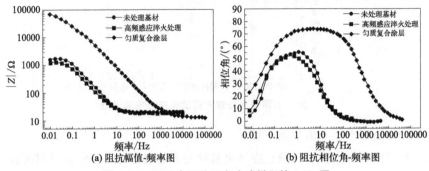

(a) 阻抗幅值-频率图   (b) 阻抗相位角-频率图

图 7.38　不同表面处理方式试样阻抗 Bode 图

（3）涂层表面腐蚀形貌与电化学腐蚀机理分析

对高频淬火与未处理基材进行腐蚀表面形貌分析，如图 7.39 所示。两试样表面发生严重的腐蚀破坏。同时，高频淬火基材较未处理基材出现更为严重的腐蚀剥落现象。这是由于高频淬火处理后奥氏体快速冷却转变为马氏体。其中，奥氏体是碳在 γ-Fe 中的固溶体，而马氏体是碳在 γ-Fe 中的过饱和固溶体。由于 C 元素在过饱和固溶过程中会降低基材组织的稳定性并造成元素偏聚，从而产生极为严重的不均匀腐蚀现象。同时，马氏体在形成过程中会产生大量位错和微裂纹，导致基材表面形成微腐蚀区并快速扩展形成较大面积的腐蚀剥落。此外，相同质量马氏体的体积要明显大于奥氏体，因此会在淬火后产生残余应力，从而加剧应力腐蚀[10]。

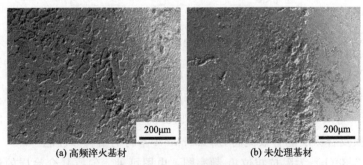

(a) 高频淬火基材   (b) 未处理基材

图 7.39　高频淬火与未处理基材腐蚀表面形貌

图 7.40 为匀质复合涂层表面腐蚀形貌。如图 7.40(a) 所示，匀质复合

涂层表面发生均匀腐蚀，未形成明显的腐蚀坑。根据微观腐蚀形貌可以发现 [图 7.40(b)]，匀质复合涂层并未出现局部剧烈腐蚀现象，腐蚀行为同样是在初生相（γ-Ni）的晶界周围发生，属于由晶界贫 Cr 而带来的晶间腐蚀。

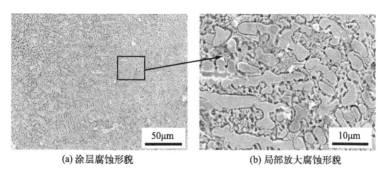

(a) 涂层腐蚀形貌　　　　　　　　(b) 局部放大腐蚀形貌

图 7.40　匀质复合涂层表面腐蚀形貌

根据微观组织分析及纳米 WC、氧化钇和脉冲激光对涂层耐腐蚀性影响的研究结果可以确定，在脉冲激光与氧化钇的共同作用下，涂层内元素在熔化凝固过程中的偏析现象得到改善，从而减少 $Cr_{23}C_6$ 碳化物的偏析量。同时，脉冲激光还增加了纳米 WC 和 W_2C 的分布均匀性，消除了团聚态纳米 WC 对涂层耐腐蚀性的不利影响。此外，匀质复合涂层的晶粒被显著细化，导致晶界数量明显增多，从而提高 Cr 元素的分布范围，缓解因 Cr 元素不均匀析出所带来的非均匀腐蚀现象。

由于夹层式复合涂层的最外层与匀质复合涂层属于同种成分熔覆层，并且电化学腐蚀测试深度极小（小于 0.5mm）。经电化学腐蚀测试发现，夹层式复合涂层耐腐蚀性与匀质复合涂层基本一致，所以不再进行详细研究。

综上所述，夹层式复合涂层在耐磨损、耐冲击与耐腐蚀三个方面具有最佳的综合性能，可以将其应用于大型齿圈齿面的表面强化。

7.5　主动轮齿面激光熔覆耐磨耐冲击涂层制备

为显著提高大型齿圈齿面耐磨与耐冲击性能，采用前述研究所得具有优异耐磨耐冲击性能的夹层式复合涂层对齿面进行激光熔覆处理。根据实验室现有数控加工机床配置条件与齿圈成品件的三维结构模型设计激光熔覆试验所需的工装夹具，并制定相关工艺流程，最终完成齿圈齿面夹层式耐磨耐冲击复合涂层的制备。通过有限元分析技术研究不同齿面强化层在轮齿与履带销啮合过程中的应力状态与安全可靠性，以此来证明夹层式复合涂层对齿面力学性能的强化作用。

7.5.1　齿面激光熔覆工装夹具设计

依据齿圈图纸中所提供的尺寸，通过三维绘图方法得到齿圈模型，如图 7.41(a) 所示。由于齿圈各齿沿圆周以相同间隔角度排列，因此在进行齿面激光熔覆实验的过程中齿圈需沿中心轴不停转动直至所有齿面完成激光熔覆处理。

(a) 齿圈成品件三维结构图

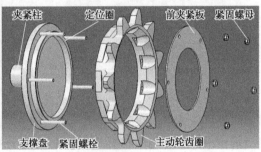

(b) 齿圈工装夹具图

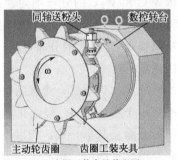

(c) 齿圈工装夹具装配图

图 7.41　齿圈及工装夹具装配示意图

根据上述运动特点，采用三爪卡盘实现齿圈的旋转运动。为实现三爪卡盘与齿圈的稳固衔接，根据齿圈形状特征设计出一种简易工装夹具，如图 7.41(b) 所示。夹具分为三部分：后夹紧座、前夹紧板与紧固螺母。其中，后夹紧座包括夹紧柱、定位圈、支撑盘与紧固螺栓。夹紧柱主要实现与三爪卡盘的连接，紧固螺栓起到导引与紧固的作用，定位圈保证齿圈与三爪卡盘具有较高的同心度，支撑盘起到限位作用。紧固螺母与紧固螺栓相连并通过前夹紧板对齿圈施加压紧力。

由于主动轮齿圈较重，为保证工装夹具的安装精度，在水平状态下将齿圈沿后夹紧盘的紧固螺栓插入定位圈外并与支撑盘靠紧，然后将前夹紧板沿紧固螺栓插入并紧贴齿圈，接着在紧固螺栓上安装紧固螺母，旋紧螺母完成夹具安装，最后将装配好的齿圈与夹具通过夹紧柱固定于三抓卡盘上，如图 7.41(c) 所示。

该工装夹具结构与制作工艺简单，可在四轴联动机床上进行快速安装与拆卸，并能很好地保证齿圈与三抓卡盘的同心度。通过该工装还可实现齿圈与送粉头的联动，采用特定的运动轨迹控制方法即可获得厚度均匀且表面平整的激光熔覆层。

7.5.2　齿面激光熔覆运动轨迹控制

由于齿圈上相邻两齿间的空间有限，导致送粉头在靠近待熔覆齿面时极易与另一齿相撞。此外，在激光功率与扫描速度不变的前提下，光斑直径直接决定作用于齿面的激光能量，进而导致粉末熔化量的改变，影响涂层的均匀性与平整度。同时，激光离焦量和光束在齿面上的垂直度会影响光斑直径，因此恒定的离焦量与垂直入射的光束也是获得均匀等厚涂层的必要条件。为了避免送粉头与齿面发生撞击并保证离焦量和光束垂直度不变，需要同时控制齿圈的旋转与送粉头的移动。将送粉头 X、Y、Z 三个方向的运动与装夹在三爪卡盘上齿圈的旋转运动相结合。通过控制送粉头在 X、Z 轴上的移动以及齿圈的转动实现激光离焦量不变，并尽量保持光束垂直入射至齿面，同时避免与另一侧齿面发生撞击。此外，控制送粉头在 X 轴的移动与齿圈的转动能使多道熔覆的搭接率保持不变。控制送粉头在 Y 轴的移动速度使激光熔覆扫描速率保持不变。

为了详细说明上述四轴联动方式的运动过程，将主动轮齿面单层激光熔覆过程简要分为六个步骤，如图 7.42 所示。

其中齿圈上紫色部分为已熔覆的涂层，齿圈在 ZX 平面上以角速度为 ω 进行顺时针旋转。送粉头沿 Z 轴上下移动，沿垂直于 ZX 平面的 Y 轴对齿面进行激光熔覆处理，沿 X 轴逐渐移动完成多道搭接过程。图 7.42(a) 为送粉头下降至齿根部进行熔覆的示意图，若此时光束完全垂直于待熔覆齿面则会导致送粉头与另一侧齿面发生碰撞。为避免该问题，激光束与待熔覆齿面形成约 80°的夹角，此角度对光斑直径影响较小，熔覆层厚度不会产生明显变化。从图 7.42(a) 到图 7.42(b) 熔覆时，通过控制齿圈的转角和转速使光束与齿面夹角增加至约 85°，控制送粉头向右向下的移动速度来保证送

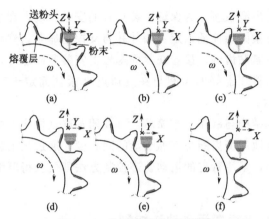

图 7.42　齿圈熔覆过程示意图

粉头不与另一侧齿面发生碰撞，并保持激光离焦量不变。从图 7.42(b) 到图 7.42(c) 的熔覆过程中，逐渐减小齿圈转角和转速。此时，光束近似垂直于齿面。送粉头则继续向右向下移动，始终保证送粉头与另一侧齿面不发生碰撞，并保持激光离焦量不变。从图 7.42(c) 到图 7.42(d) 的熔覆过程中，齿圈逐渐趋于停转，同时减少 Z 轴移动量，送粉头则持续向右移动。此时，光束已完全垂直于齿面。从图 7.42(d) 到图 7.42(e) 进行熔覆时，停止齿圈与 Z 轴的运动，送粉头则继续向右移动。此时，光束与齿面仍保持完全垂直状态。从图 7.42(e) 到图 7.42(f) 进行熔覆时，齿圈继续按特定转速沿顺时针方向旋转，使光束与齿面形成约 80°夹角，保证送粉头的激光离焦量不变，并始终不与齿面发生碰撞。完成上述过程后，送粉头回到起始位置并再次按图 7.42(a) 至 (f) 的顺序熔覆第二层。如此循环往复，直至所形成的复合涂层达到所设计的层厚与层数。

7.5.3　齿面激光熔覆工艺过程

（1）主动轮齿圈齿面激光熔覆前处理

依据上述齿圈激光熔覆工装夹具设计与运动轨迹控制方法，完成主动轮齿圈齿面夹层式耐磨耐冲击复合涂层的制备，并讨论其熔覆工艺过程。首先对如图 7.43 所示的主动轮齿圈毛坯件进行除锈处理，并对齿圈待熔覆齿面进行铣削加工。为增加激光吸收率，在熔覆前采用粗砂纸对加工后的齿面进行毛化处理。

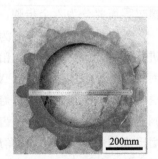

200mm

图 7.43　主动轮齿圈
毛坯件形貌

（2）齿面激光熔覆工艺过程

① 准备齿面激光熔覆粉末材料。根据前述复合涂层性能分析结果，选用综合性能最佳的夹层式复合涂层作为齿面的耐磨耐冲击涂层。通过球磨机 [图 2.4(a)] 将性能优化层所需的 Ni45＋10％NanoWC＋0.4％Y_2O_3（质量分数）混合粉末搅拌均匀，而后将其与制备界面连接层及增韧层所需的 Ni201 粉末一起放入 120℃的真空干燥箱保温 2h。待两种粉末保温结束并冷却至室温后分别添入送粉器 [图 2.4(b)] 的两送粉缸中备用。

② 安装齿圈激光熔覆工装夹具与齿圈预热处理。将主动轮齿圈在水平状态下沿图 7.41(b) 中定位圈与紧固螺栓装在支撑盘上，接着将图 7.41(b) 中前夹紧板沿紧固螺栓安装于齿圈背面并用紧固螺母固定。将已安装好的主动轮齿圈放入电阻加热炉中由室温缓慢加热到 300℃并保温 30min。

③ 齿面激光熔覆夹层式复合涂层工艺过程。待前述预热处理的主动轮齿圈取出后，将图 7.41(b) 中支撑盘上的夹紧柱安装于三爪卡盘上，然后根据图 7.1(a) 的夹层式结构和图 7.42 的熔覆轨迹控制方法对齿面进行多道多层激光熔覆。

首先由装有 Ni201 粉末的送粉缸向同轴送粉头送粉，并采用 2700W 的激光功率、300mm/min 的扫描速度与 4.72g/min 的送粉量进行连续激光熔覆制备 Ni201 界面连接层；而后更换至装有 Ni45 混合粉末的送粉缸进行送粉，并采用 3600W 的激光功率，300mm/min 的扫描速度与 8.87g/min 的送粉量在 80Hz 脉冲频率条件下进行脉冲激光熔覆制备性能优化层，随后在其上再熔覆 Ni201 增韧层，按此顺序逐层交替完成 6 层结构的夹层式复合涂层。主动轮齿圈齿面激光熔覆实际过程如图 7.44 所示。

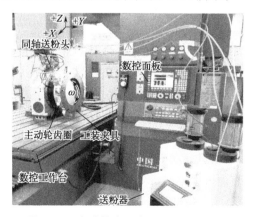

图 7.44　主动轮齿圈齿面激光熔覆过程

采用上述工艺方法对齿圈所有齿面逐个进行激光熔覆处理，待所有齿面全部处理完毕后，将齿圈放入300℃加热炉中保温2h随炉冷却。采用该工艺过程所得涂层形貌如图7.45(a)所示，涂层总体成形良好，表面平整光滑。利用渗透着色剂对涂层进行裂纹缺陷探伤，结果如图7.45(b)所示，涂层形成了较多裂纹，这是由于在进行后续齿面熔覆处理时，已完成熔覆处理的齿面暴露在空气中快速冷却，内部热应力升高，从而增加涂层开裂倾向。

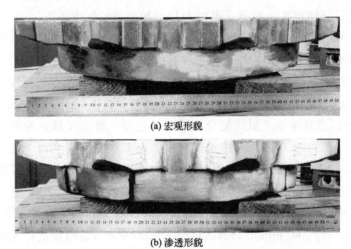

(a) 宏观形貌

(b) 渗透形貌

图7.45　主动轮齿圈齿面单次热处理激光熔覆涂层

为改善前一工艺过程中涂层开裂问题，采用相同的激光熔覆工艺条件，在完成一个齿面的熔覆处理后就将齿圈放回300℃加热炉中加热30min，取出后对下一齿面进行与前述相同的熔覆处理，处理完毕后同样在300℃条件下加热30min，以此类推对齿圈所有齿面逐个进行激光熔覆与热处理过程，待所有齿面熔覆完成后在300℃加热炉中保温2h后随炉冷却。采用此工艺路线所得涂层形貌如图7.46(a)所示，涂层同样成形良好，经渗透着色剂检测可见［图7.46(b)］，涂层无裂纹产生，这主要是由于对轮齿的逐个热处理能有效减缓涂层冷却速度，降低热应力，从而消除了涂层开裂现象。

综上所述，对齿圈仅进行单次热处理时所耗工时较少，且工艺过程相对简单，但所制备涂层裂纹较多。而齿面多次热处理激光熔覆需要对每个已熔覆齿面进行热处理，工艺过程复杂且耗时较长，但所制备涂层无裂纹产生。虽然在工程适用性方面齿面单次热处理要优于多次热处理，但为了获得无裂纹缺陷的高质量涂层，仍需采用多次热处理激光熔覆作为齿圈加工的工艺方法。

(a) 宏观形貌

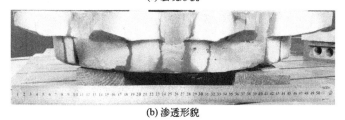
(b) 渗透形貌

图 7.46　主动轮齿圈齿面多次热处理激光熔覆涂层

7.5.4　不同强化层对齿面啮合过程应力状态分布的影响

前述研究的激光熔覆耐磨耐冲击复合涂层性能均为实验室条件下的测试结果。对于激光熔覆的大型齿圈耐磨耐冲击性能测试要结合实际工况进行考核，而实验所用的主动轮齿圈尺寸较大且为非标零件，因而无特定的实验考核平台，必须通过搭车来验证性能，这需要较长的实验周期和大量的研究经费才能完成。因此，为了能简便快捷而又有效地验证上述理论，采用有限元数值仿真方法（FEM）获取夹层式复合涂层齿面在与履带销发生冲击与摩擦过程中的应力场，并与高频淬火层及匀质复合涂层两种齿面的应力场进行对比分析，得到夹层式结构提升耐冲击性能的力学机制。

7.5.4.1　主动轮齿圈齿面与履带销网格模型建立

依据有限元分析理论建立履带销与主动轮齿圈的网格模型，如图 7.47 所示。

为简化分析过程，以约束条件限制履带销间相对位置从而代替履带板。其中，齿圈中心至齿廓顶部距离 R_1 为 319mm，齿圈内圆半径 R_2 为 208mm，履带销最大尺寸 h 为 74mm，链轨节距（相邻两履带销中心距）l_t 为 135mm。

图 7.47（c）～图 7.47（e）为主动轮齿面高频淬火层、匀质复合涂层及夹层式复合涂层网格模型。三种强化层厚度均为 5mm，其中高频淬火层与匀质复合涂层网格结构相同但材料属性不同，高频淬火层密度为 $7.85 \times 10^3 kg/m^3$，弹性模量为 212GPa，泊松比为 0.28。匀质复合涂层密度为

(a) 主动轮齿圈与履带销啮合模型

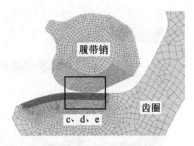
(b) 履带销与齿面啮合位置网格

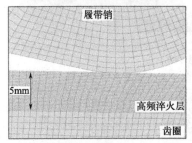
(c) 高频淬火层网格

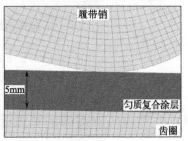
(d) 匀质复合涂层网格

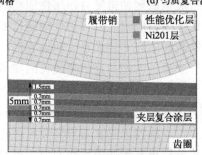
(e) 夹层式复合涂层网格

图 7.47　主动轮齿圈齿面有限元网格划分方案

$8.28 \times 10^3 \mathrm{kg/m^3}$，弹性模量为 180GPa，泊松比为 0.33。Ni201 层密度为 $8.4 \times 10^3 \mathrm{kg/m^3}$，弹性模量为 204GPa，泊松比为 0.31。

图 7.47(e) 中夹层式复合涂层的 Ni201 层与处于中间区域的性能优化层厚度均为 0.7mm，最外侧性能优化层厚度为 1.5mm。同时，由于各强化层与基体界面以及 Ni201 层与性能优化层结合面均已形成冶金结合，因此层间接触面设定为无摩擦状态。

7.5.4.2　主动轮齿圈齿面与履带销受力关系

在进行有限元分析之前，需要确定履带销与齿面的受力关系，并以此作为后续有限元分析的前提条件。图 7.48 为履带车辆行驶受力状态原理图，通过主动轮轮齿与履带销啮合驱动车辆向前行驶，因此在行驶过程中存在阻碍车辆行进的外部阻力和驱动车辆运动的切线牵引力 F_K。

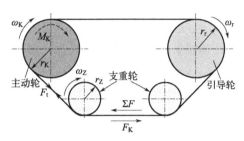

图 7.48　履带车辆行驶受力状态原理图

当车辆进行等速运动时，其所受外部阻力之和 $\sum F$ 应与切线牵引力 F_K 相平衡，即[11]：

$$\sum F = F_\text{K} \tag{7-4}$$

为了简化分析过程，将履带设定为一条由无限小履带节组成的挠性钢带。此时，履带张力对主动轮轮轴的力矩等于其动力半径 $r_\text{K} = 270\text{mm}$，且主动轮对履带产生驱动转矩 M_K。在 M_K 作用下，驱动段内产生拉力 F_t，由转矩方程可得[11]：

$$F_\text{t} = \frac{M_\text{K}}{r_\text{K}} \tag{7-5}$$

由于拉力 F_t 试图将接地段履带从支重轮下拉出，使履带板发生相对地面的运动，从而使地面发生剪切与挤压变形，由于抵抗变形使地面对履带板产生与车辆运动方向相同的反作用力，反作用力合并后成为驱动履带车辆前进的切线牵引力 F_K。在等速行驶条件下，切线牵引力 F_K 等于履带驱动段内的拉力 F_t，而履带销与齿面冲击与摩擦过程的作用力即为 F_t[11]：

$$F_\text{t} = F_\text{K} \tag{7-6}$$

但是，在履带行走机构内部实际上是存在着摩擦损失的，导致驱动转矩在形成切线牵引力时必须消耗一部分转矩用来克服行走机构内部的摩擦损失。将此损失转换成履带驱动段效率 η_r，则履带车辆的切线牵引力 F_K 可表示为：

$$F_\text{K} = \eta_\text{r} \frac{M_\text{K}}{r_\text{K}} = \sum F \tag{7-7}$$

通常，履带驱动段效率 $\eta_\text{r} = 0.96 \sim 0.97$，此处取 $\eta_\text{r} = 0.96$。

由上述过程可知，为得到履带切线牵引力需计算出主动轮驱动转矩 M_K，而 M_K 由主动轮驱动功率 P_K 与主动轮转速 n_K 计算得到，即：

$$M_K = \frac{9549 P_K}{n_K} \qquad (7\text{-}8)$$

而主动轮驱动功率 P_K 是由发动机经传动系统产生传递损失后实际作用于主动轮的功率，此传递损失用传动效率 η_T 表示，则驱动功率 P_K 为：

$$P_K = \eta_T P_T \qquad (7\text{-}9)$$

式中，P_T 为发动机输出功率。

此处以某 30t 履带挖掘机为例，其发动机额定功率 $P=194\mathrm{kW}$，最大输出功率 $P_T=155\mathrm{kW}$，且传动效率 η_T 为 0.9。为得到主动轮转速 n_K，设履带式车辆以等速（10km/h）空负荷行驶，因此可以认为其在地面的滑转率为零，则车辆的行驶速度就等于履带卷绕运动速度。而履带卷绕运动的平均速度 v 可通过主动轮每转一圈所卷绕履带销的总长来计算，即由下式可得[11]：

$$v(\mathrm{m/s}) = \frac{z_K l_t \omega_K}{2\pi} = \frac{z_K l_t n_K}{60} \qquad (7\text{-}10)$$

式中，l_t 为链轨节距，m；ω_K 为主动轮角速度，rad/s；n_K 为主动轮转速，r/min；z_K 为主动轮有效啮合齿数。已知车辆行驶速度 v 为 10km/h（2.78m/s），有效啮合齿数 z_K 为 11，链轨节距 l_t 为 0.135m，则根据上式可得主动轮转速 n_K 为：

$$n_K = 60\frac{v}{z_K l_t} = 60\times 2.78/(11\times 0.135) = 112(\mathrm{r/min}) \qquad (7\text{-}11)$$

则主动轮驱动转矩 M_K 为：

$$M_K = \frac{9549\eta_T P_T}{n_K} = \frac{9549\times 0.9\times 155}{112} = 11893.6(\mathrm{N\cdot m}) \qquad (7\text{-}12)$$

将上式所得 M_K 代入式(7-7)中，可得：

$$F_K = \eta_r\frac{M_K}{r_K} = 0.96\times\frac{11893.6}{0.27} = 42288.4(\mathrm{N}) \qquad (7\text{-}13)$$

由式(7-6)可知，驱动段内产生的拉力 F_t 等于切线牵引力 F_K，即 $F_t=42288.4\mathrm{N}$，以此力作为后续有限元分析中履带销与齿面的相互作用力。

7.5.4.3　主动轮齿圈齿面与履带销有限元分析结果

（1）主动轮齿圈齿面与履带销冲击过程模拟

由于齿面与履带销在啮合瞬间会首先发生冲击碰撞，齿面瞬间受到冲击

力的作用，进而在齿面内部形成压应力。根据前述网格模型与受力分析结果
得到如图 7.49 所示的应力分布状态。由图可见，三种齿面强化层均会发生
压应力集中现象。此外，在图中接触点两侧出现拉应力集中。上述现象主要
是由于强化层受到履带销冲击的瞬间，履带销对强化层表面产生较大压力，
从而形成压应力集中与微小的弹性变形，导致接触点位置产生瞬间凹陷使该
点附近产生拉应力。

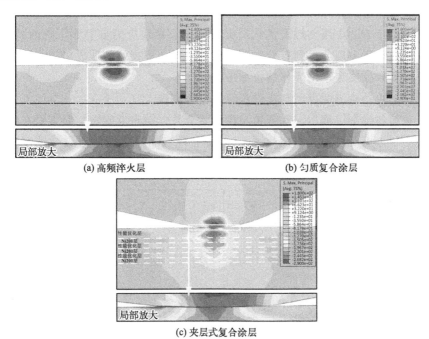

(a) 高频淬火层　　　　　　　　　　(b) 匀质复合涂层

(c) 夹层式复合涂层

图 7.49　齿面不同强化层冲击阶段应力分布状态

对三种强化层最大应力区进行分析可知，夹层式复合涂层的应力集中范
围与最大压应力值（253.11MPa）均小于高频淬火层（288.63MPa）与匀质
复合涂层（274.37MPa）。由于高频淬火层内部存在大量针状或板条状脆性
马氏体，使淬火层具有较高的硬度与脆性，因此在冲击力作用时塑性变形较
小，从而会使淬火层形成较为严重的应力集中［图 7.49(a)］。由于材料内
部较高的应力集中会导致裂纹产生，并对材料力学性能产生不良影响[5]。因
此，在长时间的冲击载荷作用下，淬火层内高应力集中区易产生裂纹并逐渐
扩展最终导致断裂，从而降低齿面耐冲击性能。

对于匀质复合涂层来说，由于涂层内的 γ-Ni 固溶体具有一定韧性，因
此在纳米 WC 颗粒存在的前提下硬度与脆性仍低于高频淬火层，使冲击力

作用下的塑性变形量大于高频淬火层，从而增加匀质复合涂层产生裂纹所需的冲击能量，使其表现出更好的耐冲击性能［图 7.49(b)］。

而夹层式复合涂层与前述两强化层有所不同［图 7.49(b)］。在冲击载荷作用下，其内部 Ni201 层会发生微观塑性变形，从而吸收顶层向下传递的冲击能量，因此使应力在 Ni201 层发生衰减与分散并使最大应力值减小，导致 Ni201 层的应力分布呈现收缩现象。由于 Ni201 层下部的性能优化层脆性较大，导致应力分布又再次扩大。虽然性能优化层应力范围始终大于 Ni201 层，但由于 Ni201 层与性能优化层交替分布，导致应力自上而下逐渐减小，使顶层应力集中现象得到有效缓解，显著降低内部裂纹的形成概率，从而使夹层式复合涂层表现出最佳的抗冲击能力。

（2）主动轮齿圈齿面与履带销摩擦过程模拟

在前述冲击过程后，履带销与齿面啮合并伴随轮齿旋转，履带销在此过程中会与齿面发生剧烈摩擦。图 7.50 为三种表面强化齿面与履带销摩擦过程的应力分布状态。

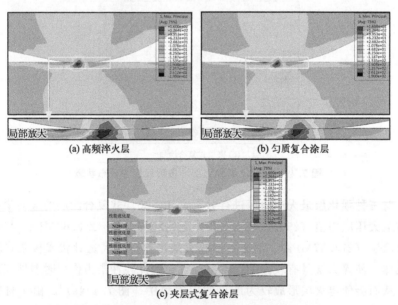

图 7.50 齿面不同强化层摩擦阶段应力分布状态

由图可见，三种强化层表面在摩擦接触点同样产生压应力集中现象，由于摩擦过程仅发生在强化层与履带销的表面，因此压应力仅集中在表层且分布范围较小。此外，强化层与履带销发生剧烈摩擦时在接触点同样会形成微小的弹性变形，从而在该点周围产生拉应力。

当匀质接触体表层具有较大刚性时，在摩擦过程中会使表面产生较大的压应力[5]。由于高频淬火层与匀质复合涂层具有较高的硬度，因此两者的应力分布状态较为接近，但前者最大应力（283.16MPa）仍大于后者（262.20MPa）。

虽然夹层式复合涂层的表层与匀质复合涂层具有相同的化学成分，但由于韧性 Ni201 层的存在使夹层式复合涂层的内部应力分布（黄绿色区）呈明显分层现象，导致其表层最大压应力范围与极值（253.54MPa）略小于匀质复合涂层。较小的接触压应力值会减小材料在摩擦过程中发生黏着磨损与断裂脱落的概率，因此证明夹层式复合涂层同样具有良好的耐磨损性能[12]。

7.5.4.4　齿面不同强化层使用安全性

通过前述力学性能分析可知，高频淬火层、匀质复合涂层及夹层式复合涂层均为脆性材料。由于脆性材料会在小于许用应力条件下发生断裂，因此各强化层的实际应力与许用应力的接近程度越高，则表示其越容易发生断裂，使强化层呈现出更差的耐磨与耐冲击性能，进而降低齿圈齿面在使用过程中的安全可靠性[13]。因此需要分析上述三种齿面强化层在主动轮齿圈工作过程中的安全性。由于脆性材料的许用应力 $[\sigma]$ 主要由抗拉强度与安全系数决定，两者关系如下式所列[13]：

$$[\sigma]=\frac{\sigma_b}{n} \tag{7-14}$$

式中，n 为安全系数，其取值范围为 2～5。

由于上述三种强化层在冲击与摩擦过程中均受到来自履带销的较大压力，因此在许用应力的基础上引入许用挤压应力，其值为[13]：

$$[\beta]=k[\sigma] \tag{7-15}$$

式中，k 为脆性材料许用挤压系数，其取值范围为 0.9～1.5。

由各强化层拉伸性能分析可知（见 7.4.3 节），高频淬火层、匀质与夹层式复合涂层的抗拉强度分别为 734.85MPa、806.12MPa 与 842.41MPa。取安全系数 n 为 3，许用挤压系数 k 为 1.2，根据式（7-14）与式（7-15）可得：

高频淬火层许用挤压应力为

$$[\beta]_h=k\frac{\sigma_{bh}}{n}=1.2\times\frac{734.85}{3}=293.94(\text{MPa}) \tag{7-16}$$

匀质复合涂层许用挤压应力为

$$[\beta]_e = k\frac{\sigma_{be}}{n} = 1.2 \times \frac{806.12}{3} = 322.45 \text{(MPa)} \quad (7\text{-}17)$$

夹层式复合涂层许用挤压应力为

$$[\beta]_m = k\frac{\sigma_{bm}}{n} = 1.2 \times \frac{842.41}{3} = 336.96 \text{(MPa)} \quad (7\text{-}18)$$

设冲击阶段最大应力 σ_{Imax} 与许用挤压应力 $[\beta]$ 的接近度为 $\alpha_I = \sigma_{Imax}/[\beta]$，摩擦阶段最大应力 σ_{fmax} 与许用挤压应力 $[\beta]$ 的接近度为 $\alpha_f = \sigma_{fmax}/[\beta]$。接近度 α_I 与 α_f 最大值为 1，越接近 1 则表示安全性越低。

根据此评定标准，三种强化层在冲击与摩擦阶段的接近度见表 7.1。其中，高频淬火层在冲击与摩擦阶段的 α 最接近 1，而夹层式复合涂层则具有最小的 α，表明夹层式复合涂层具有最佳的安全可靠性。

表 7.1 不同强化层冲击与摩擦阶段最大应力及接近度

项目	高频淬火层	匀质复合涂层	夹层式复合涂层
冲击最大压应力 σ_{Imax} /MPa	288.63	274.37	258.11
冲击接近度 α_I	0.982	0.851	0.766
摩擦最大压应力 σ_{fmax} /MPa	283.16	262.20	253.54
摩擦接近度 α_f	0.963	0.813	0.752

综上所述，相比于高频淬火层与匀质复合涂层，夹层式复合涂层在齿面与履带销的冲击与摩擦过程中对缓解顶层应力集中与减小最大应力具有最佳效果。因此，夹层式复合涂层具有最佳的耐冲击性与使用安全性，能有效提升主动轮齿圈的使用寿命。

7.6 本章小结

采用 80Hz 脉冲激光制备含有 10%（质量分数）纳米 WC 颗粒与 0.4%（质量分数）氧化钇的 Ni45 匀质复合涂层。同时，制备以 Ni201 粉末为增韧层并与性能优化层交替叠加的"三明治"夹层式复合涂层。对上述两种涂层的微观组织及相关性能进行分析，得到如下结论：

① 在脉冲激光、纳米 WC 颗粒与氧化钇的共同作用下，匀质复合涂层组织细化均匀，富 W 颗粒相尺寸减小。富 Cr 硬质相颗粒尺寸减小，数量下降。夹层式复合涂层中的增韧层晶界富集 Mo 元素，能有效阻碍 Cr 元素扩

散。在增韧层向上过渡到性能优化层时，处于上部的 W，Cr 等元素向下扩散，并在界面形成硬质析出物。而当性能优化层向上过渡到增韧层时，处于上部的 Mo 元素向下扩散进入性能优化层，进而抑制交界面的 Cr 元素向增韧层内扩散。

② 匀质与夹层式复合涂层各项性能的对比分析表明，两涂层均能有效提高基材的耐磨与耐腐蚀性能。涂层磨损率与腐蚀电流密度较基材降低 76.94％和 87.98％，较高频淬火基材降低 72.80％和 92.71％。同时，夹层式复合涂层具有优异的耐冲击性能，其带基材试样的冲击韧性较匀质复合涂层与高频淬火试样分别提高 8.21％和 14.67％，同时达到基材的 65.37％。

③ 完成了主动轮齿圈齿面激光熔覆工装夹具设计。该工装结构简单，能快速安装定位，运动稳定，并能实现齿圈和送粉头的联动。通过齿圈激光熔覆运动轨迹分析得出了最佳的实验方案，解决了送粉头与齿面在熔覆过程中的干涉问题，并保证了激光离焦量不发生改变。最终通过齿面激光熔覆工艺研究完成了主动轮齿圈齿面激光熔覆试验，采用齿面多次热处理方法获得了表面质量良好、无裂纹缺陷的夹层式耐磨耐冲击复合涂层。

④ 通过数值模拟方法对比分析了高频淬火层、匀质与夹层式复合涂层三种齿面与履带销在冲击与摩擦过程的应力分布状态。结果表明，相比于高频淬火和激光熔覆匀质涂层，由于夹层式复合涂层中的增韧层在冲击和摩擦过程中会发生微观塑性变形，从而分散涂层内部应力，有效缓解齿面的应力集中，因此该涂层在保证优异耐磨性能的同时，可获得良好的耐冲击性能与使用安全性，进而延长齿面的使用寿命。

参考文献

[1] 王日初，冯艳，毕豫，等. Ni-Cr-Mo 三元系 1358K 等温截面的测定 [J]. 稀有金属材料与工程，2005，34（9）：1369-1372.

[2] M J Perricone, J N Dupont. Effect of composition on the solidification behavior of several Ni-Cr-Mo and Fe-Ni-Cr-Mo alloys [J]. Metallurgical and Materials Transactions A，2006，37：1267-1280.

[3] 雍岐龙. 钢铁材料中的第二相 [M]. 北京：冶金工业出版社，2006：133-134.

[4] D A Hughes, D B Dawson, J S Korellls, et al. Near surface microstructures developing under large sliding loads [J]. Journal of Materials Engineering & Performance，1994，3（4）：459-475.

[5] 金属机械性能编写组. 金属机械性能修订本 [M]. 北京：机械工业出版社，1982：

118-119.

[6] Y H Zhang，L Edwards. Measurement of plastic zones associated with small fatigue cracks by selected area channeling patterns [J]. Materials Characterization，1992，29（4）：313-320.

[7] C Zener. The micro-mechanism of fracture [J]. Fracture Materials，1948：3-31.

[8] A Thompson，M Ashby. Fracture surface micro-roughness [J]. Scripta Metallurgica，1984，18（2）：127-130.

[9] E Qin，L Lu，N Tao，et al. Enhanced fracture toughness and strength in bulk nanocrystalline Cu with nanoscale twin bundles [J]. Acta Materialia，2009，57（20）：6215-6225.

[10] 陈孝文，张仁勇，张德芬，等. 热处理对 35CrMo 钢耐蚀性能的影响 [J]. 热加工工艺，2011，40（2）：176-178.

[11] 林志国，周水庭. 液压水泵专用车设计与应用 [M]. 北京：中国水利水电出版社，2014：117-118.

[12] L. A. 索斯洛夫斯基. 摩擦疲劳学：磨损疲劳损伤及其预测 [M]. 徐州：中国矿业大学出版社，2013：102-103.

[13] 栾兴和，周延昌，刘波. 机械设计基础 [M]. 哈尔滨：东北林业大学出版社，2007：125-126.